钟翔山　主编

TUJIE SHUKONG XIXIAO
RUMEN YU TIGAO

图解数控铣削入门与提高

U0347383

化学工业出版社
·北京·

**图书在版编目（CIP）数据**

图解数控铣削入门与提高/钟翔山主编. —北京：化
学工业出版社，2015.4
ISBN 978-7-122-23174-1

Ⅰ.①图…　Ⅱ.①钟…　Ⅲ.①数控机床-铣削-图解
Ⅳ.①TG547-64

中国版本图书馆 CIP 数据核字（2015）第 040850 号

---

责任编辑：贾　娜
责任校对：边　涛　　　　　　　　　　　　　装帧设计：刘丽华

---

出版发行：化学工业出版社（北京市东城区青年湖南街 13 号　邮政编码 100011）
印　　装：大厂聚鑫印刷有限公司
787mm×1092mm　1/16　印张 13½　字数 369 千字　2015 年 6 月北京第 1 版第 1 次印刷

---

购书咨询：010-64518888（传真：010-64519686）　售后服务：010-64518899
网　　址：http://www.cip.com.cn
凡购买本书，如有缺损质量问题，本社销售中心负责调换。

---

定　　价：58.00 元

# 前言

>>>>>>>

　　数控技术是指用数字量及字符发出指令并实现自动控制的技术。它的发展和运用，开创了制造业的新时代，并使世界制造业的格局发生了巨大的变化。

　　数控铣削是利用数控铣床或数控加工中心等设备、配合相应的刀具对工件进行切削的一种加工方法，是随着数控技术的快速发展而迅猛成长起来的一种机械加工技术，是机械加工现代化的重要组成部分。由于数控铣床采用了数控装置或电子计算机来控制机床的运动，编程人员通过编制的程序可实现数控铣床自动加工控制，自动地取代一般普通铣床上人工控制的各种操作，如启动、加工顺序、主轴变速、切削用量、松夹工件、选择刀具、进刀退刀、切削液开关以及停车等，排除了人为误差因素，且加工误差还可以由数控系统通过软件技术进行补偿校正，既可降低操作人员的劳动强度，还可以提高零件的产品质量。目前，数控车床在现代汽车、拖拉机、电机、电器、电子仪表、日用生活用品、航天、航空以及国防工业等各个部门获得了广泛的应用。

　　随着我国经济快速、健康、持续、稳定发展和改革开放的不断深入，对数控机床操作人员技能水平的要求也越来越高，为满足企业对具有熟练技能数控铣削工人的迫切需要，本着加强技术工人的业务培训，满足劳动力市场需求之目的，我们通过总结多年来的实践经验，精心编写了本书。

　　本书突出操作性和实用性。在介绍数控铣床及刀具的基本操作、铣削加工的定位与夹紧、切削用量和切削液的选择、常用量具的使用及测量方法的选用等铣工基础知识的基础上，针对数控铣削加工的难点以及实际工作的需要，采用由浅入深的编写方式，首先对常见的 FANUC 数控系统的各种铣削功能指令、数控铣床的操作方法进行了详细介绍，进而对常见的平面、轮廓类、孔系、槽类等各类工件的加工工艺步骤、程序编制、数控机床的操作过程和操作技巧、注意事项等方面进行了系统、全面的介绍。为提高读者的操作技能和解决生产中实际问题的能力，书中较多地融入了许多成熟的实践经验，并精选了较多带有详细加工工艺和加工方法的典型实例。

　　全书在内容编排上，以工艺知识为基础，操作技能为主线，力求突出实用性和可操作性，在讲解数控铣削加工基本知识和基本操作技能的基础上，注重专业知识与操作技能、方法的有机融合，着眼于工作能力的培养与提高。

　　全书由钟翔山主编，钟礼耀、钟翔屿、孙东红、钟静玲、陈黎娟副主编，参加资料整理与编写的有曾冬秀、周莲英、周彬林、刘梅连、欧阳勇、周爱芳、周建华、胡程英、周四平、李拥军、李卫平、周六根、曾俊斌，参与部分文字处理工作的有钟师源、孙雨暄、欧阳露、周宇琼等。全书由钟翔山整理统稿，钟礼耀、钟翔屿、孙东红校审。在本书的编写过程中，得到了同行及有关专家、高级技师等的热情帮助、指导和鼓励，在此一并表示由衷的感谢。

　　由于作者水平所限，不足之处在所难免，热诚希望广大读者批评指正。

钟翔山

# 目录

## 第3章　数控铣床编程基础

## 第4章　FANUC系统数控铣床的编程

# 第5章　数控铣床操作基础

# 第6章　用FANUC系统的数控铣床铣削零件

# 第7章　自动编程

## 参考文献

# 数控铣削加工概述

## 1.1 数控铣削的特点及应用

数控铣削是利用数控铣床或数控加工中心等设备、配合相应的刀具对工件进行切削的一种加工方法，是近代随着数控技术（Numerical Control Technology，是指用数字量及字符发出指令并实现自动控制的技术）的快速发展而迅猛成长起来的一种机械加工技术，是机械加工现代化的重要组成部分。与普通铣削加工不同的是，由于使用的是采用了数控加工技术的数控铣床，因而，它能将零件加工过程所需的各种操作和步骤（如主轴变速、主轴启动和停止、松夹工件、进刀退刀、冷却液开或关等）以及刀具与工件之间的相对位移量都用数字化的代码来表示，由编程人员编制成规定的加工程序，通过输入介质（磁盘等）送入计算机控制系统，由计算机对输入的信息进行处理与运算，发出各种指令来控制机床的运动，使机床自动地加工出所需要的零件。而数控加工中心还可通过数控程序控制机床按不同工序自动选择和更换刀具，自动对刀，自动改变机床主轴转速、进给量和刀具相对工件的运动轨迹及其他辅助功能，从而实现连续地对工件各加工表面自动进行铣（车）、钻、扩、铰、镗、攻螺纹等多种工序的加工。

**(1) 数控铣削的加工特点**

数控铣削对零件的加工过程是严格按照加工程序所规定的参数及动作实现零件加工的，是一种高效能的自动或半自动加工方法。与普通铣削加工相比，主要具有以下特点。

① 适应性强。数控铣削加工的零件适应性强、灵活性好，能加工轮廓形状特别复杂或难以控制尺寸的零件，如模具类零件、壳体类零件等。对于普通铣床无法加工或很难加工的零件，采用数控铣床也能顺利实现，而对于用数学模型描述的复杂曲线零件以及三维空间曲面类零件也能加工。

更换产品品种时，调换存在数控铣床计算机内的加工程序，调整刀具数据和装夹工件即可适应不同品种零件的加工，且几乎不需要制造专用工装夹具，有利于缩短产品的研制与生产周期，适应多品种、中小批量的现代生产需要。

② 加工质量高且稳定。数控铣削是用数字程序控制实现自动加工的，因此，其加工的零件精度高、加工质量稳定可靠，由于数控装置的脉冲当量一般为 0.001mm，高精度的数控系统可达 $0.1\mu m$，且加工误差还可以由数控系统通过软件技术进行补偿校正。因此，可以提高零件的产品质量。另外，数控加工还避免了操作人员的操作失误；能加工一次装夹定位后，需进行多道工序加工的零件。

③ 生产效率高。数控铣床一般不需要使用专用夹具等专用工艺设备，在更换工件时只需调用存储于数控装置中的加工程序、装夹工具和调整刀具数据即可，因而大大缩短了生产周期。其次，数控铣床具有铣床、镗床、钻床的功能，使工序高度集中，大大提高了生产效率。另外，数控铣床的主轴转速和进给速度都是无级变速的，因此有利于选择最佳切削用量。

④ 高效率。采用数控铣床或数控加工中心加工能有效地减少工件加工所需的机动时间和辅助时间，与普通铣床相比，可提高生产效率 3～5 倍；对于复杂工件生产效率可提高十几倍，甚至几十倍。

⑤ 劳动强度减轻，责任心增强。数控铣削是按事先编好的程序自动完成的，自动化程度大为提高，操作者不需要进行繁重的重复手工操作，因此，操作人员的劳动强度和紧张程度大为改善，劳动条件也相应得到改善。

由于数控铣床价格相对普通铣床要昂贵许多，体力劳动虽然减轻了，但对操作者的责任心要求却很高，尤其是在编程、调试操作过程中，万一发生碰撞，将发生严重的安全事故。

⑥ 有利于生产管理。数控加工可大大提高生产率，稳定加工质量，缩短加工周期，易于在工厂或车间实行计算机管理。使机械加工的大量前期准备工作与机械加工过程连为一体，使零件的计算机辅助设计（CAD）、计算机辅助工艺规划（CAPP）和计算机辅助制造（CAM）的一体化成为现实，易于实现现代化的生产管理。

**(2) 数控铣床的使用特点**

数控铣床采用计算机控制，伺服系统技术复杂，机床精度要求高。因此，要求操作、维修及管理人员具有较高的文化水平和技术素质。

数控铣床是根据程序进行加工的。编制程序既要有一定的技术理论又要有一定的技巧。加工程序的编制直接关系到数控铣床功能的开发和使用，并直接影响数控铣床的加工精度。因此，数控铣床的操作人员除了要有一定的工艺基础知识外，还应针对数控铣床的结构特点、工作原理以及程序编制进行专门的技术理论培训和操作训练，经考核合格后才能上机操作，以防操作使用时发生人为事故。

正确的维护和有效的维修是提高数控铣床效率的基本保证。数控铣床的维修人员应有较高、较全面的数控理论知识和维修技术。维修人员应有比较宽的机、电、液专业知识，才能综合分析、判断故障根源，缩短故障停机时间，实现高效维修。因此，数控铣床维修人员也必须经过专门的培训才能上岗。

使用数控铣床，不但要对从事数控铣削加工和维修的人员进行培训，而且对与数控铣床有关的管理人员都应该进行数控加工技术知识的普及，以充分发挥数控铣床的作用。

**(3) 数控铣床的应用范围**

普通数控铣床主要用于平面类零件的加工，主要可完成工件的水平面（$XY$）加工，及对工件的正平面（$XZ$）加工和对工件的侧平面（$YZ$）加工。只要使用两轴半控制的数控铣床就能完成这样平面的铣削加工。

对于形状复杂、不规则的曲面零件（如螺旋槽、叶片等）及箱体类、盘、套、板类零件加工，则往往需要采用数控加工中心才能完成。

# 1.2　数控铣床的基本知识

数控铣削的主要设备是数控铣床或数控加工中心。数控铣床是在一般铣床的基础上发展起来的自动化金属切削设备，是目前国内使用极为广泛的一种数控机床（Numerical Control Machine Tools）。由于在普通铣床上集成了数字控制系统，因此，可以在程序代码的控制下较精确地进行铣削加工。数控铣削加工零件的尺寸精度可达 IT5～IT6，表面粗糙度可达 $1.6\mu m$ 以下。

## 1.2.1　数控铣床的组成

一般说来，数控铣床由计算机数控系统和机床本体两部分组成，概括的讲，所有数控机床一般也是由计算机数控系统和机床本体两部分组成的。其中计算机数控系统是由输入/输出设备、计算机数控（Computer Numerical Control，CNC）装置、可编程控制器、主轴驱动系统和进给伺服驱动系统等组成的一个整体系统，如图 1-1 所示。

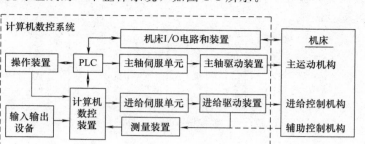

图 1-1　数控铣床的组成

### （1）输入/输出装置

零件程序一般存放在便于与数控装置交互的一种控制介质上，早期的数控铣床常用穿孔纸带、磁带等控制介质，现代数控铣床常用磁盘或半导体存储器等控制介质。此外，现代数控铣床可以不用控制介质，直接由操作人员通过手动数据输入（Manual Data Input，MDI）即用键盘输入零件程序；或采用通信方式进行零件程序的输入/输出。后者还是实现 CAD/CAM 集成、FMS 和 CIMS 的基本技术。目前数控铣床常采用的通信方式有：串行通信（RS232、RS422、RS485 等）；自动控制专用接口和规范，如 DNC（Direct Numerical Control）方式，MAP（Manufateturing Automation Ptotocol）协议等；网络通信（Intemet，Intranet，LAN 等）。

### （2）计算机数控装置

计算机数控装置（CNC 装置或 CNC 单元）是计算机数控系统的核心，其主要作用是对输入的零件程序和操作指令进行相应的处理（如运动轨迹处理、机床输入输出处理等），然后输出控制命令到相应的执行部件（伺服单元、驱动装置和 PLC 等），控制其动作，加工出需要的零件。所有这些工作是由 CNC 装置内的系统程序（亦称控制程序）进行合理的组织，在 CNC 装置硬件的协调配合下，有条不紊地进行的。

### （3）测量装置

测量装置（也称检测装置、反馈装置）对数控铣床运动部件的位置及速度进行检测，通常安装在机床的工作台、丝杠或驱动电动机转轴上，相当于普通机床的刻度盘和人的眼睛，它把机床工作台的实际位移或速度转变成电信号反馈给 CNC 装置或伺服驱动系统，与指令信号进行比较，以实现位置或速度的闭环控制。

### （4）机床本体

机床本体是数控铣床的主体，是数控系统的被控对象，是实现制造加工的执行部件。它主要由主运动部件、进给运动部件（工作台、滑板以及相应的传动机构）、支承件（立柱、床身等）以及特殊装置（刀具自动交换装置、工件自动交换装置）和辅助装置（如冷却、润滑、排屑、转位和夹紧装置等）组成。数控铣床机械部件的组成与普通机床相似，但传动结构较为简单，在精度、刚度、抗振性等方面要求高，而且其传动和变速系统要便于实现自动化控制。

## 1.2.2　数控铣床的工作原理

与所有数控机床加工零件一样，数控铣床加工零件时，首先必须将工件的几何数据和工艺数据等加工信息按规定的代码和格式编制成零件的数控加工程序，这是数控铣床的工作指令。将加工程序用适当的方法输入到数控系统，数控系统对输入的加工程序进行数据处理，输出各种信息和指令，控制机床主运动的变速、起停、进给的方向、速度和位移量，以及其他如刀具选择交换、工件的夹紧松开、冷却润滑的开关等动作，使刀具与工件及其他辅助装置严格地按照加工程序规定的顺序、轨迹和参数进行工作。数控机床的运行处于不断地计算、输出、反馈等控制过程中，以保证刀具和工件之间相对位置的准确性，从而加工出符合要求的零件。数控铣床加工工件的过程见图1-2。

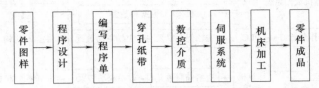

图 1-2　数控铣床加工工件的过程

### 1.2.3　数控铣床的种类及结构

数控铣床是在一般铣床的基础上发展起来的金属切削机床，其加工工艺与普通铣床基本相同，结构也有些相似。其结构组成分为不带刀库和带刀库两大类。其中：不带刀库的数控铣床称为一般数控铣床，简称数控铣床；带刀库的数控铣床又称为数控加工中心，简称加工中心。

**（1）一般数控铣床的种类及结构**

数控铣床是在普通铣床上集成了数字控制系统，可以在程序代码的控制下较精确地进行铣削加工的机床。数控铣床形式多样，是目前广泛采用的数控机床之一，尽管不同类型的数控铣床在具体的组成结构上虽有所差别，但却有许多相似之处。

1）数控铣床的分类

数控铣床种类很多，按其体积大小可分为小型、中型和大型数控铣床，其中规格较大的，其功能已向加工中心靠近，进而演变成柔性加工单元。通常，数控铣床按主轴布置形式的不同可分为立式、卧式、龙门式及立卧两用数控铣床等；按数控系统功能的不同可分为经济型、全功能型及高速铣削型等几种数控铣床。其中：

① 立式数控铣床。立式数控铣床的主轴轴线与工作台面垂直，是数控铣床中最常见的一种布局形式，如图1-3所示。立式数控铣床一般为三坐标（x、y、z）联动，其各坐标的控制方式主要有以下两种。

a. 工作台纵、横向移动并升降，主轴只完成主运动。目前小型数控铣床一般采用这种方式。

b. 工作台纵、横向移动，主轴升降。这种方式一般运用在中型数控铣床上。

立式数控铣床结构简单，工件安装方便，加工时便于观察，但不便于排屑。

② 卧式数控铣床。与通用卧式铣床相同，数控卧式铣床的主轴轴线平行于水平面，其外形结构如图1-4所示。为了扩大加工范围和扩充功能，卧式数控铣床通常采用增加数控回转工

图 1-3　立式数控铣床

图 1-4　卧式数控铣床

作台来实现四轴或五轴的加工。这种数控铣床不但可以加工工件侧面上的连续回转轮廓，而且还能够实现在工件一次安装中，通过回转工作台不断改变工位，从而执行"四面加工"，可以省去许多专用夹具或专用角度成形铣刀。选择带数控回转工作台的卧式铣床对箱体类零件或需要在一次安装中改变工位的工件进行加工是非常合适的。

③ 龙门式数控铣床。大型立式数控铣床多采用龙门式布局，在结构上采用对称的双立柱结构，以保证机床整体刚性、强度。主轴可在龙门架的横梁与溜板上运动，而纵向运动则由龙门架沿床身移动或由工作台移动实现，其中工作台床身特大时多采用前者。其结构如图 1-5 所示。

龙门式数控铣床适合加工大型零件，主要在汽车、航空航天及机床等行业使用。

④ 立、卧两用数控铣床。立、卧两用数控铣床主轴的方向可以更换，能达到在一台机床上既能进行立式加工，又能进行卧式加工。其结构如图 1-6 所示。

图 1-5 龙门式数控铣床

图 1-6 立、卧两用数控铣床

立、卧两用数控铣床的使用范围更广，功能更全，可选择加工的对象和选择余地更大，能给用户带来了很多方便。特别是当生产批量较少，品种较多，又需要立、卧两种方式加工时，用户可以通过购买一台这样的立、卧两用数控铣床解决很多实际问题。

立、卧两用数控铣床主轴方向的更换有手动与自动两种。采用数控万能主轴头的立、卧两用数控铣床，其主轴头可以任意转换方向，可以加工出与水平面呈各种不同角度的工件表面。如果立、卧两用数控铣床增加数控转盘，就可以实现对工件的"五面加工"。即除了工件与转盘贴合的定位面外，其他表面都可以在一次安装中进行加工。

⑤ 经济型数控铣床。经济型数控铣床一般是在普通立式铣床或卧式铣床的基础上改造而来的，采用经济型数控系统，成本低，机床功能较少，主轴转速和进给速度不高，主要用于精度要求不高的简单平面或曲面零件加工。

⑥ 全功能数控铣床。全功能数控铣床一般采用半闭环或闭环控制，控制系统功能较强，数控系统功能丰富，一般可实现四坐标或以上的联动，加工适应性强，应用最为广泛。

⑦ 高速铣削数控铣床。一般把主轴转速在 8000～40000r/min 的数控铣床称为高速铣削数控铣床，其进给速度可达 10～30m/min。

高速铣削是数控加工的一个发展方向。目前，该技术正日趋成熟，并逐渐得到广泛应用，但机床价格昂贵，使用成本较高。

2) 数控铣床的结构

数控铣床一般由数控系统、主传动系统、进给伺服系统、冷却润滑系统等几大部分组成，

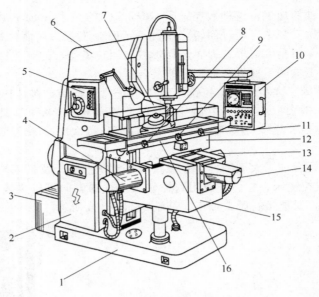

图 1-7　XK5040A 型数控铣床

1—底座；2—强电柜；3—变压器箱；4—升降进给伺服电动机；5—主轴变速手柄和按钮板；6—床身立柱；
7—数控柜；8、11—纵向行程限位保护开关；9—纵向参考点设定挡铁；10—操纵台；12—横向溜板；
13—纵向进给伺服电动机；14—横向进给伺服电动机；15—升降台；16—纵向工作台

以下以图 1-7 所示的 XK5040A 型数控铣床为例进行说明。

① 主轴箱。包括主轴箱体和主轴传动系统，用于装夹刀具并带动刀具旋转。主轴转速范围和输出转矩对加工有直接的影响。

② 进给伺服系统。由进给电动机和进给执行机构组成，按照程序设定的进给速度实现刀具和工件之间的相对运动，包括直线进给运动和旋转运动。

③ 控制系统。数控铣床运动控制的中心，执行数控加工程序，控制机床进行加工。

④ 辅助装置。如液压、气动、润滑、冷却系统、排屑、防护等装置。

⑤ 机床基础件。通常是指底座、立柱、横梁等，它是整个机床的基础和框架。

3）数控铣床的主要技术参数

数控铣床的主要技术参数包括工作台面积、各坐标轴行程、主轴转速范围、切削进给速度范围、定位精度、重复定位精度等，其具体内容及作用详见表 1-1。

表 1-1　数控铣床主要技术参数

| 类　别 | 主要内容 | 作　用 |
|---|---|---|
| 尺寸参数 | 工作台面积（长×宽）、承重 | 影响加工工件的尺寸范围（重量）、编程范围及刀具、工件、机床之间干涉 |
| | 各坐标最大行程 | |
| | 主轴套筒移动距离 | |
| | 主轴端面到工作台距离 | |
| 接口参数 | 工作台 T 形槽数、槽宽、槽间距 | 影响工件及刀具安装 |
| | 主轴孔锥度、直径 | |
| 运动参数 | 主轴转速范围 | 影响加工性能及编程参数 |
| | 工作台快进速度、切削进给速度范围 | |
| 动力参数 | 主轴电动机功率 | 影响切削负荷 |
| | 伺服电动机额定转矩 | |
| 精度参数 | 定位精度、重复定位精度 | 影响加工精度及其一致性 |
| | 分度精度（回转工作台） | |

以 XK5040A 数控铣床为例，说明数控铣床的主要技术参数如表 1-2 所示。

表 1-2　XK5040A 数控铣床的主要技术参数

| 参　数 | 数　值 |
| --- | --- |
| 工作台工作面积(长×宽) | 1600mm×400mm |
| 工作台最大纵向行程 | 900mm |
| 工作台最大横向行程 | 375mm |
| 工作台最大垂直行程 | 400mm |
| 工作台 T 形槽数 | 3 |
| 工作台 T 形槽宽 | 18mm |
| 工作台 T 形槽间距 | 100mm |
| 主轴孔锥度 | 7:24;莫氏 54 |
| 主轴孔直径 | 27mm |
| 主轴套筒移动距离 | 70mm |
| 主轴端面到工作台面距离 | 50～450mm |
| 主轴中心线至床身垂直导轨距离 | 430mm |
| 工作台侧面至床身垂直导轨距离 | 30～405mm |
| 主轴转速范围 | 30～1500r/mm (5 级) |
| 工作台进给量 | 纵向　10～1500mm/min |
| | 横向　10～1500mm/min |
| | 垂直　10～600mm/min |
| 最小进给量 | 0.012mm |
| 主电动机功率 | 7.5kW |
| 伺服电动机额定转矩 | $x$ 向　18N・m |
| | $y$ 向　18N・m |
| | $z$ 向　35N・m |
| 快移速度 | 2500mm/min |
| 定位精度 | 0.04/300mm |
| 重复定位精度 | ±0.01mm |
| 机床外形尺寸(长×宽×高) | 495mm×2100mm×2170mm |
| 机床质量 | 1010kg |
| 电压 | AC380V,三相 |
| 数控系统 | 操作盒及 PC 控制 |

**(2) 数控加工中心的种类及结构**

数控加工中心是一种带有刀库并能自动更换刀具,对工件能够在一定的范围内进行多种加工操作的数控机床。世界上第一台加工中心于 1958 年诞生于美国(卡尼・特雷克公司在一台数控镗铣床上增加了换刀装置,这标志着第一台加工中心问世)。随着技术的发展,多年来出现了各种类型的加工中心,尽管不同类型的数控铣床在具体的组成结构上虽有所差别,但却有许多相似之处。

1) 加工中心的分类

加工中心的种类很多,根据其主轴在空间所处状态的不同,可分为立式、卧式及复合加工中心几种;根据加工中心的可控坐标轴数和联动坐标轴数,可将加工中心分为三轴二联动、三轴三联动、四轴三联动、五轴四联动、六轴五联动等多种形式。三轴、四轴是指加工中心具有的运动坐标数,联动是指控制系统可以同时控制运动的坐标数,从而实现刀具相对工件的位置和速度控制。

按工作台的数量和功能分:有单工作台加工中心、双工作台加工中心和多工作台加工中心;按加工精度分:有普通加工中心和高精度加工中心。普通加工中心,分辨率为 $1\mu m$,最大进给速度 $15～25m/min$,定位精度 $10\mu m$ 左右。高精度加工中心,分辨率为 $0.1\mu m$,最大进给速度为 $15～100m/min$,定位精度为 $2\mu m$ 左右。介于 $2～10\mu m$ 之间的,以 $\pm5\mu m$ 较多,可称精密级。

① 立式加工中心。立式加工中心的主轴在空间处于垂直状态,它能完成铣、镗、钻、扩、

铰、攻螺纹等加工工序，最适合加工 $z$ 轴方向尺寸相对较小的工件，一般情况下除底面不能加工外，其余五个面都可以用不同的刀具进行轮廓加工和表面加工，其外形结构如图 1-8 所示。

图 1-8　立式加工中心

② 卧式加工中心。卧式加工中心主轴在空间处于水平状态。一般的卧式加工中心有三至五个坐标轴，常配有一个数控分度回转工作台。其刀库容量一般较大，有的刀库可存放几百把刀具。卧式加工中心的刀库形式很多，结构各异。常用的刀库有鼓轮式和链式刀库两种，其结

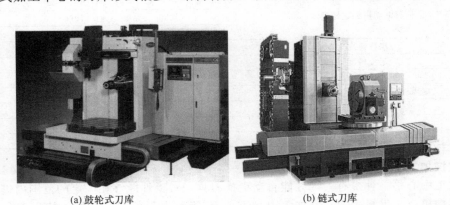

(a) 鼓轮式刀库　　　　　　　　　　(b) 链式刀库

图 1-9　卧式加工中心的刀库形式

构分别参见图 1-9（a）、（b）所示。鼓轮式刀库的结构简单、紧凑，应用较多，一般存放刀具不超过 32 把；链式刀库多为轴向取刀，适用于一切刀库容量较大的数控加工中心。

卧式加工中心的结构较立式加工中心复杂，体积和占地面积较大，价格也较昂贵。卧式加工中心适合于箱体类零件的加工。特别是箱体类零件上的系列组孔和型腔间有位置公差时，通过一次性装夹在回转工作台上，即可对箱体（除底面和顶面之外）的四个面进行铣、镗、钻、攻螺纹等加工，图 1-10 给出了所示为 XH754 型卧式加工中心的外形结构。

③ 复合加工中心。复合加工中心（见图 1-11）又称五面加工中心，其主轴在空间可作水平和垂直

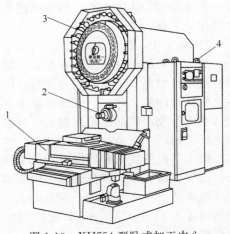

图 1-10　XH754 型卧式加工中心
1—工作台；2—主轴；3—刀库；4—数控柜

转换，故又称立卧式加工中心。这种加工中心兼有立式和卧式加工中心的功能，在加工过程中，零件通过一次装夹，即能够完成对五面（除底面外）的加工，并能够保证得到较高的加工精度。但这种加工中心结构复杂，价格昂贵。

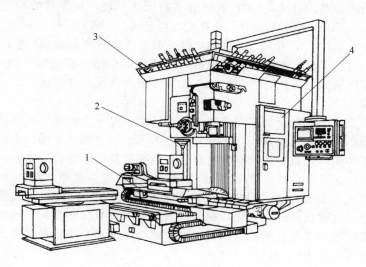

图 1-11　复合加工中心
1—工作台；2—主轴；3—刀库；4—数控柜

④ 单工作台加工中心。单工作台加工中心即机床上只有一个工作台。这种加工中心与其他加工中心相比，结构较简单，价格及加工效率均较低。

⑤ 双工作台加工中心。双工作台加工中心即机床上有两个工作台，这两个工作台可以相互更换。一个工作台上的零件在加工时，在另一个工作台上可同时进行零件的装、卸。当一个工作台上的零件加工完毕后，自动交换另一个工作台，并对预先装好的零件紧接着进行加工。因此，这种加工中心比单工作台加工中心的效率高。

⑥ 多工作台加工中心。多工作台加工中心又称为柔性制造单元（FMC），有两个以上可更换的工作台，实现多工作台加工。工作台上的零件可以是相同的，也可以是不同的，这些可由程序进行处理。多工作台加工中心结构较复杂，刀库容量大，控制功能多，一般都是采用先进的 CNC 系统，所以其价格昂贵。

2）加工中心的结构

加工中心是一种功能较全的数控机床，它集铣削、钻削、铰削、镗削、攻螺纹和切螺纹等多种加工形式于一身，具有多种工艺手段，综合加工能力强，是目前世界上产量最高、应用最广泛的数控机床之一。虽然种类较多，外形结构各异，但总体上是由以下几大部分组成。

① 基础部件。由床身、立柱和工作台等大件组成，它们是加工中心结构中的基础部件。这些大件有铸铁件，也有焊接的钢结构件，它们要承受加工中心的静载荷以及在加工时的切削负载，因此必须具备极高的刚度，也是加工中心中质量和体积最大的部件。

② 主轴部件。由主轴箱、主轴电动机、主轴和主轴轴承等零件组成。主轴的启动、停止等动作和转速均由数控系统控制，并通过装在主轴上的刀具进行切削。主轴部件是切削加工的功率输出部件，是加工中心的关键部件，其结构的好坏，对加工中心的性能有很大的影响。

③ 数控系统。由 CNC 装置、可编程序控制器、伺服驱动装置以及电动机等部件组成，是加工中心执行顺序控制动作和控制加工过程的中心。

④ 自动换刀装置（ATC）。加工中心与一般数控机床最大的显著区别是具有对零件进行多

工序加工能力，有一套自动换刀装置。

## 1.2.4 插补原理与数控系统的基本功能

随着电子技术的发展，数控（NC）系统有了较大的发展，从硬件数控发展成计算机数控（Computer Numerical Control，CNC）。计算机数控系统（CNC 系统）是 20 世纪 70 年代发展起来的新的机床数控系统，它用一台计算机代替先前硬件数控所完成的功能。所以，它是一种包含有计算机在内的数字控制系统。其原理是根据计算机存储的控制程序执行数字控制功能。而对于机床数字控制来说，其核心问题，就是如何控制刀具或工件的运动。

### (1) 插补原理

在机床的数控加工中，要控制好刀具或工件的运动，对于平面曲线的运动轨迹需要两个运动坐标协调的运动，对于空间曲线或立体曲面则要求 3 个以上运动坐标产生协调的运动，才能走出其轨迹。数控加工时，只要按规定将信息送入数控装置就能进行控制。输入信息可以用直接计算的方法得出，如 $y=f(x)$ 的轨迹运动，可以按精度要求递增给出 $x$ 值，然后按函数式算出 $y$ 值。只要定出 $x$ 的范围，就能得到近似的轨迹，正确控制 $x$、$y$ 向速比，就能走出精确的轨迹来。但是，这种直接计算方法，曲线阶次越高，计算就越复杂，速比也越难控制。另外，还有一些用离散数据表示的曲线，曲面（列表曲线、曲面）又很难计算。所以数控加工不采用这种直接计算方法作为控制信息的输入。

1）插补的概念

机床上进行轮廓加工的各种工件，一般都是由一些简单的、基本的几何元素（直线、圆弧等）构成。若加工对象由其他二次曲线和高次曲线组成，可以采用一小段直线或圆弧来拟合（有些场合，需要抛物线或高次曲线拟合），就可以满足精度要求。这种拟合的方法就是"插补"（Interpolation）。它实质上是根据有限的信息完成"填补空白"的"数据密化"的工作，即数控装置依据编程时的有限数据，按照一定方法产生基本线型（直线、圆弧等），并以此为基础完成所需要轮廓轨迹的拟合工作。

可见数控系统根据零件轮廓线型的有限信息，计算出刀具的一系列加工点，完成所谓的数据"密化"工作。插补有两层意思：一是用小线段逼近产生基本线型（如直线、圆弧等）；二是用基本线型拟合其他轮廓曲线。

无论是普通数控（硬件数控 NC）系统，还是计算机数控（CNC、MNC）系统，都必须有完成"插补"功能的部分，能完成插补工作的装置叫插补器。NC 系统中插补器由数字电路组成，称为硬件插补；而在 CNC 系统中，插补器功能由软件来实现，称为软件插补。

2）插补的方法

在数控系统中，常用的插补方法有逐点插补法、数字积分法、时间分割法等。其中逐点比较法又是数控系统中用得最多的方法，逐点比较法的插补过程和直线圆弧插补运算方法主要有以下内容。

逐点比较法又称代数运算法、醉步法。这种方法的基本原理是：计算机在控制加工过程中，能逐点地计算和判别加工误差，与规定的运动轨迹进行比较，由比较结果决定下一步的移动方向。逐点比较法既可以作直线插补，又可以作圆弧插补。这种算法的特点是，运算直观，插补误差小于一个脉冲当量，输出脉冲均匀，而且输出脉冲的速度变化小，调节方便，因此在两坐标联动的数控机床中应用较为广泛。

逐点比较法的插补原理可概括为"逐点比较，步步逼近"八个字。逐点比较法的插补过程分为四个步骤。

a. 偏差判别。根据偏差值判断刀具当前位置与理想线段的相对位置，以确定下一步的走向。

b. 坐标进给。根据判别结果，使刀具向 $x$ 或 $y$ 方向移动一步。

c. 偏差计算。当刀具移到新位置时，再计算与理想线段间的偏差，以确定下一步的走向。

d. 终点判别。判断刀具是否到达终点，未到终点，则继续进行插补；若已达终点，则插补结束。

① 直线插补。如图 1-12 所示是应用逐点比较法插补原理进行直线插补的情形。机床在某一程序中要加工一条与 $x$ 轴夹角为 $\alpha$ 的 $OA$ 直线，在数控机床上加工时，刀具的运动轨迹不是完全严格地走 $OA$ 直线，而是一步一步地走阶梯折线，折线与直线的最大偏差不超过加工精度允许的范围，因此这些折线可以近似地认为是 $OA$ 直线。我们规定：当加工点在 $OA$ 直线上方或在 $OA$ 直线上，该点的偏差值 $Fn \geq 0$；若在 $OA$ 直线的下方，即偏差值 $Fn < 0$。机床数控装置的逻辑功能，根据偏差值能自动判别走步。当 $Fn \geq 0$ 时朝 $+x$ 方向进给一步；当

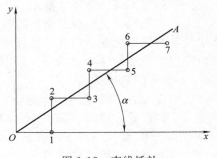

图 1-12　直线插补

$Fn < 0$ 时，朝 $+y$ 方向进给一步，每走一步自动比较一下，边判别边走步，刀具依次以折线 0-1-2-3-4-…—A 逼近 $OA$ 直线。就这样，从 $O$ 点起逐点穿插进给一直加工到 $A$ 点为止。这种具有沿平滑直线分配脉冲的功能叫作直线插补，实现这种插补运算的装置叫做直线插补器。

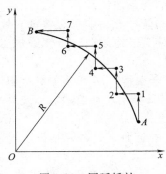

图 1-13　圆弧插补

② 圆弧插补。如图 1-13 所示是应用逐点比较法插补原理进行圆弧插补的情形。机床在某一程序中要加工半径为 $R$ 的 $AB$ 圆弧，在数控机床上加工时，刀具的运动轨迹也是一步一步地走阶梯折线，折线与圆弧的最大偏差不超过加工精度允许的范围，因此这些折线可以近似地认为是 $AB$ 圆弧。我们规定：当加工点在 $AB$ 圆弧外侧或在 $AB$ 圆弧上，偏差值（该点到原点 $O$ 的距离与半径 $R$ 的比值）$Fn \geq 0$；若该点在圆弧 $AB$ 的内侧，即偏差值 $Fn < 0$。加工时，当 $Fn \geq 0$ 时，朝 $-x$ 方向进给一步；当 $Fn < 0$ 时，朝 $+y$ 方向进给一步，刀具沿折线 A-1-2-3-4-…—B 依次逼近 $AB$ 圆弧，从 $A$ 点起逐点穿插进给一直加工到 $B$ 点为止。这种沿圆弧分配脉冲的功能叫做圆弧插补，实现这种插补运算的装置叫做圆弧插补器。

③ 逐点比较法的象限处理。逐点比较法的象限处理可采用以下方法。

a. 分别处理法。4 个象限的直线插补，会有 4 组计算公式；对于 4 个象限的逆时针圆弧插补和 4 个象限的顺时针圆弧插补，会有 8 组计算公式，见图 1-14。

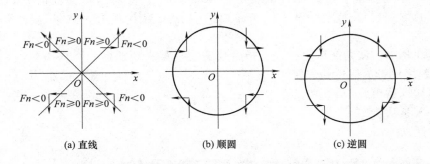

图 1-14　直线插补和圆弧插补的 4 个象限进给方向

插补运算具有实时性，直接影响刀具的运动。插补运算的速度和精度是数控装置的重要指标。插补原理也叫轨迹控制原理。

b. 坐标变换法。用第一象限逆圆插补的偏差函数进行第三象限逆圆和第二、四象限顺圆插补的偏差计算，用第一象限顺圆插补的偏差函数进行第三象限顺圆和第二、四象限逆圆插补的偏差计算。

**(2) 数控系统的基本功能**

用来实现数字化信息控制的硬件和软件的整体称为数控系统。由于现代数控系统一般都采用了计算机进行控制，因此将这种数控系统称为 CNC 系统。数控系统是数控机床的核心。数控机床根据功能和性能要求的不同，可配置不同的数控系统。

1) 常见的数控系统

我国在数控铣床上常用的数控系统有日本 FANUC（发那科或法那科）公司的 OiM、OMC、OMD 等，德国 SIEMENS（西门子）公司的 802S、802D、810D、840D 等，以及美国 ACRAMATIC 数控系统、西班牙 FAGOR 数控系统等。

国产普及型数控系统产品有：广州数控设备厂 GSK 系列软件、华中数控公司的世纪星 HNC 系列等。

2) 数控系统的主要功能

数控系统是数控技术的关键，数控铣床配置的数控系统不同，其功能和性能也有很大的差异。目前的数控系统在数控铣床上主要能实现以下功能。

① 点位控制功能。此功能可以实现对相互位置精度要求很高的孔系加工。

② 连续轮廓控制功能。数控铣床一般应具有三坐标以上联动功能，此功能可以实现直线、圆弧的插补功能及非圆曲线的逼近加工，自动控制旋转的铣刀相对于工件运动进行铣削加工。坐标联动轴数越多，对工件的装夹要求就越低，加工工艺范围越大。

③ 刀具半径补偿功能。此功能可以根据零件图样的标注尺寸来编程，而不必考虑所用刀具的实际半径尺寸，从而减少编程时的复杂数值计算。一般包括刀具半径左补偿功能和刀具半径右补偿功能。

④ 刀具长度补偿功能。此功能可以自动补偿刀具的长短，以适应加工中对刀具长度尺寸调整的要求。

⑤ 比例及镜像加工功能。比例功能可将编好的加工程序按指定比例改变坐标值来执行。镜像加工又称轴对称加工，如果一个零件关于坐标轴对称，那么只要编出一个或两个象限的程序，其余象限的轮廓就可以通过镜像加工来实现。

⑥ 旋转功能。该功能可将编好的加工程序在加工平面内旋转任意角度来执行。

⑦ 米制、英制单位转换。可以根据图样的标注选择米制单位（mm）和英制单位（in）进行程序编制，以适应不同企业的具体情况。

⑧ 子程序调用功能。有些零件需要在不同的位置上重复加工同样的轮廓形状，将这一轮廓形状的加工程序作为子程序，在需要的位置上重复调用，就可以完成对该零件的加工。

⑨ 宏程序功能。该功能可用一个总指令代表实现某一功能的一系列指令，并能对变量进行运算，使程序更具灵活性和方便性。

⑩ 数据输入输出及 DNC 功能。

⑪ 数据采集功能。

⑫ 自诊断功能。

# 1.3  数控铣床的安全正确操作

**(1) 安全操作规程**

① 按规定穿戴好劳动保护用品，不穿拖鞋、凉鞋、高跟鞋上岗，不戴手套、围巾及戒指、

项链各类饰物进行操作。

② 刀具、工件安装完成后，要检查安全空间位置，并进行模拟换刀过程试验，以免正式操作时发生碰撞事故。

③ 新程序执行前一定要进行模拟检查，检查走刀轨迹是否正确。首次执行程序要细心调试，检查各参数是否正确合理，及时修正。

④ 对于一些经济型数控机床或改造的数控机床，同时存在自动控制与手动操作，使用时必须检查其传动机构是否互相干涉，以避免造成设备损坏。

⑤ 在数控铣削过程中，操作者多数时间用于切削过程观察，应注意选择好观察位置，以确保操作方便及人身安全。

⑥ 数控铣床自动化程度很高，但并不属于无人加工，仍需要操作者经常观察，及时处理加工过程中出现的问题，不要随意离开岗位。

⑦ 在工作过程中随时注意数控铣床的工作状况，如环境温度对电气系统的影响等，如果出现异常情况应及时停机检查。

**(2) 文明生产**

① 按照机床使用要求对数控机床主体进行文明使用和养护。

② 在操作数控时，对各按键及开关操作不得用力过猛，更不允许用扳手或其他工具进行操作。

③ 数控机床开机前认真检查各部机构是否完好，各手柄位置是否正确，常用参数有无改变，各电气附件插头是否连接牢靠，系统散热风机是否运转正常。

④ 在数控机床使用前，应按要求进行低速空运转，对长期未使用的数控机床在使用前，应先通电预热一段时间，才可进行操作。

⑤ 在数控机床使用过程中，工具、夹具、量具要合理使用码放，保持工作场地整洁有序，各类零件分类码放。

⑥ 在数控系统不使用时，要用防尘罩罩好，防止进入灰尘，并在专业人员指导下，定期进行内部除尘处理。

⑦ 下班时，按照规定保养机床，认真做好交接班工作，对机床参数修改、程序执行情况，做好文字记录。

总之，操作者除了掌握好数控机床的性能、精心操作外，一方面要管好、用好和维护好数控机床，另一方面还必须养成文明生产的良好工作习惯和严谨的工作作风，应具有较好的职业素质、责任心和合作精神。

**(3) 数控铣床使用中应注意的问题**

① 数控铣床的使用环境。数控铣床的使用环境没有什么特殊的要求，可以与普通机床一样放在生产车间里，但是，要避免阳光直接照射和其他热辐射，要避免过于潮湿或粉尘过多的场所，特别要避免有腐蚀性气体的场所。腐蚀性气体最容易使电子元件腐蚀变质，或造成接触不良或造成元件之间短路，影响机床的正常运行。要远离振动大的设备，如冲床、锻压设备等。对于高精密的数控铣床，还应采取防振措施。

由于电子元件的技术性能受温度影响较大，当温度过高或过低时，会使电子元件的技术性能发生较大变化，使工作不稳定或不可靠而增加故障的发生。因此，对于精度高、价格昂贵的数控铣床，应在有空调的环境中使用。

② 电源要求。数控铣床采取专线供电（从低压配电室就分一路单独供数控铣床使用）或增设稳压装置，都可以减少供电质量的影响和电气干扰。

③ 数控铣床的操作规程。操作规程是保证数控铣床安全运行的重要措施，操作者一定要按操作规程操作。机床发生故障，操作者要注意保护现场，并向维修人员如实说明出现故障前后的情况，以利于分析、诊断出故障的原因，及时排除故障。

④ 数控铣床不宜长期封存不用。购买数控铣床以后要充分利用，尽量提高机床的利用率，尤其是投入使用的第一年，更要充分利用，使其容易出故障的薄弱环节尽早暴露出来，尽可能在保修期内将故障的隐患排除。如果工厂没有生产任务，数控铣床较长时间不用时，也要定期通电，不能长期封存起来，最好每周通电 1～2 次，每次空运行 1h 左右，以利用机床本身的发热量来降低机内的湿度，使电子元件不致受潮，同时也能及时发现有无电池报警发生，以防止系统软件、参数丢失。

⑤ 持证上岗。数控铣床操作人员不仅要有资格证，在上岗操作前还要由技术人员按所用机床进行专题操作培训，操作人员要熟悉说明书及机床结构、性能、特点，弄清和掌握操作盘上的仪表、开关、旋钮及各按钮的功能和指示的作用，严禁盲目操作和误操作。

⑥ 压缩空气符合标准。数控铣床所用压缩空气的压力应符合标准，并保持清洁。管路严禁使用未镀锌铁管，防止铁锈堵塞过滤器。要定期检查和维护气、液分离器，严禁水分进入气路。最好在机床气压系统外增设气、液分离过滤装置，增加保护环节。

⑦ 正确选择刀具。正确选用优质刀具不仅能充分发挥机床加工效能，也能避免发生故障，刀具的锥柄、直径尺寸及定位槽等应达到技术要求，否则换刀动作将无法顺利进行。

⑧ 检测各坐标。在加工工件前，必须先对各坐标进行检测，复查程序，对加工程序模拟试验正常后，再加工。

⑨ 防止碰撞。操作工在设备回到"机床零点""工件零点""控制零点"操作前，必须确定各坐标轴的运动方向无障碍物，以防碰撞。

⑩ 关键部件不要随意拆动。数控铣床机械结构简单，密封可靠，自诊功能日益完善，在日常维护中，除清洁外部及规定的润滑部位外，不得拆卸其他部位清洗。对于关键部件，如数控铣床的光栅尺等装置，更不得碰撞和随意拆动。

⑪ 不要随意改变参数。数控铣床的各类参数和基本设定程序的安全储存直接影响机床正常工作和性能发挥，操作人员不得随意修改。如果操作不当造成故障，应该及时向维修人员说明情况，以便寻找故障线索，进行处理。

# 1.4 数控铣床的维护

## (1) 数控铣床的日常维护（表 1-3）

表 1-3 数控铣床的日常维护

| | |
|---|---|
| 每班维护 | 班前要查看设备有无异常,油箱及润滑装置的油质、油量情况,安全装置及电源等是否良好,确认无误后,先空车运转待润滑情况及各部正常后方可工作。设备运行中要严格遵守操作规程,注意观察运转情况,发现异常立即停机处理。对不能自己排除的故障应填写"设备故障维修单"交维修部门检修,修理完毕由操作人员验收签字,修理工在维修单上记录检修及换件情况,交车间机械员统计分析,掌握故障动态。下班前切断电源,用约 15min 清扫擦拭设备,在设备滑动导轨部位涂油,清理工作场地,保持设备整洁 |
| 周末维护 | 在每周末和节假日前,需要彻底地清洗设备,清除油污,并由机械员(师)组织维修组检查评分进行考核,公布评分结果 |

## (2) 数控铣床的定期维护（表 1-4）

表 1-4 数控铣床的定期维护

| |
|---|
| 数控铣床的定期维护是在维修工辅导配合下,由操作人员进行的定期维护作业,按设备管理部门的计划执行。在维护作业中发现的故障隐患,一般由操作人员自行调整,不能自行调整的则以维修工为主,操作人员配合,并按规定做好记录,报送机械员(师)登记,转设备管理部门存查。设备定期维护后要由机械员(师)组织维修组逐台验收,设备管理部门抽查,作为对车间执行计划的考核 |

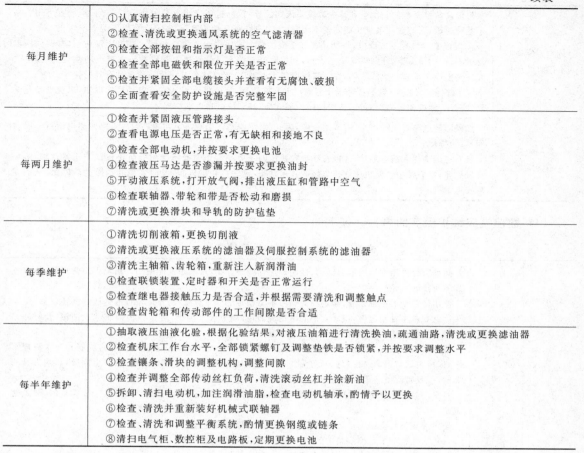

| 每月维护 | ①认真清扫控制柜内部<br>②检查、清洗或更换通风系统的空气滤清器<br>③检查全部按钮和指示灯是否正常<br>④检查全部电磁铁和限位开关是否正常<br>⑤检查并紧固全部电缆接头并查看有无腐蚀、破损<br>⑥全面查看安全防护设施是否完整牢固 |
|---|---|
| 每两月维护 | ①检查并紧固液压管路接头<br>②查看电源电压是否正常,有无缺相和接地不良<br>③检查全部电动机,并按要求更换电池<br>④检查液压马达是否渗漏并按要求更换油封<br>⑤开动液压系统,打开放气阀,排出液压缸和管路中空气<br>⑥检查联轴器、带轮和带是否松动和磨损<br>⑦清洗或更换滑块和导轨的防护毡垫 |
| 每季维护 | ①清洗切削液箱,更换切削液<br>②清洗或更换液压系统的滤油器及伺服控制系统的滤油器<br>③清洗主轴箱、齿轮箱,重新注入新润滑油<br>④检查联锁装置、定时器和开关是否正常运行<br>⑤检查继电器接触压力是否合适,并根据需要清洗和调整触点<br>⑥检查齿轮箱和传动部件的工作间隙是否合适 |
| 每半年维护 | ①抽取液压油液化验,根据化验结果,对液压油箱进行清洗换油,疏通油路,清洗或更换滤油器<br>②检查机床工作台水平,全部锁紧螺钉及调整垫铁是否锁紧,并按要求调整水平<br>③检查镶条、滑块的调整机构,调整间隙<br>④检查并调整全部传动丝杠负荷,清洗滚动丝杠并涂新油<br>⑤拆卸、清扫电动机,加注润滑油脂,检查电动机轴承,酌情予以更换<br>⑥检查、清洗并重新装好机械式联轴器<br>⑦检查、清洗和调整平衡系统,酌情更换钢缆或链条<br>⑧清扫电气柜、数控柜及电路板,定期更换电池 |

## (3) 数控系统的维护 (表1-5)

### 表1-5 数控系统的维护

| 严格遵守操作规程和日常维护制度 | 数控系统编程、操作和维修人员必须经过专门的技术培训,熟悉所用数控机床的数控系统的使用环境、条件等,能按机床和系统使用说明书的要求正确、合理地使用,应尽量避免因操作不当引起的故障 |
|---|---|
| 应尽量少开数控柜和强电柜的门 | 因为在机加工车间的空气中一般含有油雾、灰尘甚至金属粉末,一旦它们落在数控系统内的电路板或电子元件上,容易引起元件绝缘电阻下降,甚至导致元件及电路板的损坏 |
| 定时清扫数控柜的散热通风系统 | 应每天检查数控柜上的各个冷却风扇工作是否正常。根据工作环境的状况,每半年或每季度检查一次风道过滤器有无堵塞现象。如果过滤网上灰尘积聚过多,需要及时清理,否则将引起数控柜内温度过高(一般不允许超过 55℃),造成过热报警或数控系统工作不可靠 |
| 定期检查和更换直流电动机电刷 | 虽然在现代数控机床上有用交流伺服电动机、交流主轴电动机取代直流伺服电动机、直流主轴电动机的倾向,但 20 世纪 80 年代生产的数控机床大都使用直流伺服系统。直流电动机电刷的过度磨损将会影响电动机的性能,甚至造成电动机损坏。为此,应对电动机电刷进行定期检查和更换,一般应每两个月检查一次 |
| 经常监视数控系统的电网电压 | 通常数控系统允许的电网电压波动范围在额定值的$-15\%\sim+10\%$,如果超出此范围,轻则使数控系统不能稳定工作,重则会造成重要电子元件损坏。因此,要注意电网电压的波动。对于电网质量比较恶劣的地区,应及时配置数控系统用的交流稳压装置 |
| 定期更换存储器用电池 | 存储器如采用 CMOS RAM 器件,为了在数控系统不通电期间能保持存储的内容,内部设有可充电电池维持电路。在正常电源供电时,由$+5V$电源经一个二极管向 CMOS RAM 供电,并对可充电电池进行充电。当数控系统切断电源时,则改为由电池供电来维持 CMOS 内的信息。在一般情况下,即使电池尚未失效,也应每年更换一次,以便确保系统正常工作。另外,一定要注意的是,电池的更换应在数控系统供电状态下进行,这样才不会造成存储参数丢失。一旦参数丢失,在更换新电池后,应将参数重新输入 |

| 数控系统长期不用时的维护 | 为提高数控系统的利用率和减少数控系统的故障,数控机床应满负荷使用,而不要长期闲置不用。由于某种原因,造成数控系统长期闲置不用时,为了避免损坏数控系统,需要注意以下两点<br><br>a. 要经常给数控系统通电,特别是在环境湿度较大的梅雨季节更应如此。在机床锁住不动(即伺服电动机不转)的情况下,让数控系统空运行,利用电气元件本身的发热来驱散数控系统内的潮气,保证电气元件性能稳定可靠。实践证明,在空气湿度较大的地区,经常通电是降低故障率的有效措施<br><br>b. 数控机床的进给轴和主轴采用直流电动机来驱动时,应将电刷从直流电动机中取出,以免由于化学腐蚀作用,使换向器表面腐蚀,造成换向性能变坏,甚至使整台电动机损坏 |
|---|---|
| 备用电路板的维护 | 如果印制电路板长期不用,容易出故障,因此,对所购的备用板应定期装到数控系统中通电运行一段时间,以防损坏<br><br>只有正确操作和精心维护,才能发挥数控机床的高效率。正确操作使用能防止机床非正常磨损,避免突发故障;精心维护可使机床保持良好的技术状态,延缓劣化的进程,及时发现和消除故障隐患,从而保障安全运行 |

### (4) 数控铣床维护保养的内容(表 1-6)

**表 1-6　数控铣床维护保养的内容**

| 机械部件的维护 | 主传动链的维护 | 熟悉数控机床主传动链的结构、性能和主轴调整方法,严禁超性能使用。出现不正常现象时,应立即停机排除故障<br><br>使用带传动的主轴系统,需定期调整主轴驱动带的松紧程度,防止因带打滑造成的丢转现象<br><br>注意观察主轴箱温度,检查主轴润滑恒温油箱,调节温度范围,防止各种杂质进入油箱,及时补充油量。每年更换一次润滑油,并清洗过滤器<br><br>经常检查压缩空气气压,调整到标准要求值,足够的气压才能使主轴锥孔中的切屑和灰尘清理干净,保持主轴与刀柄连接部位的清洁。主轴中刀具夹紧装置长时间使用后,会产生间隙,影响刀具的夹紧,需及时调整液压缸活塞的位移量<br><br>对采用液压系统平衡主轴箱重量的结构,需定期观察液压系统的压力,油压低于要求值时,要及时调整<br><br>使用液压拨叉变速的主传动系统,必须在主轴停机后变速<br><br>每年对主轴润滑恒温油箱中的润滑油更换一次,清洗过滤器<br><br>每年清理润滑油池底一次,并更换液压泵过滤器<br><br>每天检查主轴润滑恒温油箱,使其油量充足,工作正常<br><br>防止各种杂质进入润滑油箱,保持油液清洁<br><br>经常检查轴端及各处密封,防止润滑油液的泄漏 |
|---|---|---|
| | 滚珠丝杠螺母副的维护 | 定期检查、调整丝杠螺母副的轴向间隙,保证反向传动精度和轴向刚度<br><br>定期检查丝杠支承与床身的连接是否有松动以及支承轴承是否损坏。如有以上问题,要及时紧固松动部位,更换支承轴承<br><br>采用润滑脂润滑的滚珠丝杠,每半年一次清洗丝杠上的旧润滑脂,换上新的润滑脂。用润滑油润滑的滚珠丝杠,每次机床工作前加油一次<br><br>注意避免硬质灰尘或切屑进入丝杠防护罩或在工作中碰击防护罩,防护装置一有损坏要及时更换 |
| | 刀库及换刀机械手的维护 | 用手动方式往刀库上装刀时,要确保装到位,装牢靠,检查刀座上的锁紧是否可靠<br><br>严禁把超重、超长的刀具装入刀库,防止在机械手换刀时掉刀或刀具与工件、夹具等发生碰撞<br><br>采用顺序选刀方式须注意刀具放置在刀库上的顺序是否正确。其他选刀方式也要注意所换刀具号是否与所需刀具一致,防止换错刀具导致事故发生<br><br>注意保持刀具刀柄和刀套的清洁<br><br>经常检查刀库的回参考点位置是否正确,检查机床主轴回换刀点位置是否到位,并及时调整。否则不能完成换刀动作<br><br>开机时,应先使刀库和机械手空运行,检查各部分工作是否正常,特别是各行程开关和电磁阀能否正常动作。检查机械手液压系统的压力是否正常,刀具在机械手上锁紧是否可靠,发现不正常及时处理 |

| 机械部件的维护 | 液压系统维护 | 定期对油箱内的油液进行取样化验,检查油液质量,定期过滤或更换油液<br>定期检查冷却器和加热器的工作性能,控制液压系统中油液的温度在标准要求内<br>定期检查更换密封件,防止液压系统泄漏<br>防止液压系统振动与噪声<br>定期检查清洗或更换液压件、滤芯,定期检查清洗油箱和管路<br>严格执行日常点检制度,检查系统的泄漏、噪声、振动、压力、温度等是否正常,将故障排除在萌芽状态 |
|---|---|---|
| | 导轨副的维护 | 定期调整压板间隙<br>定期调整镶条间隙<br>定期对导轨进行预紧<br>定期对导轨润滑<br>定期检查导轨的防护 |
| | 气动系统维护 | 选用合适的过滤器,清除压缩空气中的杂质和水分<br>注意检查系统中油雾器的供油量,保证空气中含有适量的润滑油来润滑气动元件,防止生锈、磨损造成空气泄漏和元件动作失灵<br>定期检查更换密封件,保持系统的密封性<br>注意调节工作压力,保证气动装置具有合适的工作压力和运动速度<br>定期检查、清洗或更换气动元件、滤芯 |

| 直流伺服电动机的维护 | 直流伺服电动机带有数对电刷,电动机旋转时,电刷与换向器摩擦而逐渐磨损。电刷异常或过度磨损,会影响电动机工作性能,数控车床、数控铣床和加工中心中的直流伺服电动机应每年检查一次,频繁加、减速的机床(如数控冲床等)中的直流伺服电动机应每两个月检查一次,检查步骤如下<br>①在数控系统处于断电状态且电动机已经完全冷却的情况下进行检查<br>②取下橡胶刷帽,用螺钉旋具拧下刷盖取出电刷<br>③测量电刷长度,如 FANUC 直流伺服电动机的电刷由 10mm 磨损到小于 5mm 时,必须更换同型号的新电刷<br>④仔细检查电刷的弧形接触面是否有深沟或裂痕,以及电刷弹簧上有无打火痕迹。如有上述现象,则要考虑电动机的工作条件是否过分恶劣或电动机本身是否有问题<br>⑤将不含金属粉末及水分的压缩空气导入装电刷的刷孔中,吹净粘在刷孔壁上的粉末。如果难以吹净,可用螺钉旋具尖轻轻清理,直至孔壁全部干净为止,但要注意不要碰到换向器表面<br>⑥重新装上电刷,拧紧刷盖。如果更换了新电刷,应使电动机空运行跑合一段时间,以使电刷表面和换向器表面相吻合 |
|---|---|

| 检测元件的维护 | 检测元件 | 维护 | |
|---|---|---|---|
| | | 项目 | 说 明 |
| | 光栅 | 防污 | ①切削液在使用过程中会产生轻微结晶,这种结晶在扫描头上形成一层薄膜且透光性差,不易清除,故在选用切削液时要慎重<br>②加工过程中,切削液的压力不要太大,流量不要过大,以免形成大量的水雾进入光栅<br>③光栅最好通入低压压缩空气($10^5$Pa 左右),以免扫描头运动时形成的负压把污物吸入光栅。压缩空气必须净化,滤芯应保持清洁并定期更换<br>④光栅上的污物可以用脱脂棉蘸无水酒精轻轻擦除 |
| | | 防振 | 光栅拆装时要用静力,不能用硬物敲击,以免引起光学元件的损坏 |
| | 光电脉冲编码器 | 防污 | 污染容易造成信号丢失 |
| | | 防振 | 振动容易使编码器内的紧固件松动脱落,造成内部电源短路 |
| | | 防连接松动 | ①连接松动,会影响位置控制精度<br>②连接松动还会引起进给运动的不稳定,影响交流伺服电动机的换向控制,从而引起机床的振动 |
| | 感应同步器 | | ①保持定尺和滑尺相对平行<br>②定尺固定螺栓不得超过尺面,调整间隙在 0.09~0.15mm 为宜<br>③不要损坏定尺表面耐切削液涂层和滑尺表面一层带绝缘层的铝箔,否则会腐蚀厚度较小的电解铜箔<br>④接线时要分清滑尺的绕组 |

| 检测元件的维护 | 旋转变压器 | ①接线时应分清定子绕组和转子绕组<br>②电刷磨损到一定程度后要更换 |
| | 磁栅尺 | ①不能将磁性膜刮坏<br>②防止切屑和油污落在磁性标尺和磁头上<br>③要用脱脂棉蘸无水酒精轻轻地擦其表面<br>④不要用力拆装和撞击磁性标尺和磁头,否则会使磁性减弱或使磁场紊乱<br>⑤接线时要分清磁头上励磁绕组和输出绕组,前者绕在磁路截面尺寸较小的横臂上,后者绕在磁路截面尺寸较大的竖杆上 |

# 1.5  数控铣床的常见故障及处理

数控铣床是复杂的机电一体化产品,涉及机、电、液、气、光等多项技术,在运行使用中不可避免地要产生各种故障,关键问题是如何迅速诊断、确定故障部位,及时排除解决,保证正常使用,提高生产率。数控铣床的常见故障及处理见表1-7。

表 1-7  数控铣床的常见故障及处理

| 数控机床常见故障的诊断方法 | 直接追踪法 | 这是一种最基本的方法,维修人员通过对故障发生的时间、机床运行状态和故障现象进行详细了解,逐步排查,将故障范围缩小到某一个模块,找出故障原因。这种方法要求维修人员具有丰富的实践经验,有多学科较宽的知识面和综合判断能力 |
| | 自诊断功能法 | 现代的数控系统都具备较强的自诊断报警系统功能,能够随时监视数控系统的硬件和软件的工作状态,帮助维修人员查找故障,是数控机故障诊断与维修的十分重要的手段,是当前数控维修最有效的一种方法 |
| | 参数检查法 | 数控机床的参数设置是否合理直接关系到机床的工作性能,这些参数有位置环增益、速度环增益、反向间隙补偿、参考点坐标等,通常因电池电量不足、外界干扰等会造成部分参数丢失,造成机床不能正常运行。另外,经过长时间的运行,由于机械传动部件的磨损、电气元件的老化等原因,也对机床性能产生一定的影响,需要及时调整修正机床参数 |
| | 替换法 | 替换法是一种简单易行、现场判断时较常用的方法,是指在分析出大致故障原因的情况下,维修人员利用备用模块、电路板或元器件替换有故障疑点的部分,观察故障转移情况,从而确定故障的部位 |
| | 测量法 | 根据数控机床维修说明书和电路原理图,利用万用表、钳形电流表、相序表、示波器、频谱分析仪、振动检测仪等仪器对故障疑点进行电压、电流和波形等测量,与正常值进行比较,分析故障所在位置 |
| 操作中常见故障的诊断 | | ①模拟操作时,非法地址报警。检查数控加工程序,指令、参数输入有无非法字符或不正确的G代码错误<br>②模拟操作时,超程报警。检查数控加工程序,坐标点、参数输入正确与否,检查刀具参数及零点偏置,参数有无错误<br>③手动操作机床时,超程报警。按住数控机床超程解除按钮,按复位功能键清除报警状态,反向移动工作台,回到正常运行范围内<br>④运行程序时,坐标位置错误。执行回零操作,检查零点偏置中参数,检查刀具参数,检查数控加工程序<br>⑤开机后机床不动作故障。检查机床是否处于报警状态,急停开关是否松开,操作方式是否选择正确,机床是否处于锁定状态,倍率调节是否设置为0等 |
| 数控系统的报警信息 | | 数控系统有较强的自诊断报警系统功能,它能够随时监视数控系统硬件和软件的工作状态,当数控系统出现故障时,系统会显示相应的报警信息。不同的数控系统其报警信息也各不相同,一般有系统、编程、轴伺服、PLC等几类,常见数控系统报警信息如下 |

| | | | |
|---|---|---|---|
| 数控系统的报警信息 | FANUC 系统报警信息分类 | | P/S程序报警(000～222) |
| | | | APC绝对脉冲编码器报警(3n0～3n9) |
| | | | SV伺服报警(400～4n7) |
| | | | 超程报警(5n0～5nm) |
| | | | PMC报警(600～606) |
| | | | 过热报警(700～704) |
| | | | 系统错误(900～998) |
| | | | 宏程序报警(500～599) |
| | SIEMENS 系统报警信息分类 | NC报警 | 一般报警　000000～009999 |
| | | | 通道报警　010000～019999 |
| | | | 坐标轴/主轴报警　020000～029999 |
| | | | 功能报警　030000～099999 |
| | | | SIEMENS循环报警　060000～064999 |
| | | | 用户循环报警　065000～069999 |
| | | HMI报警 | 主系统　100000～100999 |
| | | | 诊断　101000～101999 |
| | | | 维修　102000～102999 |
| | | | 机床　103000～103999 |
| | | | 参数　104000～104999 |
| | | | 编程　105000～105999 |
| | | | 存储　106000～106999 |
| | | | OEM　107000～107999 |
| | | PLC报警/信息 | 一般报警　400000～499999 |
| | | | 用户范围　700000～799999 |
| 常见报警信息处理 | ①编程类报警。这类故障多数是由错误的数控加工程序引起的,常见原因有代码错误、参数错误、几何条件不满足等,应仔细修改、检查数控加工程序<br>②轴、伺服报警。复位或重新启动系统,看报警是否重复出现,检查数控系统内部参数及伺服电动机的工作情况,以及周围环境、信号干扰情况<br>③PLC报警。使PLC程序编辑及运行中出现报警,监测、找出故障原因,排除故障。分析PLC信号情况<br>④系统故障。复位或重新启动系统,检查报警是否重复出现,检查数控系统的参数及各接口连接情况 | | |

# 第❷章

# 数控铣削加工技术基础

## 2.1 数控铣削加工工艺概述

数控铣床加工工艺是以普通铣床的加工工艺为基础，结合数控铣床的特点，综合运用多方面的知识解决数控铣床加工过程中面临的工艺问题。而加工中心是一种功能较全的数控机床，它集铣削、钻削、铰削、镗削、攻螺纹和切螺纹于一身，使其具有多种工艺手段，与普通机床加工相比，加工中心具有许多显著的工艺特点。

### 2.1.1 数控铣床加工的主要对象

#### (1) 数控铣床的适宜加工对象

数控铣削是机械加工中最常用和最主要的数控加工方法之一，它除了能铣削普通铣床所能铣削的各种零件表面外，还能铣削普通铣床不能铣削的需要 2~5 坐标联动的各种平面轮廓和立体轮廓。根据数控铣床的特点，从铣削加工角度考虑，适合数控铣削的主要加工对象有以下几类。

① 平面类零件。加工面平行或垂直于水平面，或加工面与水平面的夹角为定角的零件为平面类零件（参见图 2-1）。目前在数控铣床上加工的大多数零件属于平面类零件，其特点是各个加工面是平面，或可以展开成平面。图 2-1 中的曲线轮廓面 $M$ 和正圆台面 $N$，展开后均为平面。

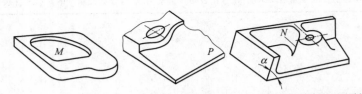

(a) 面轮廓的平面零件　(b) 带斜平面的平面零件　(c) 带圆台和斜肋的平面零件

图 2-1　平面类零件

平面类零件是数控铣削加工中最简单的一类零件，一般只需用 3 坐标数控铣床的两坐标联动（即两轴半坐标联动）就可以把它们加工出来。

② 变斜角类零件。加工面与水平面的夹角呈连续变化的零件称为变斜角零件，如图 2-2

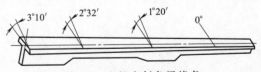

图 2-2　飞机变斜角梁缘条

所示的飞机变斜角梁缘条。

变斜角类零件的变斜角加工面不能展开为平面，但在加工中，加工面与铣刀圆周的瞬时接触为一条线。最好采用4坐标、5坐标数控铣床摆角加工，若没有上述机床，也可采用3坐标数控铣床进行两轴半近似加工。

③ 曲面类零件。加工面为空间曲面的零件称为曲面类零件，如模具、叶片、螺旋桨等。曲面类零件不能展开为平面。加工时，铣刀与加工面始终为点接触，一般采用球头刀在3轴数控铣床上加工。当曲面较复杂、通道较狭窄、加工中会伤及相邻表面及需要刀具摆动时，要采用4坐标或5坐标铣床加工。

**(2) 加工中心的适宜加工对象**

针对加工中心的工艺特点，加工中心适宜于加工形状复杂、加工内容多、要求较高、需用多种类型的普通机床和众多的工艺装备，且经多次装夹和调整才能完成加工的零件。主要的加工对象有下列几种。

① 既有平面又有孔系的零件。加工中心具有自动换刀装置，在一次安装中，可以完成零件上平面的铣削、孔系的钻削、镗削、铰削、铣削及攻螺纹等多工步加工。加工的部位可以在一个平面上，也可以在不同的平面上。五面加工中心一次安装可以完成除装夹面以外的五个面的加工。因此，既有平面又有孔系的零件是加工中心的首选加工对象，这类零件常见的有箱体类零件和盘、套、板类零件。

a. 箱体类零件。箱体类零件很多，其一般都要进行多工位孔系及平面加工，精度要求较高，特别是形状精度和位置精度要求较严格，通常需要经过铣、钻、扩、镗、铰、锪、攻螺纹等工步，需要的刀具较多，在普通机床上加工难度大，工装套数多，需多次装夹找正，手工测量次数多，精度不易保证时，选用加工中心加工，一次安装可完成普通机床的60%～95%的工序内容，且零件各项精度一致性好，质量稳定，生产周期短。

b. 盘、套、板类零件。这类零件端面上有平面、曲面和孔系，也常分布一些径向孔，如图2-3所示的十字盘。加工部位集中在单一端面上的盘、套、板类零件宜选择立式加工中心，加工部位不是位于同一方向表面上的零件宜选择卧式加工中心。

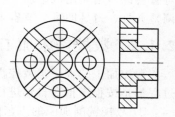

图 2-3　十字盘

② 结构形状复杂、普通机床难加工的零件。主要表面是由复杂曲线、曲面组成的零件在加工时，需要多坐标联动加工，这在普通机床上是难以甚至无法完成的，加工中心是加工这类零件最有效的设备。常见的典型零件有以下几类。

a. 凸轮类。这类零件包括有各种曲线的盘形凸轮、圆柱凸轮、圆锥凸轮和端面凸轮等，加工时，可根据凸轮表面的复杂程度，选用三轴、四轴或五轴联动的加工中心。

b. 整体叶轮类。整体叶轮常见于航空发动机的压气机、空气压缩机、船舶水下推进器等，它除具有一般曲面加工的特点外，还存在许多特殊的加工难点，如通道狭窄，刀具很容易与加工表面和邻近曲面产生干涉。如图2-4所示是轴向压缩机涡轮，它的叶面是一个典型的三维空间曲面，加工这样的型面，可采用四轴以上联动的加工中心。

c. 模具类。常见的模具有锻压模具、铸造模具、注塑模具及橡胶模具等。如图2-5所示为连杆锻压模具。采用加工中心加工模具，由于工序高度集中，动模、定模等关键件基本上是在一次安装中完成全部精加工内容，尺寸累积误差及修配工作量小。同时模具的可复制性

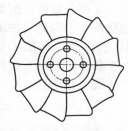

图 2-4　轴向压缩机涡轮

强，互换性好。

③ 外形不规则的异形零件。异形零件是指支架（图2-6）、拨叉类外形不规则的零件，大多要点、线、面多工位混合加工。由于外形不规则，在普通机床上只能采取工序分散的原则加

工，需用工装较多，周期较长。利用加工中心多工位点、线、面混合加工的特点，可以完成大部分甚至全部工序内容。

④ 周期性投产的零件。用加工中心加工零件时，所需工时主要包括基本时间和准备时间，其中，准备时间占很大比例。例如工艺准备、程序编制、零件首件试切等，这些时间往往是单件基本时间的几十倍。采用加工中心可以将这些准备时间的内容储存起来，供以后反复使用。这样，对周期性投产的零件，生产周期就可以大大缩短。

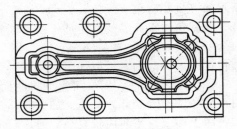

图 2-5　连杆锻压模具

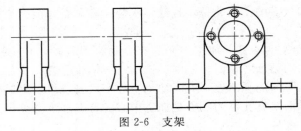

图 2-6　支架

⑤ 加工精度要求较高的中小批量零件。针对加工中心加工精度高、尺寸稳定的特点，对加工精度要求较高的中小批量零件，选择加工中心加工，容易获得所要求的尺寸精度和形状位置精度，并可得到很好的互换性。

⑥ 新产品试制中的零件。在新产品定型之前，需经反复试验和改进。选择加工中心试制，可省去许多用通用机床加工所需的试制工装。当零件被修改时，只需修改相应的程序及适当地调整夹具、刀具即可，节省了费用，缩短了试制周期。

## 2.1.2　数控铣床加工工艺的基本特点

数控加工的程序是数控机床的指令性文件。加工时，数控铣削受控于程序指令，加工的全过程都是按程序指令自动进行的。因此，数控铣削加工工艺具有以下方面的特点。

① 数控铣削加工的工艺内容十分具体。数控铣床加工程序与普通铣削工艺规程有较大差别，涉的内容也较广。数控铣床及加工中心的加工程序不仅要包括零件的工艺过程，而且还要包括切削用量、进给路线、刀具尺寸以及机床的运动过程。

② 数控铣削加工工艺制定严密。数控铣削虽然自动化程度较高，但自适应能力差，它不像普通铣床在加工中可以根据加工过程中出现的问题，比较灵活自由地适时进行人为调整。因此，加工工艺制定是否先进、合理，在很大程度上关系到加工质量的优劣。又由于数控铣削加工过程是自动连续进行的，不能像普通铣削加工时，操作者可以适时地随意调整。因此，在编制加工程序时，必须认真分析加工过程中的每一个细小环节（如钻孔时，孔内是否塞满了切屑），稍有疏忽或经验不足就会发生错误，甚至酿成重大机损、人伤及质量事故。编程人员除了必须具备扎实的工艺基础知识和丰富的实践经验外，还应具有细致、严谨的工作作风。

## 2.1.3　数控铣床加工工艺的主要内容

① 选择适合在数控机床上加工的零件。

② 分析被加工零件的图样，明确加工内容及技术要求。

③ 确定零件的加工方案，制定数控加工工艺路线。如划分工序、安排加工顺序，处理与非数控加工工序的衔接等。

④ 加工工序的设计。如零件的定位基准，确定夹具方案、划分工步、选取刀辅具、确定

切削用量等。

　　⑤ 数控加工程序的调整。选取对刀点和换刀点，确定刀具补偿，确定加工路线。

　　⑥ 分配数控加工中的公差。

　　⑦ 处理数控机床上的部分工艺指令。

## 2.1.4 数控加工常见的工艺文件

　　数控加工工艺文件主要包括数控加工工序卡、数控刀具调整单、机床调整单、零件加工程序单等。目前，这些文件尚无统一的国家标准，但在各企业或行业内部已有一定的规范可循。

　　**(1) 数控加工工序卡**

　　数控加工工序卡与普通加工工序卡有许多相似之处，但不同的是该卡中应反映使用的辅具、刀具、切削参数、切削液等，它是操作人员配合数控程序进行数控加工的主要指导性工艺资料。工序卡应按已确定的工步顺序填写。数控加工工序卡片见表2-1。

表2-1　数控加工工序卡片

| ××公司 | 数控加工工序卡片 | 产品名称或代号 | | 零件名称 | 零件图号 |
|---|---|---|---|---|---|
| | | JS | | 行星架 | 0102-4 |
| 工序号 | 程序编号 | 夹具名称 | 夹具编号 | 使用设备 | 车间 |
| | | 镗用夹具 | | | |
| 工步 | 工步内容 | 加工面 | 刀具号 | 刀具规格 | 主轴转速 | 进给速度 | 切削深度 | 备注 |
| 1 | N5～N30，$\phi$65H7 镗成 $\phi$63mm | | T13001 | | | | | |
| 2 | N40～N50，$\phi$50H7 镗成 $\phi$48mm | | T13006 | | | | | |
| 编制 | | 审核 | | 批准 | | 共　页 | | 第　页 |

　　若在数控机床上只加工零件的一个工步时，也可不填写工序卡。在工序加工内容不十分复杂时，可把零件草图反映在工序卡上。

　　**(2) 数控刀具调整单**

　　数控刀具调整单主要包括数控刀具卡片（简称刀具卡）和数控刀具明细表（简称刀具表）两部分。

　　数控加工时，对刀具的要求十分严格，一般要在机外对刀仪上，事先调整好刀具直径和长度。刀具卡主要反映刀具编号、刀具结构、尾柄规格、组合件名称代号、刀片型号和材料等，它是组装刀具和调整刀具的依据。数控刀具卡片见表2-2。

表2-2　数控刀具卡片

| 零件图号 | JS012-4 | 数控刀具卡片 | | | 使用设备 | |
|---|---|---|---|---|---|---|
| 刀具名称 | 镗刀 | | | | TC-30 | |
| 刀具编号 | T13003 | 换刀方式 | 自动 | 程序编号 | | |
| 刀具组成 | 序号 | 编号 | 刀具名称 | 规格 | 数量 | 备注 |
| | 1 | 7013960 | 拉钉 | | 1 | |
| | 2 | 390.140-5063050 | 刀柄 | | 1 | |

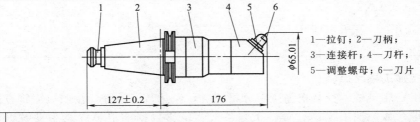

1—拉钉；2—刀柄；
3—连接杆；4—刀杆；
5—调整螺母；6—刀片

| 备注 | | | | | | | | |
|---|---|---|---|---|---|---|---|---|
| 编制 | | 审核 | | 批准 | | 共　页 | | 第　页 |

数控刀具明细表是调刀人员调整刀具输入的主要依据。数控刀具明细表见表 2-3。

**表 2-3　数控刀具明细表**

| 零件图号 | 零件名称 | 材料 | 数控刀具明细表 | | 程序编号 | 车间 | 使用设备 |
|---|---|---|---|---|---|---|---|
| JS0102-4 | | | | | | | |

| 刀号 | 刀位号 | 刀具名称 | 刀具图号 | 刀具 | | | 刀补地址 | | 换刀方式 | 加工部位 |
|---|---|---|---|---|---|---|---|---|---|---|
| | | | | 直径/mm | | 长度/mm | 直径 | 长度 | 自动/手动 | |
| | | | | 设定 | 补偿 | 设定 | | | | |
| T13001 | | 镗刀 | | $\phi63$ | | 137 | | | 自动 | |
| T13002 | | 镗刀 | | $\phi64.8$ | | 137 | | | 自动 | |
| 编制 | | 审核 | | 批准 | | | 年 月 日 | | 共 页 | 第 页 |

### （3）工件安装和零点设定卡片

数控加工零件安装和零点（编程坐标系原点）设定卡片（简称装夹图和零点设定卡）表明了数控加工零件定位方法和夹紧方法，也标明了工件零点设定的位置和坐标方向，使用夹具的名称和编号等。工件安装图和零点设定卡片见表 2-4。

**表 2-4　工件安装图和零点设定卡片**

| 零件图号 | JS0102-4 | 数控加工工件安装和零点设定卡片 | 工序号 | |
|---|---|---|---|---|
| 零件名称 | 行星架 | | 装夹次数 | |

| 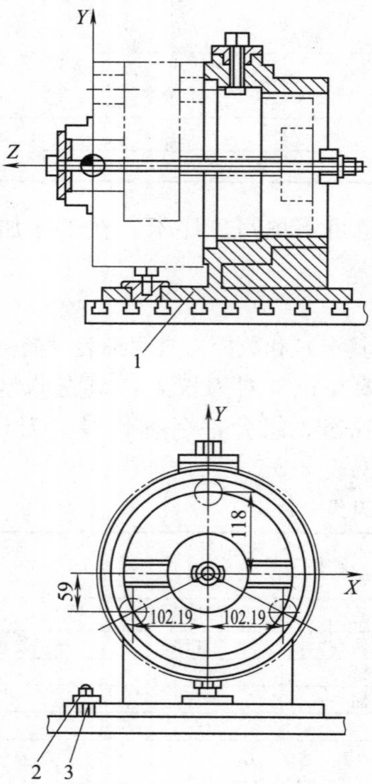 | 3 | 梯形槽螺栓 | |
|---|---|---|---|
| | 2 | 压板 | |
| | 1 | 镗铣夹具板 | GS52-61 |
| 编制　　审核　　批准　第 页 | | | |
| | 共 页 | 序号 | 夹具名称 | 夹具图号 |

### （4）数控加工程序单

数控加工程序单是编程员根据工艺分析情况，经过数值计算，按照机床特点的指令代码编制的。它是记录数控加工工艺过程、工艺参数、位移数据的清单以及手动数据输入（MDI）和置备控制介质、实现数控加工的主要依据。表 2-5 为加工程序单的一种形式。

表 2-5　加工程序单

| 单位名称 | CNC 机床程序单 | 程序编号 | | 零件图号 | | 机床 | |
|---|---|---|---|---|---|---|---|
| | | 产品名称 | | 零件名称 | | 共　页 | 第　页 |
| 材料牌号 | | 毛坯种类 | | 每一次加工件数 | 每台数量 | | 单件质量 |
| 工序号 | | | 程序内容 | | | 备注 | |
| | | | | | | | |
| | | | | | | | |
| 标记 | 修改内容 | 修改者 | 日期 | 标记 | 修改内容 | 修改者 | 日期 | 编制 | 审核 | 批准 |

# 2.2　数控铣削加工零件的工艺性分析

工艺分析是数控铣削加工的前期工艺准备工作。工艺制定得合理与否，对程序编制、机床的加工效率和零件的加工精度都有重要影响。在数控铣削加工中，对零件图进行工艺分析的主要内容包括选择数控铣削的加工内容、零件结构工艺性分析、零件毛坯的工艺性分析和加工方案分析。

**（1）选择数控铣削的加工内容**

数控铣床与普通铣床相比，具有加工精度高、加工零件的形状复杂、加工范围广等特点。但是数控铣床价格较高，加工技术较复杂，零件的制造成本也较高。因此，正确选择适合数控铣削加工的内容就显得很有必要。

① 首选内容。正确选择适合数控铣削加工的首选内容主要可从以下方面进行考虑。

a. 零件上的曲线轮廓，指要求有内、外复杂曲线的轮廓，特别是由数学表达式等给出的其轮廓为非圆曲线和列表曲线等的曲线轮廓。

b. 空间曲面，即由数学模型设计出的并具有三维空间曲面的零件。

c. 形状复杂、尺寸繁多、划线与检测困难的部位。

② 重点选择内容。正确选择适合数控铣削加工的重点内容主要可从以下方面进行考虑。

a. 用通用铣床加工难以观察、测量和控制进给的内、外凹槽。

b. 高精度零件。尺寸精度、形位精度和表面粗糙度等要求较高的零件，如发动机缸体上的多组高精度孔或分型面。

③ 可选内容。正确选择适合数控铣削加工的可选内容主要可从以下方面进行考虑。

a. 能在一次安装中顺带铣出来的简单表面。

b. 采用数控铣削后能成倍提高生产率，大大减轻体力劳动强度的一般加工内容。

虽然数控铣床加工范围广泛，但是因受数控铣床自身特点的制约，某些零件仍不适合在数控铣床上加工。如简单的粗加工面，加工余量不太充分或不太稳定的部位，以及生产批量特别大而精度要求又不高的零件等。

**（2）零件结构工艺性分析**

零件的工艺性分析，除主要应从构成零件的几何要素是否完整、零件上各项精度要求的高低、零件的材料与热处理要求等多方面进行综合分析和考虑外，下面主要针对数控铣削加工的特点列举一些较为常见的工艺问题并进行分析。

① 零件的加工精度及变形情况分析。虽然数控铣床的加工精度高，但对一些过薄的腹板和缘板零件应认真分析其结构特点，这类零件在实际加工中因较大切削力的作用使薄板容易产生弹性退让变形，从而影响到薄板的加工精度，同时也影响到薄板的表面粗糙度。当薄板的面积较大而厚度又小于 3mm 时，就应充分重视这一问题，并采取相应措施来保证其加工精度。如对钢件进行调质处理，对铸铝件进行退火处理；对不能用热处理方法解决的，也可考虑粗、

精加工及对称去余量等常规方法；还可以充分利用数控机床的循环功能，减小每次进刀的切削深度或切削速度，从而减小切削力，用这种方法来控制零件在加工过程中的变形。

② 零件的形状及尺寸。零件的形状及尺寸可从以下几方面进行分析。

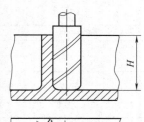
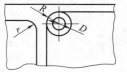
图 2-7　缘板高度的影响

a. 零件的内转接圆弧。零件的内槽及缘板之间的内转接圆弧半径 $R$ 往往限制了刀具直径 $D$ 的增大（见图 2-7），$R$ 较小（即 $R<0.2H$）时的加工工艺性较差。在这种情况下，应选用不同直径的铣刀分别进行粗、精加工，以最终保证零件上内转接圆弧半径的要求。

b. 零件底面的圆角半径。零件的槽底圆角半径 $r$ 或腹板与缘板相交处的圆角半径 $r$ 对平面的铣削影响较大。当 $r$ 越大时，铣刀端刃铣削平面的能力越差，效率也越低，如图 2-8 所示。因为铣刀与铣削平面接触的最大直径 $d=D-2r$（$D$ 为铣刀直径），当 $D$ 越大而 $r$ 越小时，铣刀端刃铣削平面的面积越大，加工平面的能力越强，铣削工艺性越好。反之，当 $r$ 过大时，可采取先用 $r$ 较小的铣刀粗加工（注意防止 $r$ 被"过切"），再用符合零件要求的铣刀进行精加工。

c. 尽量采用统一的外形、内腔尺寸。为了减少换刀次数，零件的外形、内腔最好采用统一的几何类型及尺寸。一般来说，即使不能达到完全统一，也要力求将数值相近的分组靠拢，达到局部统一，以尽量减少铣刀规格与换刀次数，并避免因频繁换刀而增加的零件加工面上的接刀阶差，提高表面质量。

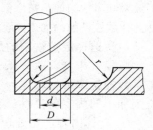
图 2-8　零件底面圆弧的影响

③ 零件的定位基准。当零件需要多次装夹才能完成加工时，应保证多次装夹的定位基准尽量一致。对于如图 2-9 所示零件，在加工完上部分的孔或槽后，必须重新进行第二次装夹才能加工另一部分的孔或槽。若两次装夹的定位基准完全不同，往往会因零件的重新安装而接不好刀，即与上道工序加工的面接不齐或造成本来要求一致的两对应面上的轮廓错位，从而影响到零件的质量。

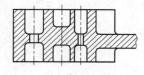
图 2-9　多次装夹的工件

④ 零件加工中的换刀次数。在数控铣床上加工的准备时间（如停车及对刀等所需时间）过长，不仅会降低生产效率，而且还会给编程增加许多麻烦；同时，还因换刀增加了零件加工面上的接刀阶差，从而降低了零件的加工质量。因此，在工艺上应尽量统一安排零件要求的某些尺寸，如凹圆弧（$R$ 与 $r$）的大小，最终减少换刀次数。

从上述分析可知，在分析零件图时，应综合考虑多方面因素的影响，权衡利弊，选择最佳的加工工艺方案。例如，对选择不同规格的铣刀进行粗、精加工以及减少换刀次数的问题，应根据生产批量的大小、加工精度要求的高低和编程是否方便等因素，进行综合分析，以获得最佳的工艺方案。

表 2-6 所示为零件的数控铣削加工工艺性实例。

表 2-6　零件的数控铣削加工工艺性实例

| 序号 | A. 工艺性差的结构 | B. 工艺性好的结构 | 说　明 |
|---|---|---|---|
| 1 | $R_2<(\frac{1}{5}\sim\frac{1}{6})H$　$R_1$　$H$ | $R_2>(\frac{1}{5}\sim\frac{1}{6})H$　$R_1$　$H$ | B 结构可选用较高刚性刀具 |

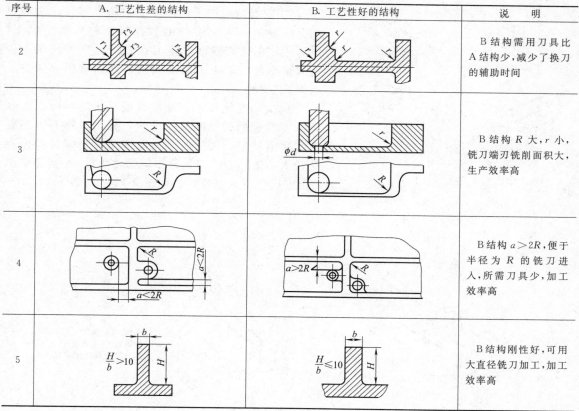

| 序号 | A. 工艺性差的结构 | B. 工艺性好的结构 | 说　明 |
|---|---|---|---|
| 2 | | | B 结构需用刀具比 A 结构少,减少了换刀的辅助时间 |
| 3 | | | B 结构 R 大,r 小,铣刀端刃铣削面积大,生产效率高 |
| 4 | | | B 结构 a＞2R,便于半径为 R 的铣刀进入,所需刀具少,加工效率高 |
| 5 | | | B 结构刚性好,可用大直径铣刀加工,加工效率高 |

**(3) 零件毛坯的工艺性分析**

数控铣削加工时,由于是自动化加工,除要求毛坯的余量要充分、均匀,毛坯装夹要方便、可靠外,还应注意到数控铣削中最难保证的是加工面与非加工面之间的尺寸。如果已确定或准备采用数控铣削,就应事先对毛坯的设计进行必要的更改或在设计时就充分加以考虑,即在零件图注明的非加工表面处也增加适当的余量。否则,毛坯将不适合数控铣削,加工很难进行下去。因此,只要准备采用数控铣削加工,就应在对零件图进行工艺分析后,结合数控铣削的特点,对零件毛坯进行工艺分析。

**(4) 加工方案分析**

① 平面轮廓加工。平面轮廓多由直线和圆弧或各种曲线构成,通常采用三坐标数控铣床进行两坐标联动加工。如图 2-10 所示为由直线和圆弧构成的零件平面轮廓 $ABCDEA$,采用半径为 $R$ 的立铣刀沿周向加工,双点划线 $A'B'C'D'E'A'$ 为刀具中心的运动轨迹。为保证加工面光滑,刀具沿外延线 $PA'$ 切入,沿外延线 $A'K$ 切出。

② 固定斜角平面加工。固定斜角平面是与水平面成一固定夹角的斜面。根据零件的精度要求、倾斜的角度、主轴箱的位置、刀具形状、机床的行程、零件的安装方法以及编程的难易程度等,固定斜角平面可以有多种加工方法,如图 2-11 所示。最佳的方法是采用五坐标数控铣床,铣头摆动加工,不留残留面积。

对于如图 2-11 所示的正圆台和斜肋表面,一般可用角度成形铣刀来加工,此时如采用五

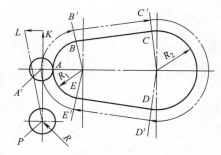

图 2-10　平面轮廓铣削

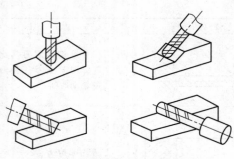

图 2-11　主轴摆角加工固定斜角面

坐标铣床摆角加工反而不经济。

③ 变斜角面加工。加工变斜角类零件，最理想的方法是用多坐标联动的数控机床进行摆角加工，也可用锥形铣刀或鼓形铣刀在三坐标数控铣床上进行两轴半近似加工。加工变斜角面的常用方法主要有下列三种。

a. 曲率变化较小的变斜角面，可选用可 $x$、$y$、$z$ 和 $A$ 四坐标联动的数控铣床，采用立铣刀以插补方式摆角加工。加工时，为保证刀具与零件型面在全长上始终贴合，刀具绕 $z$ 轴摆动角度 $\alpha$。当零件斜角过大，超过铣床主轴摆角范围时，也可用角度成形刀加以弥补，如图 2-12（a）所示。

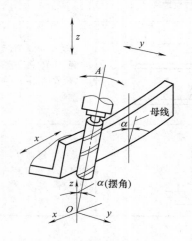

(a) 四坐标数控铣床加工变斜角面

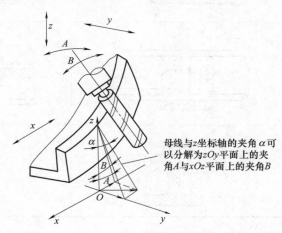

母线与 $z$ 坐标轴的夹角 $\alpha$ 可以分解为 $zOy$ 平面上的夹角 $A$ 与 $xOz$ 平面上的夹角 $B$

(b) 五坐标数控铣床加工变斜角面

图 2-12　多坐标数控铣床加工零件变斜角面

b. 曲率变化较大的变斜角面，用四坐标联动加工难以满足加工要求，最好用 $x$、$y$、$z$、$A$ 和 $B$（或 $C$ 转轴）的五坐标联动数控铣床，以圆弧插补方式摆角加工，如图 2-12（b）所示。实际上图中的 $\alpha$ 角与 $A$、$B$ 两摆角是球面三角关系，这里仅为示意图。

c. 用三坐标数控铣床进行两轴半联动近似加工，利用锥形铣刀和鼓形铣刀，以直线或圆弧插补方式进行分层铣削，加工后的送刀残痕用钳修法清除，如图 2-13

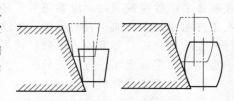

图 2-13　用锥形铣刀或鼓形铣刀
分层铣削变斜角面

所示。由于鼓形铣刀的鼓径可以做得较大，因而加工后的残留面积高度小，加工效果较好。

④ 曲面轮廓加工。立体曲面的加工应根据曲面形状、刀具形状以及精度要求采用不同的铣削加工方法（如两轴半、三轴、四轴及五轴等联动）加工。

a. 曲率变化不大和精度要求不高的曲面常用两轴半联动的行切法进行粗加工，即 $x$、$y$、$z$ 三轴中任意两轴作联动插补，另一轴单独进行周期进给，这样就将复杂的立体型面转化为较简单的平面轮廓加工。如图 2-14 所示，

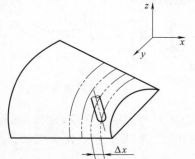

图 2-14　两轴半坐标行切法加工曲面

将 $x$ 向分成若干段，球头铣刀沿 $yz$ 面所截的曲线进行铣削，每一段加工完后进给 $\Delta x$，再加工另一相邻曲线，如此依次切削即可加工出整个曲面。加工时 $\Delta x$ 要根据表面粗糙度的要求及刀头不能干涉相邻表面的原则选取。

b. 对曲率变化较大和精度要求较高的曲面常用 $x$、$y$、$z$ 三坐标联动插补的行切法进行精加工。

c. 对叶轮、螺旋桨等复杂型面，常采用立铣刀用五坐标联动进行加工。

# 2.3　零件的定位与装夹

使工件在机床上或夹具中占有正确位置的过程称为定位。使工件在机床上占有正确位置并将工件夹紧的过程，称为工件的装夹。用于装夹工件的工艺装备就是机床夹具。

机床夹具的种类较多，按使用机床类型的不同，可分为车床夹具、铣床夹具、钻床夹具、镗床夹具、加工中心夹具和其他机床夹具等。

数控铣床及加工中心所用的夹具主要有：通用夹具、专用夹具及组合夹具等。

① 通用夹具。通用夹具是指已经标准化、不需要调整或稍加调整就可以用于装夹不同工件的夹具。如三爪自定义卡盘和四爪单动卡盘、平口钳、回转工作台、分度头等。

② 专用夹具。专用夹具是为某一工件的一定工序加工而设计制造的夹具。结构紧凑，操作方便，主要用于产品固定的大批量生产中。

③ 组合夹具。组合夹具是指按一定的工艺要求，由一套预先制造好的通用标准元件和部件组合而成的夹具。这种夹具使用完以后，可进行拆卸或重新组装，具有缩短生产周期、减少专用夹具的品种和数量的优点，适用于新产品的试制及多品种、小批量的生产。

尽管夹具的种类较多，但它们的基本组成是相同的，都是由以下几个部分组成。

① 定位装置。定位装置是由定位元件及其他零件组合而构成的。它用于确定工件在夹具中的正确位置。

② 夹紧装置。夹紧装置用于保证工件在夹具中的既定位置，使其在外力作用下不致产生移动。它包括夹紧元件、传动装置及动力装置等。

③ 夹具体。用于连接夹具各元件及装置，使其成为一个整体的基础件，以保证夹具的精度和刚度。

④ 其他元件及装置。如定位键、操作件、分度装置、标准化连接元件等。

## 2.3.1　工件定位的原理及定位基准的选择

工件的定位是通过工件的定位基准与通用或专用夹具中的定位元件接触来实现的，工件的夹紧是通过夹紧装置来固定工件，使其保持正确的位置，当切削加工时，不使零件因切削力的作用而产生位移，从而保证零件的加工质量。

由于加工零件外形结构、生产批量、技术要求不同，因此，所用的定位及夹紧方式也有所不同。

### (1) 六点定位原理及要求

工件的定位原理是按工件的加工要求，用定位元件限制影响加工精度的自由度，使工件得到正确的加工位置，而确定工件位置总的原则是按照六点定位原理来设计、布置的。

由六点定位原理可知：在空间处于自由状态的刚体，有六个自由度，如图 2-15 所示。即沿着 $X$、$Y$、$Z$ 三个坐标轴的移动，和绕着这三个坐标轴的转动。因此，要使这个物体在空间占有一定的位置，就必须消除这六个自由度，也就是

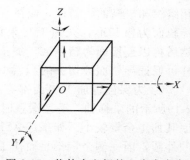

图 2-15　物体在空间的六个自由度

说，当工件在夹具内定位时，必须限制这六个自由度，才能使工件正确地定位。

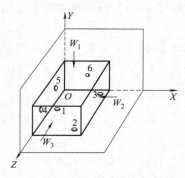

图 2-16　工件的六点定位

限制工件自由度的典型方法，就是在夹具上按一定规律设置六个支承点，如图 2-16 所示。先把工件平放在 $XOZ$ 平面上，它有三个支承点限制了工件的三个自由度（即绕 $X$、$Z$ 轴的转动和沿 $Y$ 轴的移动）。再把工件靠紧 $YOZ$ 平面，它有两个支承点，限制了两个自由度（即沿 $X$ 轴的移动和绕 $Y$ 轴的转动）。最后将工件靠向 $XOY$ 平面，它有一个支承点，限制了一个自由度（即沿 $Z$ 轴的移动）。用六个支承点限制工件的六个自由度，使工件在夹具中的位置完全确定，这就是六点定位原理。

如果所用的夹具限制了工件的六个自由度，这种定位叫做工件的完全定位。但是在许多情况下，不需要对工件的所有自由度都限制，只限制那些对加工后位置精度有影响的自由度就可以了，这样的定位叫做工件的不完全定位。采用不完全定位可简化夹具的结构。

如果一个定位结构所限制工件的自由度，没有完全包括必须限制的自由度，就会发生工件定位的不足，这种现象叫做欠定位。欠定位不能满足工件加工的要求，这种现象不允许出现。

如果限制的自由度超过了六点，就会有某个方向的自由度经过了重复限制，这种情况就叫做过定位。过定位也不会使工件得到正确的定位。因为同批工件在夹具中被先后夹紧定位之后，不可能得到确定一致的位置，从而引起工件变形，或者出现应该接触的定位面而没有接触的情况。这样工件的位置就不稳固，加工质量也得不到保证。

在工件的定位及相关夹具的设计中，提倡不完全定位，不允许出现欠定位，最好不出现过定位（对于采用精基准定位的较高坯料质量工件的加工定位，适当的过定位是允许的）。

**（2）定位基准的选择**

在加工中确定工件的位置所采用的基准称为定位基准。定位基准有粗基准和精基准两种，用未机加工过的毛坯表面作为定位基准的称为粗基准，用已机加工过的表面作为定位基准的称为精基准。

1）粗基准的选择

粗基准的选择是否合理，直接影响各加工表面加工余量的分配，以及加工表面和不加工表面的相互位置关系。具体选择时一般应遵循下列原则。

① 为保证不加工表面与加工表面之间的位置要求，应选择不加工表面为粗基准，如图 2-17 所示，以不加工的外圆表面作粗基准，可以保证内孔加工后壁厚均匀。同时还可以在一次安装中加工出大部分要加工的表面。

② 为保证重要加工面的余量均匀，应选择重要加工面为粗基准。例如，在加工车床床身导轨时，为保证导轨面有均匀一致的金相组织和较高的耐磨性，应使其加工余量小而均匀。因此，应选择导轨面为粗基准，先加工与床腿的连接面，如图 2-18（a）所示。然后再以连接面为精基准，加工导轨面，如图 2-18（b）所示。这样可保证导轨面被切去的余量小而均匀。

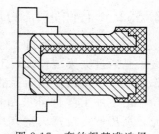

图 2-17　套的粗基准选择

③ 为保证各加工表面都有足够的加工余量，应选择毛坯余量最小的面为粗基准。如图 2-19 所示的阶梯轴，毛坯锻造时两外圆有 5mm 的偏心，应选择 $\phi58$mm 的外圆表面作粗基准，因其加工余量较小。如果选 $\phi114$mm 外圆为粗基准加工 $\phi58$mm 外圆时，则加工后的 $\phi50$mm 的外圆，因一侧余量不足而使工件报废。

④ 粗基准比较粗糙且精度低，一般在同一尺寸方向上不应重复使用，否则因重复使用所

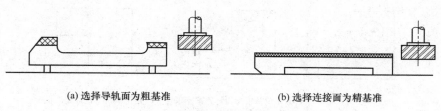

(a) 选择导轨面为粗基准          (b) 选择连接面为精基准

图 2-18　车床床身导轨的粗基准选择

产生的定位误差，会引起相应加工表面间出现较大的位置误差。例如，如图 2-20 所示的小轴，如果重复使用毛坯面 $B$ 定位加工表面 $A$ 和 $C$，则会使加工面 $A$ 和 $C$ 产生较大的同轴度误差。

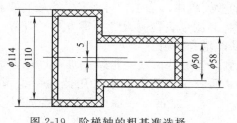

图 2-19　阶梯轴的粗基准选择

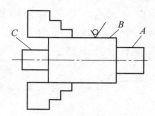

图 2-20　重复使用粗基准示例

⑤ 作为粗基准的表面，应尽量平整，没有浇口、冒口或飞翅等其他表面缺陷，以使工件定位可靠，夹紧方便。

2）精基准的选择

除第一道工序采用粗基准外，其余工序都应使用精基准。选择精基准主要考虑如何减少加工误差、保证加工精度、使工件装夹方便，并使零件的制造较为经济容易。具体选择时可遵循以下原则。

① 基准重合原则。选择加工表面的设计基准作为定位基准，称为基准重合原则。采用基准重合原则可以避免由定位基准与设计基准不重合而引起的定位误差。例如，如图 2-21（a）所示的轴承座，现欲加工孔 3，孔 3 的设计基准是面 2，要求保证的尺寸是 $A$。如图 2-21（b）所示，以面 1 为定位基准，用调整法（先调整好刀具和工件在机床上的相对位置，并在一批零件的加工过程中保持这个位置不变，以保证工件被加工尺寸的方法）加工，则直接保证的是尺寸 $C$。这时尺寸 $A$ 只能通过控制尺寸 $B$ 和 $C$ 来间接保证。控制尺寸 $B$ 和 $C$ 就是控制它们的加工误差值。

设尺寸 $B$ 和 $C$ 可能的误差值分别为它们的公差值 TB 和 $\dfrac{b(T_{LD}+T_{Ld})}{D}$，则尺寸 $A$ 可能的误差值为：

$$A_{\max}-A_{\min}=C_{\max}-B_{\min}-(C_{\min}-B_{\max})=B_{\max}-B_{\min}+C_{\max}-C_{\min}$$
$$T_A=T_B+T_C$$

$T_A$ 是尺寸 $A$ 允许的最大误差值，即公差值。上式说明：用这种定位方法加工，尺寸的误差值是尺寸 $B$ 和 $C$ 误差值之和。从上述分析可知，尺寸 $A$ 的加工误差中增加了一个从定位基准到设计基准之间尺寸的误差，这个误差称为基准不重合误差。由于基准不重合误差的存在，只有提高本道工序尺寸 $C$ 的加工精度，才能保证尺寸 $A$ 的精度，当本道工序的加工精度不能满足要求时，还需要提高前道工序尺寸 $B$ 的加工精度。

如果按如图 2-21（c）所示，遵循基准重合原则，则能直接保证设计尺寸 $A$ 的精度。

由此可知，定位基准应尽量与设计基准重合，否则会因基准不重合产生定位误差，有时甚至因此造成零件尺寸超差而报废。

应用基准重合原则时，应注意具体条件。定位过程中产生的基准不重合误差，是在用夹具

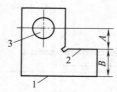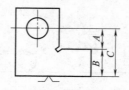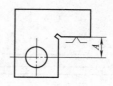

(a) 工件　　(b) 定位基准与设计基准不重合　(c) 定位基准与设计基准重合

图 2-21　设计基准与定位基准不重合示例

装夹、调整法加工一批工件时产生的。若用试切法（通过试切→测量→调整→再试切，反复进行，直到被加工尺寸达到要求为止的加工方法）加工，设计要求的尺寸一般可直接测量，则不存在基准不重合误差。在带有自动测量功能的数控机床上加工，可在工艺中安排坐标系测量检查工步，即每个零件加工前由 CNC 系统自动控制测量头检测设计基准并自动计算、修正坐标值，消除基准不重合误差。因此，不必遵循基准重合原则。

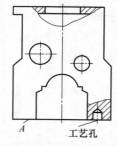

图 2-22　汽车发动机机体

② 基准统一原则。当工件以某一组精基准可以比较方便地加工其他各表面时，应尽可能在多数工序中采用此同一组精基准定位，这就是基准统一原则。采用基准统一原则可以避免基准变换所产生的误差，提高各加工表面之间的位置精度，同时简化夹具的设计和制造工作量。如在加工轴类零件时，采用两端中心孔作统一基准加工各外圆表面，这样可以保证各表面之间较高的同轴度。汽车发动机机体如图 2-22 所示，在加工其主轴承座孔、凸轮轴座孔、汽缸孔及座孔端面时，采用底面及底面上的两个工艺孔作为统一的精基准，就能较好地保证这些加工表面之间的相互位置关系。

③ 自为基准原则。某些要求加工余量小而均匀的精加工工序，选择加工表面本身作为定位基准，称为自为基准原则。如采用自为基准铣削导轨面（见图 2-23）时，在铣床上用百分表找正导轨面相对于机床运动方向的正确位置，然后铣去薄而均匀的一层，以满足对导轨面的质量要求。采用自为基准原则加工时，只能提高加工表面本身的尺寸精度、形状精度，而不能提高加工表面的位置精度，加工表面的位置精度应由前道工序保证。

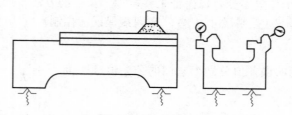

图 2-23　自为基准

④ 互为基准原则。为使各加工表面之间有较高的位置精度，并使其加工余量小而均匀，可采用两个表面互为基准反复加工，称为互为基准原则。例如，车床主轴颈与前端锥孔有很高的同轴度要求，生产中常以主轴颈表面和锥孔表面互为基准反复加工来达到。又如加工精密齿轮，可确定齿面和内孔互为基准（见图 2-24），反复加工。

除了上述四条原则外，选择精基准时，还应考虑所选精基准能使工件定位准确、稳定，装夹方便，进而使夹具结构简单、操作方便。

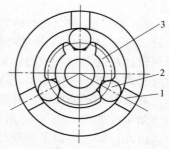

图 2-24　以齿面定位加工孔

1—卡盘；2—滚柱；3—齿轮

在实际生产中，精基准的选择要完全符合上述原则，有时很难做到。例如，统一的定位基准与设计基准不重合时，就不可能同时遵循基准统一原则和基准重合原则。在这种情况下，若采用统一定位基准，能够保证尺寸精度，则应遵循基准统一原则。若不能保证尺寸精度，则可在粗加工和半精加工时遵循基准统一原则，在精加工时遵循基准重合原则。所以，应根据具体的加工对象和加工条件，从保证主要技术要求出发，灵活选用有利的精基准。

3）辅助基准的选择

有些零件的加工，为了装夹方便或易于实现基准统一，人为地造成一种定位基准，称为辅助基准。如轴类零件加工所用的两个中心孔等。作为辅助基准的表面不是零件的工作表面，在零件的工作中不起任何作用，只是由于工艺上的需要才作出的。所以，有些可在加工完毕后从零件上切除。

## 2.3.2 常见定位方式及定位元件

工件的定位是通过工件上的定位表面与夹具上的定位元件的配合或接触实现的。定位表面形状不同，所用定位元件种类也不同。

### (1) 工件以平面定位

工件以平面作为定位基准时，常用的定位元件如下。

1）主要支承

主要支承用来限制工件的自由度，起定位作用。主要有以下几种支承。

①固定支承。固定支承有支承钉和支承板两种形式，如图2-25所示。在使用过程中，它们都是固定不动的。

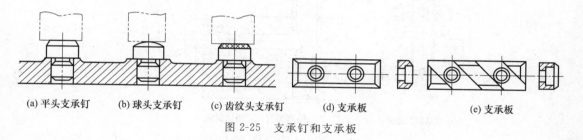

(a) 平头支承钉　(b) 球头支承钉　(c) 齿纹头支承钉　(d) 支承板　　　　(e) 支承板

图 2-25　支承钉和支承板

当工件以加工过的平面定位时，可采用平头支承钉［见图2-25（a）］或支承板［见图2-25（d）和图2-25（e）］；球头支承钉［见图2-25（b）］主要用于毛坯面定位，齿纹头支承钉［见图2-25（c）］主要用于工件侧面定位，它们能增大摩擦系数，防止工件滑动。

如图2-25（d）所示的支承板结构简单，制造方便，但孔边切屑不容易清除干净，故适用于工件侧面和顶面定位。如图2-25（e）所示的支承板便于清除切屑，适用于工件底面定位。

② 可调支承。可调支承用于在工件定位过程中，支承钉的高度需要调整的场合，如图2-26所示。调节时松开螺母，将调整钉调到所需高度，再拧紧螺母。多用于工件毛坯尺寸、形状变化较大以及粗加工定位。

③ 自位支承（浮动支承）。自位支承是在工件定位过程中，能自动调整位置的支承如图2-27（a）所示是三点式自位支承，图2-27（b）是两点式自位支承。这类支承的特点是：支承点的位置会随着工件定位面的位置不同而自动调节，直至各点都与工件接触为止。其作用仍相当于一个定位支承点，只限制工件一个自由度。使用自位支承可提高工件的刚度和稳定性，适用于工件以毛坯面定位或刚度不足的场合。

2）辅助支承

辅助支承用来提高工件的装夹刚度和稳定性，不起定位作用，也不允许破坏原有的定位。辅助支承的典型结构如图2-28所示。其中，如图2-28（a）所示为常见的结构形式，尽管简单，但使用时效率低。图 2-28（b）为弹簧自位式辅助支承，靠弹簧推动滑柱与工件接触，用顶柱锁紧。

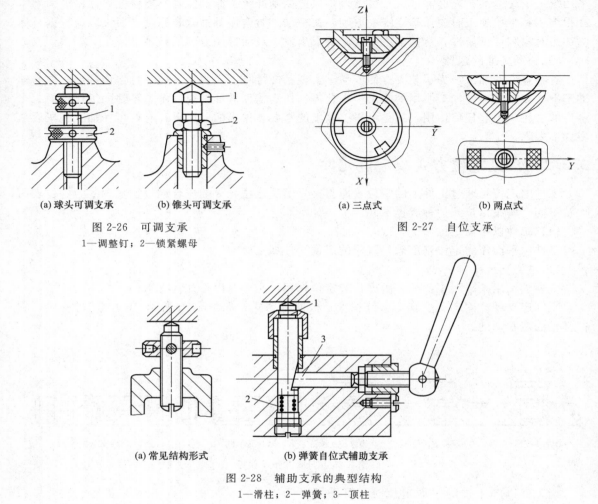

(a) 球头可调支承    (b) 锥头可调支承

图 2-26    可调支承
1—调整钉；2—锁紧螺母

(a) 三点式    (b) 两点式

图 2-27    自位支承

(a) 常见结构形式    (b) 弹簧自位式辅助支承

图 2-28    辅助支承的典型结构
1—滑柱；2—弹簧；3—顶柱

**（2）工件以外圆柱面定位**

工件以外圆柱面定位，有支承定位和定心定位两种。

① 支承定位。支承定位最常见的是 V 形架定位。如图 2-29 所示为常见 V 形架的结构。图 2-29（a）用于较短工件精基准定位；图 2-29（b）用于较长工件粗基准定位；图 2-29（c）用于工件两段精基准面相距较远的场合。如果定位基准与长度较大，则 V 形架不必做成整体钢件，而采用铸铁底座镶淬火钢垫，如图 2-29（d）所示。长 V 形架限制工件的四个自由度，短

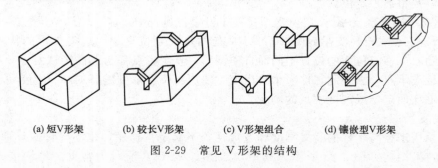

(a) 短V形架    (b) 较长V形架    (c) V形架组合    (d) 镶嵌型V形架

图 2-29    常见 V 形架的结构

V形架限制工件的两个自由度，V形架两斜面的夹角有 60°、90°和 120°三种，其中以 90°为最常用。

② 定心定位。定心定位能自动地将工件的轴线确定在要求的位置上。如常见的三爪自动定心卡盘、弹簧夹头等。此外，也可用套筒作为定位元件。如图 2-30 所示是套筒定位的实例，图 2-30（a）是短套筒孔，相当于两点定位，限制工件的两个自由度；图 2-30（b）是长套筒孔，相当于四点定位，限制工件的四个自由度。

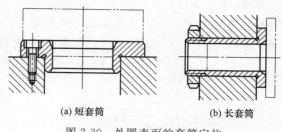

(a) 短套筒    (b) 长套筒

图 2-30　外圆表面的套筒定位

**（3）工件以圆孔定位**

工件以圆孔内表面定位时，常用以下定位元件。

① 定位销。常用定位销的结构如图 2-31 所示。当定位销直径 $D$ 为 3～10mm 时，为避免在使用中折断，或热处理时淬裂，通常把根部倒成圆角 $R$。夹具体上应设有沉孔，使定位销沉入孔内而不影响定位。大量生产时，为了便于定位销的更换，可采用如图 2-31（d）所示带衬套的结构。为便于工件装入，定位销的头部有 15°倒角。

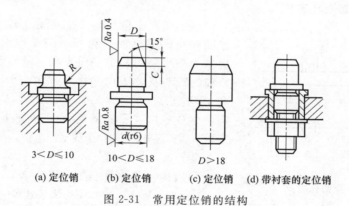

3<$D$≤10　　10<$D$≤18　　$D$>18

(a) 定位销　(b) 定位销　(c) 定位销　(d) 带衬套的定位销

图 2-31　常用定位销的结构

② 圆柱心轴。常用圆柱心轴的结构如图 2-32 所示。图 2-32（a）为间隙配合心轴，装卸工件较方便，但定心精度不高。图 2-32（b）为过盈配合心轴，由引导部分、工作部分和传动部分组成。这种心轴制造简单，定心准确，不用另设夹紧装置，但装卸工件不便，易损伤工件定位孔，因此，多用于定心精度要求高的精加工。图 2-32（c）是花键心轴于加工以花键孔定位的工件。

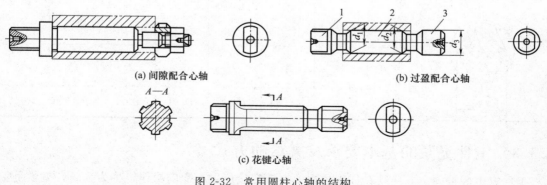

(a) 间隙配合心轴　　　　　　　(b) 过盈配合心轴

$A—A$

(c) 花键心轴

图 2-32　常用圆柱心轴的结构

1—引导部分；2—工作部分；3—传动部分

③ 圆锥销。圆锥销定位如图 2-33 所示，它限制了工件的 $X$、$Y$、$Z$ 三个自由度。图 2-33（a）中的圆锥销用于粗定位基面，图 2-33（b）中的圆锥销用于精定位基面。

④ 圆锥心轴（小锥度心轴）。圆锥心轴如图 2-34 所示，靠工件定位圆孔与心轴限位圆锥面的弹性变形夹紧工件。这种定位方式的定心精度高，可达 $\phi 0.01 \sim 0.02mm$，但工件的轴向位移误差较大，适用于工件定位孔精度不低于 IT7 的精车和磨削加工，不能用于加工端面。

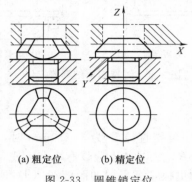

(a) 粗定位　　(b) 精定位

图 2-33　圆锥销定位

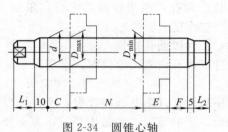

图 2-34　圆锥心轴

**（4）工件以一面两孔定位**

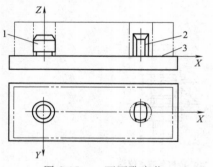

图 2-35　一面两孔定位
1—圆柱销；2—削边销；3—定位平面

一面两孔定位如图 2-35 所示。利用工件上的一个大平面和与该平面垂直的两个圆孔作定位基准进行定位。夹具上如果采用一个平面支承（限制沿 $X$ 轴的移动和绕 $Y$ 轴的转动及 $Z$ 方向的移动）和两个圆柱销（各限制 $X$ 和 $Y$ 两个方向的移动）作定位元件，则在两销连心线方向产生过定位（重复限制 $X$ 方向的移动）。为了避免过定位，将其中一销做成削边销。削边销结构尺寸见表 2-7。

削边销与孔的最小配合间隙 $X_{\min}$ 的计算：

$$X_{\min} = \frac{b(T_{LD} + T_{Ld})}{D}$$

式中　$b$——削边销的宽度；

　　　$T_{LD}$——两定位孔中心距公差；

　　　$T_{Ld}$——两定位销中心距公差；

　　　$D$——与削边销配合的孔的直径。

表 2-7　削边销结构尺寸

| | $D$ | 3~6 | >6~8 | >8~20 | >20~25 | >25~32 | >32~40 | >40~50 |
|---|---|---|---|---|---|---|---|---|
| | $b$ | 2 | 3 | 4 | 5 | 6 | 7 | 8 |
| | $B$ | $D-0.5$ | $D-1$ | $D-2$ | $D-3$ | $D-4$ | $D-5$ | |

## 2.3.3　工件夹紧的基本要求及夹紧的方式

工件定位后被固定，使其在加工过程中保持定位位置不变的操作，称为夹紧。夹紧是工件装夹过程中的重要组成部分。通过一定的机构产生夹紧力，把工件压紧在定位元件上，这种产生夹紧力的机构称为夹紧装置。

与定位一样，工件的夹紧是加工过程中，保证工件加工质量的基本要求之一。工件夹紧的基本要求及常见的夹紧方式主要有以下方面。

(1) 夹紧的基本要求

① 保证加工精度，即夹紧时不能破坏工件的定位准确，夹紧后，应保证工件在加工过程中的位置不发生变化，夹紧准确、安全、可靠，并使工件在加工过程中不产生振动和工件的受压面积最小。

② 夹紧机构操作时安全省力、迅速方便，以减轻工人劳动强度，缩短辅助时间，提高生产效率。夹紧时，夹紧力的方向应符合下列基本要求。

第一，夹紧力的方向应尽可能垂直于主要定位基准面。这样可使夹紧稳定可靠，保证加工精度。

第二，夹紧力方向应尽可能与切削力、工件重力方向一致，使夹紧更为牢固。

③ 夹紧力的大小要适当，过大会造成工件变形，过小会使工件在加工过程中的位置发生变化，破坏工件的定位。夹紧力的作用点应符合下列原则。

第一，应尽可能地落在主要定位面上，以保证夹紧稳定可靠。

第二，应与支承件对应，并尽量作用在工件刚性好的部位，如图 2-36 所示。

第三，应尽量靠近加工表面，防止切削时工件产生振动。如无法靠近，就应采用辅助支承，防止工件产生变形，如图 2-37 所示。

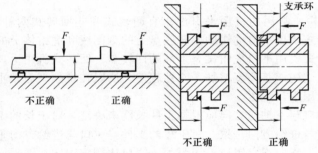

图 2-36　夹紧力作用点布置

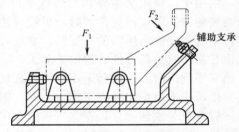

图 2-37　用辅助支承减少变形

④ 手动夹紧机构要有自锁作用，即原始作用力消除后，工件仍能保持夹紧状态而不会松开。

⑤ 结构简单、紧凑，并具有足够的刚度。

(2) 常用夹紧方式

常用夹紧方式主要有手动夹紧和机动夹紧两种。当直接由人力通过各种传力机构对工件进行夹紧，称为手动夹紧。手动夹紧速度慢，产生的夹紧力小。一些高效率的夹具，大多采用机动夹紧，其动力系统可以是气压、液压、电动、电磁、真空等，其中气压和液压动力系统是最常用的传动装置。

① 气压传动装置。气压传动装置是以压缩空气作为动力的夹紧装置。其优点是夹紧动作迅速，压力大小可根据需要调节，设备维护方便，且污染小。缺点是夹紧刚性差，夹紧装置的结构尺寸大。如图 2-38 所示为典型气压传动系统示意图。工作时，气源 1 送出的压缩空气经过滤器 2 与雾化的润滑油混合后，由减压阀 3 调整至所需压力，经单向阀 4 和换向阀 5 将需要的压缩空气送入汽缸 8，推动活塞移动，带动夹具装置夹紧或松开工件。夹具装置夹紧或松开工件的速度可通过节流阀 6 进行调节。

② 液压传动装置。液压传动的工作原理与气压传动类似，只是以压力油作为介质。液压传动装置的优点是夹紧力大，夹紧可靠，装置体积小，刚性好，且噪声小，缺点是易漏油，对

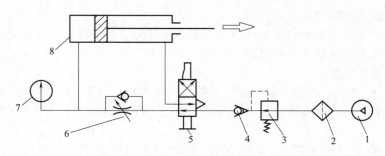

图 2-38  典型气压传动系统示意图

1—气源；2—过滤器；3—减压阀；4—单向阀；5—换向阀；6—节流阀；7—压力表；8—汽缸

液压元件的精度要求高。

## 2.3.4  数控铣削常用夹具及应用

在铣床与加工中心上加工中小型工件时，一般都采用机用平口虎钳来装夹；对中型和大型工件，则多采用压板来装夹；在成批大量生产时，应采用专用夹具来装夹。当然还有利用分度头和回转工作台（简称转台）来装夹等。不论用哪种夹具和哪种方法，其共同目的是使工件装夹稳固，不产生工件变形和损坏已加工好的表面，以免影响加工质量、发生损坏刀具与机床和人身事故等。

**(1) 用机用平口虎钳装夹工件**

机用平口虎钳又称虎钳（俗称平口钳），常用的机用平口虎钳有回转式和非回转式两种。当装夹的工件需要回转角度时，可按回转式机用平口虎钳的回转底盘上的刻度线和虎钳体上的零位刻线直接读出所需的角度值。非回转式机用平口虎钳没有下部的回转盘。回转式机用平口虎钳在使用时虽然方便，但由于多了一层结构，其高度增加，刚性较差。所以在铣削平面、垂直面和平行面时，一般都采用非回转式机用平口虎钳。

把机用平口虎钳装到工作台上时，钳口与主轴的方向应根据工件长度来决定，对于长的工件，钳口应与主轴垂直，在立式铣床上应与进给方向一致。对于短的工件，钳口与进给方向垂直较好。在粗铣和半精铣时，希望使铣削力指向固定钳口，因为固定钳口比较牢固。在铣平面时，对钳口与主轴的平行度和垂直度的要求不高，一般目测就可以。在铣削沟槽等工件时，则要求有较高的平行度或垂直度精度，校正方法如下。

① 利用百分表或划针来校正。用百分表校正的步骤是，先把带有百分表的弯杆，用固定环压紧在刀轴上，或者用磁性表座将百分表吸附在悬梁（横梁）导轨或垂直导轨上，并使虎钳的固定钳口接触百分表测量头（简称测头或触头）。然后利用手动移动纵向或横向工作台，并调整虎钳位置使百分表上指针的摆差在允许范围内［图 2-39（a）］。对钳口方向的准确度要求不很高时，也可用划针或大头针来代替百分表校正。

② 利用定位键安装机用平口虎钳。在机用平口虎钳的底面上一般都做有键槽。有的只在一个方向上做有分成两段的键槽，键槽的两端可装上两个键。有的虎钳底面有两条互相垂直的键槽，也都非常准确，如图 2-39（b）所示。

在安装时，若要求钳口与工作台纵向垂直，只要把键装在与钳口垂直的键槽内，再使键嵌入工作台的槽中，不需再作任何校正。若要求钳口与工作台纵向平行，则只要把两个键装在与钳口平行的键槽内，再装到工作台上就可以了。键的结构如图 2-39（b）右图所示。

③ 把工件装夹在机用平口虎钳内。在把工件毛坯装到机用平口虎钳内时，必须注意毛坯表面的状况，若是粗糙不平或有硬皮的表面，就必须在两钳口上垫纯铜皮。将表面粗糙度值小的平面在夹到钳口内时，垫薄的铜皮。为便于加工，还要选择适当厚度的垫铁，垫在工件下面，使工件的加工面高出钳口。高出的尺寸，以能把加工余量全部切完而不致切到钳口为宜。

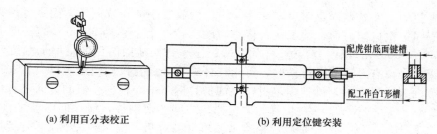

(a) 利用百分表校正　　　　　　　　(b) 利用定位键安装

图 2-39　校正虎钳位置

④ 斜面工件在机用平口虎钳内的安装。两个平面不平行的工件，若用普通虎钳直接夹紧，必定会产生只夹紧大端，夹不牢小端的现象，因此可在钳口内加一对弧形垫铁，如图 2-40 所示。

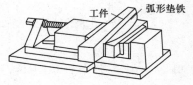

图 2-40　在虎钳内夹斜面工件

**（2）机用平口虎钳在铣削加工中的应用**

1）铣削垂直面

用机用平口虎钳装夹铣垂直面的情况如图 2-41 所示。铣削时，影响垂直度误差的因素主要有下列几个方面。

① 基准面没有与固定钳口贴合。在装夹工件时，即使固定钳口与铣床工作台面的垂直度很好，若工件的基准面没有与固定钳口贴合，则铣出的平面与基准面就不垂直。造成不贴合的原因如下。

a. 工件基准面与固定钳口之间有切屑等杂物，因此在装夹时必须将基准面与固定钳口擦拭清洁。

b. 工件的两对面不平行，夹紧时，钳口与工件基准面不是面接触而呈线接触，如图 2-42 (a) 所示。为了避免这种情况的出现，可在活动钳口处轧一圆棒（或窄长的铜皮），圆棒的位置以处在钳口顶至工件底面的中间 [图 2-42 (b)] 为宜。

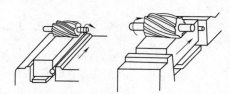

(a) 钳口与铣床主轴垂直　(b) 钳口与铣床主轴平行

图 2-41　用机用平口虎钳装夹铣垂直面

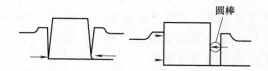

(a) 工件的两对面不平行　　(b) 在活动钳口处安放圆棒

图 2-42　在活动钳口处安放圆棒

② 固定钳口与工作台面不垂直。机用平口虎钳在制造时固定钳口与底面是垂直的。但在使用过程中，由于钳口磨损和虎钳底座有毛刺或切屑等原因，会造成固定钳口与底面不垂直。在铣削垂直度要求较高的垂直面时，需进行调整。

a. 在固定钳口处垫铜皮或纸片。若在预铣时，铣出的平面与基准面的交角小于 90°，则把窄长的铜皮或纸条垫在钳口的上部；若铣出的垂直面夹角大于 90°，则应垫在钳口的下部，但这种情况较少见。垫物的厚度是否准确，可试切一刀，测量后，再决定增添或减少。这种方法操作起来比较麻烦，且不易垫准，因此是在单件生产时的临时措施。

b. 在虎钳底平面垫铜皮或纸片。在虎钳底平面与工作台面之间垫铜皮或纸片，也能校正固定钳口与工作台面的垂直度。若铣出的垂直面夹角小于 90°，则把铜皮垫在靠近固定钳口的一端；若大于 90°，则应垫在靠活动钳口后部的一端。这种方法也是临时措施，但加工一批工件只需垫一次。

c. 校正固定钳口的钳口铁（又称护片）。校正时最好用一块表面磨得很平、很光滑的平行铁，使光洁平整的一面紧贴固定钳口，在活动钳口处放置一圆棒或铜条，把平行铁夹牢。用百分表校验贴牢固定钳口的一面，使工作台作垂直运动，在上下移动 200mm 的长度上，百分表读数的变动应在 0.03mm 以内为合适（图 2-43）。用平行铁辅助的目的是增加幅度，使偏差显著，容易校正。在没有合适的平行铁时，可用杠杆式百分表直接校固定钳口。若发现百分表上的读数变动范围超过要求时，可把固定钳口上的护片拆下来，根据差值的方向进行修磨。也可在护片与固定钳口之间垫薄钢片，钢片的厚度可按比例计算。护片经修磨或垫准并装好后，需进行复校，一直到准确为止，钳口只允许略有内倾。这种方法也可把虎钳放在标准平板上进行校正，并可减少工作台作上下运动时产生的误差，但校正时比较复杂。这种校正钳口护片的方法，经一次校正，可使用很长一个时期。

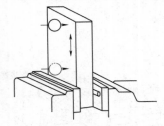

图 2-43　校正固定钳口的垂直度

在操作过程中，安装虎钳时，必须把虎钳底面和工作台面擦拭清洁，并去除虎钳底座的毛刺。

③ 铣刀圆柱度超差。把固定钳口安装成与主轴垂直时［图 2-41（a）］若铣刀切削刃磨成圆锥形（即有锥度），则铣出的平面会与基准面不垂直。然而，若固定钳口安装得与主轴平行［图 2-41（b）］，则铣刀的圆柱度超差对铣垂直面影响不大。

2）铣削平行面

铣平行面时要求铣出的平面与基准面平行，铣平行面时也要求平面具有较好的平面度精度。

用周边铣削法加工平行面，一般都在卧式铣床上用机用平口虎钳装夹进行铣削，工件尺寸也比较小。装夹时主要使基准面与工作台面平行，因此在基准面与虎钳导轨面之间垫两块厚度相等的平行垫铁（图 2-44）。即使对较厚的工件，也最好垫上两条厚度相等的薄铜皮，以便检查基准面是否与虎钳导轨平行。用这种装夹方法加工产生平行度精度不佳的原因有以下三个方面。

① 基准面与机用平口虎钳导轨面不平行。这是铣平行面质量差的主要原因。造成基准面与虎钳导轨面不平的因素有以下几个方面。

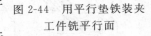

图 2-44　用平行垫铁装夹
工件铣平行面

a. 平行垫铁的厚度不相等。加工平行面用的两块平行垫铁，应在平面磨床上同时磨出。

b. 平行垫铁的上下表面与工件和导轨之间有杂物。在安放平行垫铁和装夹工件时要擦拭清洁。

c. 活动钳口在夹紧时产生上挠。活动钳口与导轨之间存在少量的间隙，当活动钳口夹紧工件而受力时，会把活动钳口上挠，使工件靠活动钳口的一边向上抬起。另外，铣刀在靠活动钳口的一端刚铣到工件时，向上的垂直铣削分力，会把工件和活动钳口向上抬起。以上两种情况都会造成基准面与导轨不平行。因此在铣平行面时，工件夹紧后，须用铜锤或木锤轻轻敲击工件顶面，直到两块平行垫铁的四端都没有松动现象为止。

d. 工件贴住固定钳口的平面与基准面不垂直。当工件靠向固定钳口的平面与基准面不垂直时，平面与固定钳口紧密贴合，则基准面必然与工作台面和虎钳导轨面不平行。所以在铣平行面时，在活动钳口处以不放圆棒为宜。在单件生产时，可在固定钳口的上方（或下方）垫铜皮，以使基准面与平行垫铁紧密贴合。

② 机用平口虎钳的导轨面与工作台面不平行。产生这种现象的原因是：虎钳底面与工作台面之间有杂物，以及导轨面本身不准。所以应注意消除毛刺和切屑，必要时需检查导轨面与工作台面的平行度误差。

③ 铣刀圆柱度超差。在铣平行面时，无论虎钳钳口的安装方向是与主轴平行还是垂直，若铣刀的圆柱度超差，都会影响平行面的平行度。刀杆与工作台面不平行，也会影响加工面的

平行度。

3）在立式铣床上铣削两端面

在立式铣床上铣削两端时，工件的装夹方法如图 2-45 所示。装夹时先使基准面与固定钳口紧贴，再用直角尺校正侧面，使侧面与工作台面垂直。经过校正后，铣出的两端面既与基准面又与两侧面垂直。

图 2-45　在立式铣床上
铣削两端面

4）在卧式铣床上铣削两端面

在卧式铣床上铣削两端面的方法如图 2-46 所示。此时只要把固定钳口校正到与纵向进给方向垂直就可以了，加工时就不需每铣两个端面都要用直角尺校正。但对垂直度要求较高的工件，固定钳口必须用百分表校正。

工件长度方向的尺寸调整，可在钳口的另一端固定好一块弯头定位铁，或以钳口端为基准。对两端面之间的尺寸，也只要调整第一件，以后不需每一件都进行调整，因此可节省不少校正时间。

当工件长度及厚度的尺寸不太大时，可用两把三面刃铣刀组合铣削两端面。

5）铣削沟槽

用平口虎钳装夹轴类工件时［图 2-47（a）］，当工件直径有变化时，工件中心在左右（水平位置）和上下方向都会产生变动［图 2-47（b）］，影响键槽的对称度和深度。但装夹简便稳固，因此适用于单件生产。

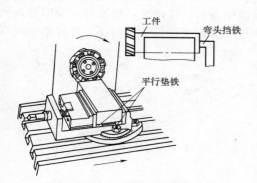

图 2-46　在卧式铣床上铣削两端面

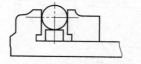

(a) 轴类工件的装夹　　(b) 装夹轴类零件的位置变化

图 2-47　用平口虎钳装夹轴类零件

**（3）用压板装夹工件**

用压板装夹工件是铣床上常用的一种方法，尤其在卧式铣床上，用面铣刀铣削时用得最多。在铣床上用压板安装工件时，所用的工具比较简单，主要有压板、垫铁、T 形螺栓（或 T 形螺母）等，为了满足安装不同形状工件的需要，压板的形状也做成很多种。使用压板时应注意以下几点。

① 压板的位置要安排得适当，要压在工件刚性最好的地方，夹紧力的大小也应适当，不然刚性差的工件易产生变形。

② 垫铁必须正确地放在压板下，高度要与工件相同或略高于工件，否则会降低压紧效果。

③ 压板螺栓必须尽量靠近工件，并且螺栓到工件的距离应小于螺栓到垫铁的距离，这样就能增大压紧力。

④ 螺栓要拧紧，否则会因压力不够而使工件移动，以致损坏工件、机床和刀具。

⑤ 在工件的光洁表面与压板之间，必须安置垫片（如铜片），这样可以避免光洁表面因受压而损伤。

⑥ 在铣床的工作台面上，不能拖拉粗糙的铸件、锻件毛坯，以免将台面划伤。

**（4）压板装夹在铣削加工中的应用**

压板装夹在铣削加工时，主要有以下方面的应用。

**1）端面铣削垂直面**

较大尺寸的垂直面，以用面铣刀在卧式铣床上铣削较为准确简便，如图 2-48 所示。用这种方式铣削，铣出的平面与工作台面垂直，所以只要把基准面安装得与工作台面平行和贴合，就能铣出准确度较高的垂直面，尤其用垂向进给时，由于不受工作台"零位"准确度的影响，精度更高。此时，影响垂直度误差的因素，主要是铣床的精度和基准面与工作台面的贴合程度或平行度，从而避免了夹具本身精度的影响。

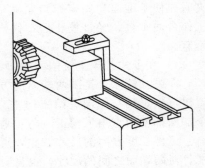

图 2-48　在卧式铣床上用面铣刀铣削垂直面

**2）端面铣削平行面**

端面铣削平行面主要分在立式铣床及卧式铣床上加工两种情况。

① 在立式铣床上铣平行面。若工件上有阶台时，则可直接用压板把工件装夹在立式铣床的工作台面上（图 2-49），使基准面与工作台面贴合，随后用面铣刀铣平行面。

② 在卧式铣床上铣平行面。若工件上没有阶台时，可在卧式铣床上用面铣刀铣平行面，如图 2-50 所示。装夹时，可采用定位键定位，使基准面与纵向平行。若底面与基准面垂直，就不需再作校正。若底面与基准面不垂直，则需垫准或把底面重新铣准，垫准时，需用直角尺对基准面作检查。如精度要求较高时，可把百分表通过表架固定在悬梁上，使工作台做上下移动，把基准面校正。

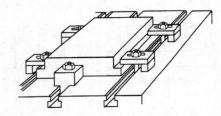

图 2-49　在立式铣床上用面铣刀铣削平行面

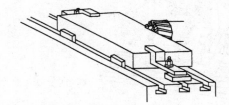

图 2-50　在卧式铣床上用面铣刀铣削平行面

**（5）其他装夹在铣削加工中的应用**

① 以直角铁装夹进行铣削平面。对基准面比较宽而加工面比较窄的工件，在铣削垂直面时，可利用直角铁来装夹（图 2-51）。

② 用 V 形块装夹铣削键槽（图 2-52）。把圆柱形工件放在 V 形块内，并用压板紧固的装夹方法来铣削键槽，是铣床上常用的方法之一。其特点是工件中心只在 V 形槽的角平分线上，随直径的变化而变动。因此，当键槽铣刀的中心或盘形铣刀的中分线对准 V 形槽的角平分线时，能保证一批工件上键槽的对称度。铣削时虽对铣削深度有改变，但变化量一般不会超过槽深的尺寸公

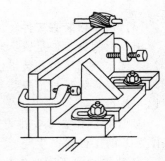

图 2-51　铣宽而薄的垂直面

差，如图 2-52（a）所示。在卧式铣床上用键槽铣刀铣削，若用图 2-52（b）所示的装夹方法，则当工件直径有变化时，键槽的对称度会有影响，故适用于单件生产。

对直径为 $\phi 20 \sim 60$mm 内的长轴，可直接装夹在工作台的 T 形槽口上。此时，T 形槽口的倒角起到 V 形槽的作用，如图 2-52（c）所示。

③ 用轴用虎钳装夹铣削键槽（图 2-53）。用轴用虎钳装夹轴类零件时，具有用机用虎钳装

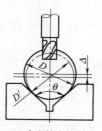

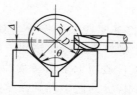

(a) 在立铣上铣削键槽的装夹　　　(b) 在卧铣上铣削键槽的装夹　　　(c) 长轴的安装

图 2-52　用 V 形块装夹工件铣键槽

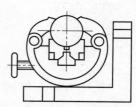

夹和 V 形块装夹的优点，所以装夹简便迅速。轴用虎钳的 V 形槽能两面使用，其夹角大小不同，以适应直径的变化。

④ 定中心装夹铣削键槽。用三爪自定心卡盘［图 2-54（a）］、两顶尖等方法装夹时，工件的轴线必在三爪自定心卡盘（或前顶尖）的中心与后顶尖的连心线上，轴线的位置不受工件直径改变的影响，用三爪自定心卡盘装夹时受三爪自定心卡盘精度的影响。若在分度头上没有三爪自定心卡盘而装有前顶尖时，则可利用鸡心夹头把工件紧固在两顶尖之间［图 2-54（b）］。这种装夹方法与用三爪自定心卡盘装

图 2-53　用轴用虎钳装夹铣削键槽

夹相比，工件中心的准确度要高，但刚性要差，且不稳固，装拆也较费时。

⑤ 用自定心虎钳装夹［图 2-54（c）］。用这种方法装夹，轴线的位置不受轴径变化的影响。但由于两个钳口都是活动的，故精确度不是很高。用这种虎钳装夹轴类零件方便、迅速，也很稳固，键槽位置不受钳口和压板的影响，但工件中心位置的准确度略差些。

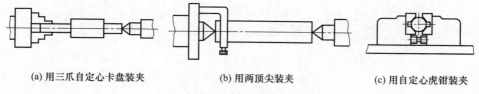

(a) 用三爪自定心卡盘装夹　　　　　(b) 用两顶尖装夹　　　　　(c) 用自定心虎钳装夹

图 2-54　定中心装夹

⑥ 斜楔夹紧机构。斜楔夹紧机构是数控铣床夹具中使用最普遍的机械夹紧机构，这类机构是利用机械摩擦的原理来夹紧工件，是最基本的形式之一。斜楔夹紧机构是指采用斜楔作为传力元件或夹紧元件的夹紧机构。如图 2-55（a）所示，该斜楔夹紧机构是一种最基本的结构，使用时，敲入斜楔 1，迫使滑柱 2 下降，装在滑柱上的浮动压板 3 即可同时夹紧两个工件 4。加工完成后，敲斜楔 1 的小头，即可松开工件。

由于用斜楔直接夹紧工件的夹紧力较小、操作不方便，因此实际生产中一般与其他机构联

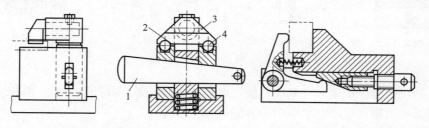

(a) 基本的斜楔夹紧结构　　　　　　　(b) 斜楔与螺旋夹紧的组合机构

图 2-55　斜楔夹紧机构

1—斜楔；2—滑柱；3—浮动压板；4—工件

合使用。图 2-55（b）为斜楔与螺旋夹紧机构的组合形式。当拧紧螺旋时楔块向左移动，使杠杆压板转动夹紧工件；当反向转动螺旋时，楔块向右移动，杠杆压板在弹簧力的作用下松开工件。

⑦ 螺旋夹紧机构。采用螺旋直接夹紧或采用螺旋与其他元件组合实现夹紧的机构，称为螺旋夹紧机构。螺旋夹紧机构主要由螺钉、螺母、垫圈、压板等元件组成，具有结构简单、夹紧力大、自锁性好和制造方便等优点，适用于手动夹紧，是夹具中用得最多的一种夹紧机构。其缺点是夹紧动作较慢。螺旋夹紧机构分为简单螺旋夹紧机构和螺旋压板夹紧机构。

如图 2-56 所示为最简单的单个螺旋夹紧机构。图 2-56（a）是用螺钉直接夹压工件，对工件表面施加夹紧力，螺栓转动时，其表面易夹伤工件表面，且在夹紧过程中使工件可能转动。解决这一问题的办法是在螺钉头部加上一个摆动压块，如图 2-56（b）所示，这样既能保证与工件表面有良好的接触，防止夹紧时螺栓带动工件转动，还可避免螺栓头部直接与工件接触而造成压痕。

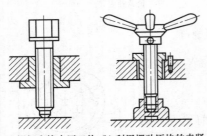

(a) 螺钉直接夹压工件 (b) 利用摆动压块的夹紧

图 2-56　简单的单个螺旋夹紧机构

如图 2-57 所示为典型的螺旋压板夹紧机构。图 2-57（a）、（b）为移动压板式螺旋夹紧机构，图 2-57（c）为转动压板式螺旋夹紧机构。它们是利用杠杆原理来实现对工件的夹紧，由于它们的夹紧点、支点、原动力作用点之间的相对位置不同，其杠杆比也不同，夹紧力也不同。其中图 2-57（c）的增力倍数最大。

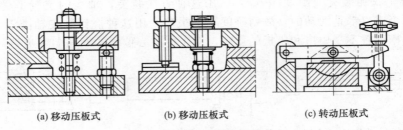

(a) 移动压板式　　　　　(b) 移动压板式　　　　　(c) 转动压板式

图 2-57　螺旋压板夹紧机构

⑧ 偏心夹紧机构。偏心夹紧机构是用偏心件直接或间接夹紧工件的机构。常用的偏心件有圆偏心轮 [见图 2-58（a）、图 2-58（b）]、偏心轴 [见图 2-58（c）] 和偏心叉 [见图 2-58（d）]。

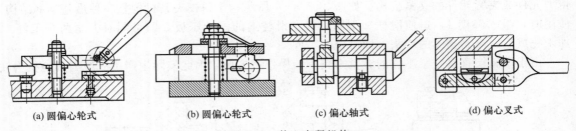

(a) 圆偏心轮式　　　(b) 圆偏心轮式　　　(c) 偏心轴式　　　(d) 偏心叉式

图 2-58　偏心夹紧机构

偏心夹紧机构操作简单，夹紧动作快，但夹紧力和夹紧行程都较小，一般用于夹紧力要求不大、没有振动或振动较小、没有离心力的场合。

**(6) 夹具的选择**

数控加工对夹具主要有两点要求：一是要保证夹具本身在机床上安装准确；二是要能协调零件和机床坐标系的尺寸关系。在选择夹具时，一般应注意以下几点。

① 夹具的结构力求简单。夹具应尽可能利用通用元件拼装的组合可调夹具，避免采用专用夹具，以缩短生产准备周期。在成批生产时才考虑采用专用夹具，并力求结构简单。

② 装卸零件要快速方便，以缩短机床的停顿时间。

③ 要使加工部位敞开，夹紧机构上的各部件不得妨碍走刀。

④ 夹具在机床上安装要准确可靠，以保证工件在正确的位置上加工。

⑤ 为了在一次装夹中能加工出更多的表面，对一些不便用夹具直接安装定位的毛坯，可采用增加工艺凸台或辅助定位面。在图 2-59 中，因该零件缺少定位基准孔，其他方法较难保证其定位精度。若按图示方式在工件左、右位置各增加一个工艺凸耳，并在凸耳上加工出定位基准孔，这一问题就能得到圆满解决。

图 2-59　增加定位凸耳

# 2.4　数控铣削刀具的确定

在金属切削加工中，刀具直接影响到切削加工件的产品质量（加工精度、已加工表面质量等）和劳动生产率。虽然数控铣削的切削原理与普通铣床基本相同，但由于数控加工特性的要求，在刀具材料、类型的选择上具有与普通铣削不同的要求。

## 2.4.1　数控切削刀具性能与材料

### (1) 刀具性能

① 足够的强度和韧性。为适应刀具在粗加工或对高硬度材料的零件加工时，能大切深和快进给，要求刀具必须具有较高的强度和韧性，以承受切削时很大的切削力和冲击力；在工艺上，一般用刀具材料的抗弯强度表示刀具强度的大小；用冲击韧度反应其韧性的大小。

② 精度高。为适应数控加工的高精度和自动换刀等要求，刀具及其刀夹都必须具有较高的精度。

③ 切削和进给速度高。为提高生产效率并适应一些特殊加工的需要，刀具应能满足高切削速度的要求。如采用聚晶金刚石复合车刀加工玻璃或碳纤维复合材料时，其切削速度高达 100m/min 以上。

④ 可靠性高。为保证数控加工中不会因发生刀具意外损坏及潜在缺陷而影响到加工的顺利进行，要求刀具及与之组合的附件必须具有很好的可靠性和较强的适应性。

⑤ 使用寿命高。刀具在切削过程中的不断磨损，会造成加工尺寸的变化，伴随刀具的磨损，还会因切削刃（或刀尖）变钝，使切削阻力增大，既会使被加工零件的表面精度大大下降，又会加剧刀具磨损，形成恶性循环。因此，数控切削所用的刀具，不论在粗加工、精加工或特殊加工中，都应具有比普通机床加工所用刀具更高的使用寿命，以尽量减少更换或修磨刀具及对刀的次数，从而保证零件的加工质量，提高生产效率。使用寿命高的刀具，至少应完成 1～2 个班次以上的加工。

⑥ 切屑及排屑性能好。有效地进行断屑及排屑的性能，对保证数控切削顺利、安全地运行具有非常重要的意义。

### (2) 刀具材料

刀具材料是指刀具切削部分的材料。金属切削时，刀具切削部分直接和工件及切屑相接触，承受着很大的切削压力和冲击，并受到工件及切削的剧烈摩擦，产生很高的切削温度，也就是说刀具切削部分是在高温、高压及剧烈摩擦的恶劣条件下工作的。

1) 基本性能

① 高硬度。刀具材料的硬度必须高于被加工工件材料的硬度。否则在高温高压下，就不能保持刀具锋利的几何形状，这是刀具材料应具备的最基本的性能。高速钢的硬度为 63～70HRC，硬质合金的硬度为 89～93HRA。

② 足够的强度和韧度。刀具切削部分的材料在切削时要承受很大的切削力和冲击力。例如，车削 45 钢时，当背吃刀量 $a_p$＝4mm，进给量 $f$＝0.5mm/r 时，刀片要承受约 4000N 的切削力。因此，刀具材料必须要有足够的强度和韧度。

③ 高的耐磨性和耐热性。刀具材料的耐磨性是指抵抗磨损的能力。一般来说，刀具材料硬度越高，耐磨性也越好。刀具材料的耐磨性还和金相组织有关，金相组织中碳化物越多，颗粒越细，分布越均匀，其耐磨性也就越高。

刀具材料的耐磨性和耐热性也有着密切的关系。耐热性通常用它在高温下保持较高硬度的性能来衡量，即高温硬度，或叫"热硬性"。高温硬度越高，表示耐热性越好，刀具材料在高温时抗塑变的能力和耐磨损的能力也就越强。耐热性差的刀具材料，由于高温下硬度显著下降而会很快磨损乃至发生塑性变形，丧失其切削能力。

④ 良好的导热性。导热性好的刀具材料，其耐热冲击和抗热龟裂的性能也都能增强，这种性能对采用脆性刀具材料进行断续切削，特别是在加工导热性能差的工件时显得非常重要。

⑤ 良好的工艺性。为了便于制造，要求刀具材料有较好的可加工性，包括锻压、焊接、切削加工、热处理和可磨性等。

⑥ 较好的经济性。经济性是评价新型刀具材料的重要指标之一，也是正确选用刀具材料、降低产品成本的主要依据之一。刀具材料的选用应结合我国资源状况，以降低刀具的制造成本。

⑦ 抗粘接性和化学稳定性。刀具材料应具备较高的抗粘接性和化学稳定性。

2）刀具材料的类型

在金属切削领域中，金属切削机床的发展和刀具材料的开发是相辅相成的关系。刀具材料的发展在一定程度上推动着金属切削加工技术的进步。刀具材料从碳素工具钢到今天的硬质合金和超硬材料（陶瓷、立方氮化硼、聚晶金刚石等）的出现，都是随机床主轴转速的提高、功率的增大、主轴精度的提高、机床刚性的增强而逐步发展的。同时，由于新的工程材料不断出现，也对切削刀具材料的发展起到了促进作用。

目前金属切削工艺中应用的刀具材料主要是：高速钢刀具、硬质合金刀具、陶瓷刀具、立方氮化硼刀具和聚晶金刚石刀具。

① 高速钢。高速钢可以承受较大的切削力和冲击力。并且高速钢还具有热处理变形小、可锻造、易磨出较锋利的刃口等优点，特别适合于制造各种小型及形状复杂的刀具，如成形车刀和螺纹刀具等。高速刚已从单纯的 W 系列发展到 WMo 系、WMoA1 系、WMoCo 系，其中WMoA1 系是我国独创的品种。同时，由于高速钢刀具热处理技术的进步以及成形金属切削工艺的发展，高速钢刀具的热硬性、耐磨性和表面涂层质量都得到了很大提高和改善。因此，高速钢仍是数控车床选用的刀具材料之一。

② 硬质合金。硬质合金高温碳化物的含量超过高速钢，具有硬度高（大于 89HRA）、熔点高、化学稳定性好和热稳定性好等特点，切削效率是高速钢刀具的 5～10 倍。但硬质合金韧度差、脆性大，承受冲击和振动的能力低。硬质合金现在仍是主要的刀具材料。常用的牌号有：

a. 钨钴类硬质合金（YG），如 YG3、YG3X、YG6、YG6X、YG8、YG8C 等，其中的数字代表 Co 的百分含量，X 代表细颗粒，C 代表粗颗粒。此类硬质合金强度好，但硬度和耐磨性较差，主要用于加工铸铁及有色金属。钨钴类硬质合金中 Co 含量越高，韧度越好，适合粗加工，而含 Co 量少者用于精加工。

b. 钨钛钴类硬质合金（YT），如 YT5、YT14、YT15、YT30 等，数字代表 TiC（碳化

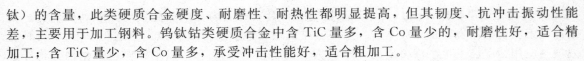

钛）的含量，此类硬质合金硬度、耐磨性、耐热性都明显提高，但其韧度、抗冲击振动性能差，主要用于加工钢料。钨钛钴类硬质合金中含 TiC 量多，含 Co 量少的，耐磨性好，适合精加工；含 TiC 少，含 Co 量多，承受冲击性能好，适合粗加工。

c. 通用硬质合金（YW）。这种硬质合金是在上述两类硬质合金基础上，添加某些碳化物使其性能提高。如在钨钴类硬质合金（YG）中添加 TaC（碳化钽）或 NbC（碳化铌），可细化晶粒、提高其硬度和耐磨性，而韧度不变，还可以提高合金的高温硬度、高温强度和抗氧化能力，如 YG6A、YG8N、YG8P3 等。在钨钛钴类硬质合金（YT）中添加某些合金可提高抗弯强度、冲击韧度、耐热性、耐磨性及高温强度和抗氧化能力等，既可用于加工钢料，又可用于加工铸铁和有色金属，被称为通用合金。

d. 碳化钛基硬质合金（YN），又称金属陶瓷。碳化钛基硬质合金的主要特点是硬度高达 90～95HRA，有较好的耐磨性，有较好的耐热性与抗氧化能力，在 1000～1300℃ 高温下仍能进行切削，切削速度可达 300～400m/min。适合高速精加工合金钢、淬火钢等。该硬质合金缺点是抗塑变性能差，抗崩刃性能差。

③ 陶瓷。近几年来，陶瓷刀具无论在品种方面，还是在使用领域方面都有较大的发展。一方面由于高硬度难加工材料的不断增多，迫切需要解决刀具寿命问题。另一方面也是由于钨资源的日渐缺乏，钨矿的品位越来越低，而硬质合金刀具材料中要大量使用钨，这在一定程度上也促进了陶瓷刀具的发展。

陶瓷刀具是以 $Al_2O_3$（氧化铝）或以 $Si_3N_4$（氮化硅）为基体再添加少量的金属，在高温下烧结而成的一种刀具材料。其硬度可达 91～95HRA，耐磨性比硬质合金高十几倍，适用于加工冷硬铸铁和淬火钢。陶瓷刀具具有良好的抗粘性能，它与多种金属的亲和力小，化学稳定性好，即使在熔化时与钢也不起化合作用。

陶瓷刀具最大的缺点是脆性大、抗弯强度和冲击韧度低、热导率差。近几十年来，人们在改善陶瓷材料的性能方面作了很大努力。主要措施是：提高原材料的纯度、亚微细颗粒、喷雾制粒、真空加热、热压法（HP）、热等静压法（HIP）等工艺。加入碳化物、氮化物、硼化物、纯金属等，以提高陶瓷刀具性能。

④ 立方氮化硼。立方氮化硼（CBN）是用六方氮化硼（俗称白石墨）为原料，利用超高温、高压技术转化而成。它是 20 世纪 70 年代发展起来的新型刀具材料，晶体结构与金刚石类似。立方氮化硼刀具有很好的"热硬性"，可以高速切削高温合金，切削速度要比硬质合金高 3～5 倍，在 1300℃ 高温下能够轻快地切削，性能无比卓越，使用寿命是硬质合金的 20～200 倍。使用立方氮化硼刀具可加工以前只能用磨削方法加工的特种钢材，并能获得很高的尺寸精度和极好的表面粗糙度，实现以车代磨。它有优良的化学稳定性，适用于加工钢铁类材料。虽然它的导热性比金刚石差，但比其他材料高得多，抗弯强度和断裂韧度介于硬质合金和陶瓷之间，所以立方氮化硼材料刀具非常适合数控机床加工使用。

⑤ 金刚石。金刚石刀具可分为天然金刚石、人造聚晶金刚石和复合金钢石刀片三类。金刚石有极高的硬度、良好的导热性及小的摩擦因数。该刀具有优秀的使用寿命（比硬质合金刀具寿命高几十倍以上），稳定的加工尺寸精度（可加工几千～几万件），以及良好的工件表面粗糙度（车削有色金属可达到 $Ra=0.06\mu m$ 以上），并可在纳米级稳定切削。金刚石刀具超精密加工广泛用于激光扫描器和高速摄影机的扫描棱镜、特形光学零件、电视、录像机、照相机零件、计算机磁盘、电子工业的硅片等领域。除少数超精密加工及特殊用途外，工业上多使用人造聚晶金刚石（PCD）作为刀具材料或磨具材料。

人造聚晶金刚石（PCD）是用人造金刚石颗粒通过添加 Co、硬质合金、NiCr、Si-SiC 以及陶瓷结合剂在高温（1200℃ 以上）、高压下烧结成形的刀具。PCD 刀具主要加工对象是有色金属。如铝合金、铜合金、镁合金等，也用于加工钛合金、金、银、铂、各种陶瓷制品。

对于各种非金属材料，如石墨、橡胶、塑料、玻璃、含有 $Al_2O_3$ 层的竹木材料，使用

PCD 刀具加工效果很好。PCD 刀具加工铝制工件具有刀具寿命长、金属切除率高等优点。其缺点是刀具价格昂贵，加工成本高。这一点在机械制造业已形成共识。但近年来 PCD 刀具的发展与应用情况已发生了许多变化。PCD 刀具的价格已下降 50% 以上。上述变化趋势将导致 PCD 刀具在铝材料加工中的应用日益增多。

## 2.4.2　数控铣削用刀具系统的种类、结构及使用

数控加工用刀具可分为常规刀具和模块化刀具。由于模块刀具的发展，数控刀具已形成了三大系统，即车削刀具系统、钻削刀具系统和镗铣刀具系统。数控铣削用刀具系统是指镗铣刀具系统，又可分为整体式数控刀具系统和模块式数控刀具系统。

### (1) 数控铣削用刀具的刀柄和拉钉

常规数控铣床刀具刀柄均采用 7：24 圆锥工具柄，并采用相应形式的拉钉拉紧结构。目前，在我国应用较为广泛的标准有国际标准 ISO 7388—1983，中国标准 GB/T 10944—1989（见图 2-60、图 2-61），日本标准 MAS404—1982，美国标准 ANSI/ASME B5.50—1994。

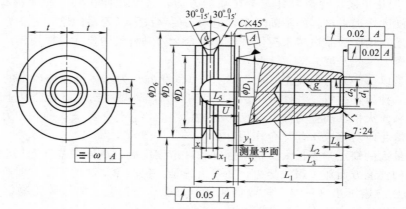

图 2-60　中国标准锥柄结构

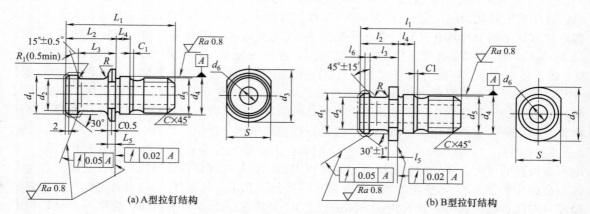

(a) A 型拉钉结构　　　　　　　　　　　　(b) B 型拉钉结构

图 2-61　中国标准刀柄拉钉结构

我国数控刀柄结构（国家标准 GB/T 10944—1989）与国际标准 ISO 7388—1983 规定的结构几乎一致，如图 2-60 所示。相应的拉钉国家标准 GB/T 10945—1989 包括两种形式的拉钉：A 型用于不带钢球的拉紧装置，其结构如图 2-61 (a) 所示；B 型用于带钢球的拉紧装置，其结构如图 2-61 (b) 所示。图 2-62 和图 2-63 分别表示了日本和美国标准锥柄及拉钉结构。

### (2) 整体式数控刀具系统

整体式数控刀具系统种类繁多，基本能满足各种加工需求。其标准为 JB/CQ 5010—1983

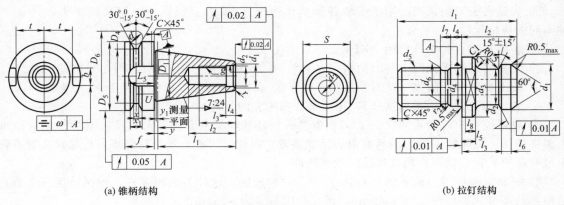

(a) 锥柄结构  (b) 拉钉结构

图 2-62　日本标准锥柄及拉钉结构

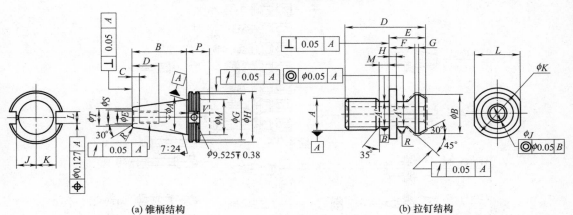

(a) 锥柄结构  (b) 拉钉结构

图 2-63　美国标准锥柄及拉钉结构

《TSG 工具系统形式与尺寸》。TSG 工具系统中刀柄的代号由 4 部分组成，各部分的含义如图 2-64 所示。

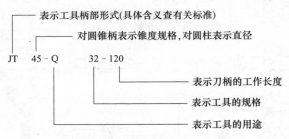

图 2-64　TSG 工具系统中刀柄的代号

上述代号表示的工具为：自动换刀机床用 7∶24 圆锥工具柄（GB/T 10944—1989），锥柄号 45，前部为弹簧夹头，最大夹持直径 32mm，刀柄工作长度 120mm。

整体工具系统的刀柄系列如图 2-65 所示，其所包括的刀柄种类如下。

① 装直柄接杆刀柄系列。它包括 15 种不同规格的刀柄和 7 种不同用途、63 种不同尺寸的直柄接杆。分别用于钻孔、扩孔、铰孔、镗孔和铣削加工。它主要用于需要调节刀具轴向尺寸的场合。

② 弹簧夹头刀柄系列。它包括 16 种规格的弹簧夹头。弹簧夹头刀柄的夹紧螺母将夹紧力传递给夹紧环，自动定心，自动消除偏摆，从而保证其夹持精度，装夹直径为 16～40mm。如配用过渡卡簧套（QH），还可装夹直径为 6～12mm 的刀柄。

③ 装钻夹头刀柄系列。用于安装各种莫氏短锥（Z）和贾氏锥度（ZJ）钻夹头，共有24种不同的规格尺寸。

④ 装削平型直柄工具刀柄（XP）。

⑤ 装带扁尾莫氏圆锥工具刀柄系列（M）。有29种规格，可装莫氏1～5号锥柄工具。

⑥ 装无扁尾莫氏圆锥工具刀柄系列（MW）。有10种规格，可装莫氏1～5号锥柄工具。

⑦ 装浮动铰刀刀柄系列（JF）。用于某些精密孔的最终加工。

⑧ 攻螺纹夹头刀柄系列（G）。刀柄由夹头柄部和丝锥夹套两部分组成，其后锥柄有三种类型供选择。攻螺纹夹头刀柄具有前后浮动装置，攻螺纹时能自动补偿螺距。攻螺纹夹套有转矩过载保护装置，以防止机攻螺纹时丝锥折断。

⑨ 倾斜微调镗刀刀柄系列（TQW）。有45种规格。这种刀柄刚度好，微调精度高，微进给精度最高可达每格误差±0.02mm，镗孔范围是$\phi$20～285mm。

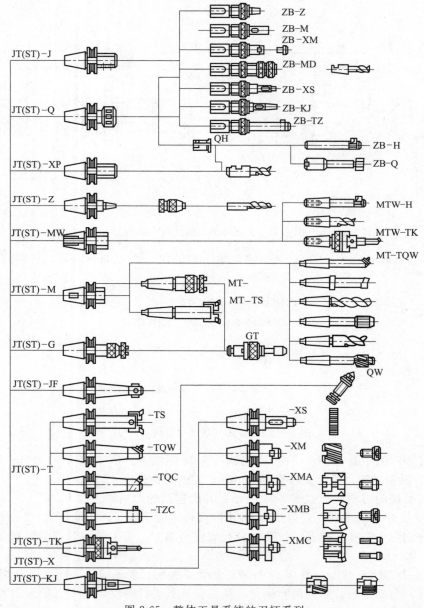

图 2-65　整体工具系统的刀柄系列

⑩ 双刃镗刀刀柄系列（TS）。镗孔范围是 $\phi21\sim140mm$。

⑪ 直角型粗镗刀刀柄系列（TZC）。有 34 种规格。用于对通孔的粗加工，镗孔范围是 $\phi25\sim190mm$。

⑫ 倾斜型粗镗刀刀柄系列（TQC）。有 35 种规格。主要适用于不通孔、阶梯孔的粗加工。镗孔范围是 $\phi20\sim200mm$。

⑬ 复合镗刀刀柄系列（TF）。用于镗削阶梯孔。

⑭ 可调镗刀刀柄系列（TK）。有 3 种规格。镗孔范围是 $\phi5\sim165mm$。

⑮ 装三面刃铣刀刀柄系列（XS）。有 25 种规格。可装 $\phi50\sim200mm$ 的铣刀。

⑯ 装套式立铣刀刀柄系列（XL）。有 27 种规格。可装 $\phi40\sim160mm$ 的铣刀。

⑰ 装 A 类面铣刀刀柄系列（XMA）。有 21 种规格。可装 $\phi50\sim100mm$ 的 A 类面铣刀。

⑱ 装 B 类面铣刀刀柄系列（XMB）。有 21 种规格。可装 $\phi50\sim100mm$ 的 B 类面铣刀。

⑲ 装 C 类面铣刀刀柄系列（XMC）。有 3 种规格。可装 $\phi60\sim200mm$ 的 C 类面铣刀。

⑳ 装套式扩孔钻、铰刀刀柄系列（KJ）。共 36 种规格。可装 $\phi25\sim90mm$ 的扩孔钻和 $\phi25\sim70mm$ 的铰刀。

刀具的工作部分可与各种柄部标准相结合组成所需要的数控刀具。

**（3）模块式数控刀具系统**

模块式数控刀具系统是将整体式刀杆分解成柄部（主柄）、中间连接块（连接杆）、工作部（工作头）三个主要部分（即模块），然后通过各种连接结构，在保证刀杆连接精度、刚性的前提下，将这三部分连接成一整体，如图 2-66 所示。

使用者可根据加工零件的尺寸、精度要求、加工程序、加工工艺，利用这三部分模块，任意组合成钻、铣、镗、铰及攻螺纹的各种工具进行切削加工。模块式工具刀柄克服了整体式工具刀柄功能单一、加工尺寸不易变动的不足，显示出其经济、灵活、快速、可靠的特点。

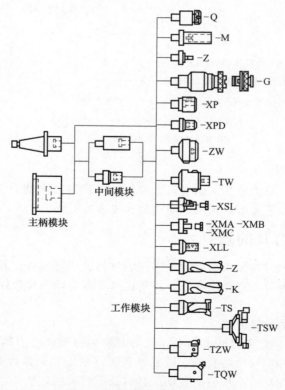

图 2-66 模块式数控刀具系统

镗铣类模块式工具系统各模块的型号及表示方式如图 2-67～图 2-69 所示。

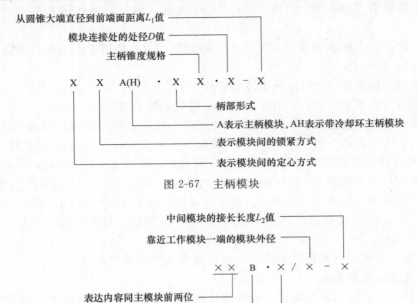

从圆锥大端直径到前端面距离$L_1$值
模块连接处的处径$D$值
主柄锥度规格

X X A(H) · X X · X - X

柄部形式
A表示主柄模块，AH表示带冷却环主柄模块
表示模块间的锁紧方式
表示模块间的定心方式

图 2-67　主柄模块

中间模块的接长长度$L_2$值
靠近工作模块一端的模块外径

X X B · X / X - X

表达内容同主模块前两位
表示此模块为中间模块
靠近主模块一端的模块外径

图 2-68　中间模块（连接杆）

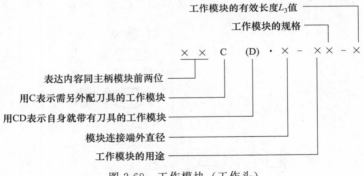

工作模块的有效长度$L_3$值
工作模块的规格

X X C (D) · X - X X - X

表达内容同主柄模块前两位
用C表示需另外配刀具的工作模块
用CD表示自身就带有刀具的工作模块
模块连接端外直径
工作模块的用途

图 2-69　工作模块（工作头）

工作头有弹簧夹头、莫氏锥孔、钻夹头、铰刀、立铣刀、面铣刀、镗刀（微调、双刃等）等多种。可根据不同的工艺要求，选用不同功能和规格的工作头。

## 2.4.3　数控铣削刀具的选择

数控铣床上所采用的刀具要根据被加工零件的材料、几何形状、表面质量要求、热处理状态、切削性能及加工余量等，选择刚度好、耐用度高的刀具。通常数控铣削刀具可按以下方法选择。

**(1) 数控刀具刀柄的选择方法**

① 直柄工具的刀柄。此类刀柄主要有立铣刀刀柄和弹簧夹头刀柄。立铣刀刀柄的定位精度好，刚性强，能夹持相应规格的直柄立铣刀和其他直柄工具；弹簧夹头刀柄因有自动定心、自动消除偏摆的优点，在夹持小规格的直柄工具时被广泛采用。

② 各种铣刀刀柄。三面刃铣刀选用三面刃铣刀刀柄（XS）系列，套式立铣刀选用套式立

铣刀刀柄（XM）系列，可转位面铣刀选用可转位面铣刀刀柄（XD）系列。刀柄的选用应按铣刀的装刀孔直径来选取刀柄的规格。莫氏柄立铣刀应选用无扁尾莫氏孔刀柄。

③ 钻孔工具刀柄。主要有钻夹头刀柄，配上相应的钻夹头，可夹持直柄钻头、中心钻等。莫氏锥柄钻头可选用带扁尾莫氏孔刀柄。套式扩孔钻选用套扩、铰刀柄。

④ 攻螺纹工具刀柄。主要选用攻螺纹夹头，它是由攻螺纹夹头刀柄和攻螺纹夹套两部分组成。

### （2）孔加工刀具的选择

① 钻孔刀具及其选择。钻孔刀具较多，有普通麻花钻、可转位浅孔钻及扁钻等。应根据工件材料、加工尺寸及加工质量要求等合理选用。

在加工中心上钻孔，大多是采用普通麻花钻。麻花钻有高速钢和硬质合金两种。麻花钻的组成如图 2-70 所示，它主要由工作部分和柄部组成。工作部分包括切削部分和导向部分。

横刃斜角 $\psi = 50° \sim 55°$；主切削刃上各点的前角、后角是变化的，外缘处前角约为30°，钻心处前角接近 0°，甚至是负值；两条主切削刃在与其平行的平面内的投影之间的夹角为顶角，标准麻花钻的顶角 $2\phi = 118°$。

根据柄部不同，麻花钻有莫氏锥柄和圆柱柄两种。直径为 $\phi 8 \sim 80mm$ 的麻花钻多为莫氏锥柄，可直接装在带有莫氏锥孔的刀柄内，刀具长度不能调节。直径为 $\phi 0.1 \sim 20mm$ 的麻花钻多为圆柱柄，可装在钻夹头刀柄上。中等尺寸麻花钻两种形式均可选用。

麻花钻有标准型和加长型，为了提高钻头刚性，应尽量选用较短的钻头，但麻花钻的工作部分应大于孔深，以便排屑和输送切削液。

在加工中心上钻孔，因无夹具钻模导向，受两切削刃上切削力不对称的影响，容易引起钻孔偏斜，故要求钻头的两切削刃必须有较高的刃磨精度（两刃长度一致，顶角 $2\phi$ 对称于钻头中心线或先用中心钻定中心，再用钻头钻孔）。

钻削直径在 $\phi 20 \sim 60mm$、孔的深径比小于等于 3 的中等浅孔时，可选用如图 2-71 所示的可转位浅孔钻，其结构是在带排屑槽及内冷却通道钻体的头部装有一组刀片（多为凸多边形、菱形和四边形），多采用深孔刀片，通过该中心压紧刀片。靠近钻心的刀片用韧性较好的材料，靠近钻头外径的刀片选用较为耐磨的材料，这种钻头具有切削效率高、加工质量好的特点，最适用于箱体零件的钻孔加工。为了提高刀具的使用寿命，可以在刀片上涂镀碳化钛涂层。使用这种钻头钻箱体孔，比普通麻花钻提高效率 4~6 倍。

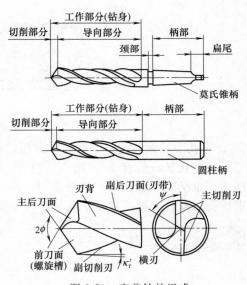

图 2-70 麻花钻的组成

对深径比大于 5 而小于 100 的深孔，因其加工中散热差，排屑困难，钻杆刚性差，易使刀具损坏和引起孔的轴线偏斜，影响加工精度和生产率，故应选用深孔刀具加工。

图 2-72 为用于深孔加工的喷吸钻。工作时，带压力的切削液从进液口流入连接套，其中三分之一从内管四周月牙形喷嘴喷入内管。由于月牙槽缝隙很窄，切削液喷入时产生喷射效应，能使内管里形成负压区。另外约三分之二切削液流入内、外管壁间隙到切削区，汇同切屑被吸入内管，并迅速向后排出，压力切削液流速快，到达切削区时雾状喷出，有利于冷却，经喷口流入内管的切削液流速增大，加强"吸"的作用，提高排屑效果。

喷吸钻一般用于加工直径在 $\phi 65 \sim 180mm$ 的深孔，孔的精度可达 IT7~IT10 级，表面粗

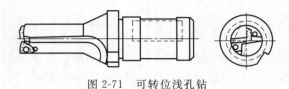

图 2-71　可转位浅孔钻

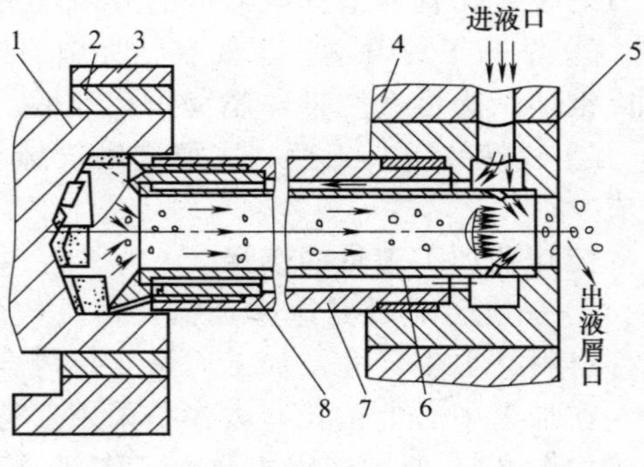

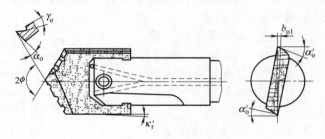

图 2-72　喷吸钻

1—工件；2—夹爪；3—中心架；4—支持座；
5—连接套；6—内管；7—外管；8—钻头

糙度值可达 $Ra0.8\sim1.6\mu m$。

钻削大直径孔时，可采用刚性较好的硬质合金扁钻。扁钻切削部分磨成一个扁平体，主切削刃磨出顶角、后角，并形成横刃，副切削刃磨出后角与副偏角并控制钻孔的直径。扁钻没有螺旋槽，制造简单、成本低，它的结构与参数如图 2-73 所示。

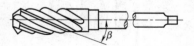

图 2-73　装配式扁钻

② 扩孔刀具及其选择。扩孔多采用扩孔钻，也有采用镗刀扩孔的。

标准扩孔钻一般有 3～4 条主切削刃、切削部分的材料为高速钢或硬质合金，结构形式有直柄式、锥柄式和套式等。如图 2-74（a）～（c）所示即分别为锥柄式高速钢扩孔钻、套式高速钢扩孔钻和套式硬质合金扩孔钻。在小批量生产时，常用麻花钻改制。

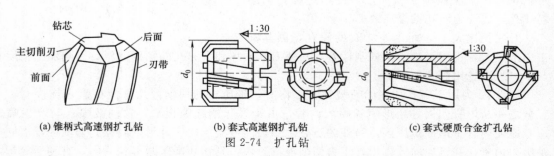

（a）锥柄式高速钢扩孔钻　　　　（b）套式高速钢扩孔钻　　　　　（c）套式硬质合金扩孔钻

图 2-74　扩孔钻

扩孔直径较小时，可选用直柄式扩孔钻，扩孔直径中等时，可选用锥柄式扩孔钻，扩孔直径较大时，可选用套式扩孔钻。

扩孔钻的加工余量较小，主切削刃较短，因而容屑槽浅、刀体的强度和刚度较好。它无麻花钻的横刃，加之刀齿多，所以导向性好，切削平稳，加工质量和生产率都比麻花钻高。

扩孔直径在 $\phi 20 \sim 60mm$ 之间时，且机床刚性好、功率大，可选用如图 2-75 所示的可转位扩孔钻。这种扩孔钻的两个可转位刀片的外刃位于同一个外圆直径上，并且刀片径向可作微量（$\pm 0.1mm$）调整，以控制扩孔直径。

③ 镗孔刀具及其选择。镗孔所用刀具为镗刀。镗刀种类很多，按切削刃数量可分为单刃镗刀和双刃镗刀。

镗削通孔、阶梯孔和不通孔可分别选用如图 2-76（a）、(b)、(c) 所示的单刃镗刀。

图 2-75　可转位扩孔钻

单刃镗刀头结构类似车刀，用螺钉装夹在镗杆上。螺钉 1 用于调整尺寸，螺钉 2 起锁紧作用。

单刃镗刀刚性差，切削时易引起振动，所以镗刀的主偏角选得较大，以减小径向力。镗铸铁孔或精镗时，一般取 $\kappa_r = 90°$，粗镗钢件孔时，取 $\kappa_r = 60° \sim 75°$，以提高刀具的寿命。

所镗孔径的大小要靠调整刀具的悬伸长度来保证，调整麻烦，效率低，只能用于单件小批生产。但单刃镗刀结构简单，适应性较广，粗、精加工都适用。

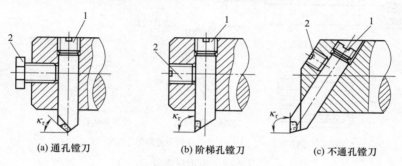

(a) 通孔镗刀　　　　(b) 阶梯孔镗刀　　　　(c) 不通孔镗刀

图 2-76　单刃镗刀

1—调节螺钉；2—紧固螺钉

在孔的精镗中，目前较多地选用精镗微调镗刀。这种镗刀的径向尺寸可以在一定范围内进行微调，调节方便，且精度高，其结构如图 2-77 所示。调整尺寸时，先松开拉紧螺钉 6，然后转动带刻度盘的调整螺母 3，等调至所需尺寸，再拧紧螺钉 6，制造时应保证锥面靠近大端接触（即刀杆 4 的 90°锥孔的角度公差为负值），且与直孔部分同心。导向键 7 与键槽配合间隙不能太大，否则微调时就不能达到较高的精度。

镗削大直径的孔可选用如图 2-78 所示的双刃镗刀。这种镗刀头部可以在较大范围内进行调整，且调整方便，最大镗孔直径可达 1000mm。

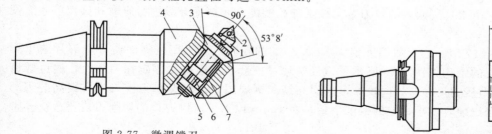

图 2-77　微调镗刀

1—刀体；2—刀片；3—调整螺母；4—刀杆
5—螺母；6—拉紧螺钉；7—导向键

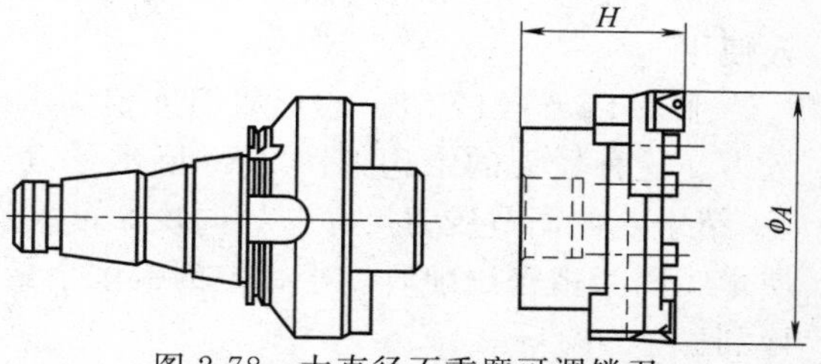

图 2-78　大直径不重磨可调镗刀

双刃镗刀的两端有一对对称的切削刃同时参加切削，与单刃镗刀相比，每转进给量可提高一倍左右，生产效率高。同时，可以消除切削力对镗杆的影响。

④ 铰孔刀具及其选择。加工中心上使用的铰刀多是通用标准铰刀。此外，还有机夹硬质合金刀片单刃铰刀和浮动铰刀等。

加工精度为 IT8～IT9 级、表面粗糙度值为 $Ra=0.8\sim1.6\mu m$ 的孔时，多选用通用标准铰刀。

通用标准铰刀如图 2-79 所示，有直柄、锥柄和套式三种。锥柄铰刀直径为 $\phi10\sim32mm$，直柄铰刀直径为 $\phi6\sim20mm$，小孔直柄铰刀直径为 $\phi1\sim6mm$，套式铰刀直径为 $\phi25\sim80mm$。

铰刀工作部分包括切削部分与校准部分。切削部分为锥形，担负主要切削工作。切削部分的主偏角为 $5°\sim15°$，前角一般为 $0°$，后角一般为 $5°\sim8°$。校准部分的作用是校正孔径、修光孔壁和导向。为此，这部分带有很窄的刃带（$\gamma_o=0°$，$\alpha_o=0°$）。校准部分包括圆柱部分和倒锥部分。圆柱部分保证铰刀直径和便于测量，倒锥部分可减少铰刀与孔壁的摩擦和减小孔径扩大量。

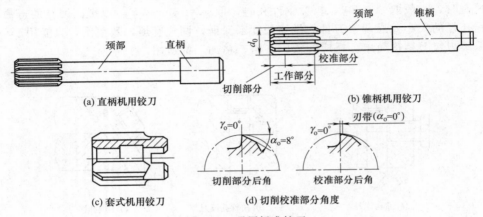

图 2-79　通用标准铰刀

标准铰刀有 4～12 齿。铰刀的齿数除了与铰刀直径有关外，主要根据加工精度的要求选择。齿数对加工表面粗糙度的影响并不大。齿数过多，刀具的制造重磨都比较麻烦，而且会因齿间容屑槽减小而造成切屑堵塞和划伤孔壁以致使铰刀折断的后果。齿数过少，则铰削时的稳定性差，刀齿的切削负荷增大，且容易产生几何形状误差。铰刀齿数可参照表 2-8 选择。

表 2-8　铰刀齿数的选择

| 铰刀直径/mm | | 1.5～3 | 3～14 | 14～40 | >40 |
|---|---|---|---|---|---|
| 齿数 | 一般加工精度 | 4 | 4 | 6 | 8 |
| | 高加工精度 | 4 | 6 | 8 | 10～12 |

应当注意，由工具厂购入的铰刀，需按工件孔的配合和精度等级进行研磨和试切后才能投入使用。

加工 IT5～IT7 级、表面粗糙度值为 $Ra0.8\mu m$ 的孔时，可采用机夹硬质合金刀片的单刃铰刀。这种铰刀的结构如图 2-80 所示，刀片 3 通过楔套 4 用螺钉 1 固定在刀体上，通过螺钉 7、销子 6 可调节铰刀尺寸。导向块 2 可采用黏结和铜焊固定。机夹单刃铰刀应有很高的刃磨质量。因为精密铰削时，半径上的铰削余量是在 $10\mu m$ 以下，所以刀片的切削刃口要磨得异常锋利。

铰削精度为 IT6～IT7 级、表面粗糙度值为 $Ra0.8\sim1.6\mu m$ 的大直径通孔时，可选用如图 2-81 所示的专为加工中心设计的浮动铰刀。在装配时，先根据所要加工孔的大小调节好铰刀体 2，在铰刀体插入刀杆体 1 的长方孔后，在对刀仪上找正两切削刃与刀杆轴的对称度在 0.02～0.05mm 以内，然后，移动定位滑块 5，使圆锥端螺钉 3 的锥端对准刀杆体上的定位

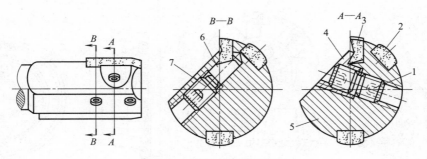

图 2-80　硬质合金单刃铰刀

1,7—螺钉；2—导向块；3—刀片；4—楔套；5—刀体；6—销子

窝，拧紧螺钉 6 后，调整圆锥端螺钉，使铰刀体有 $0.04\sim0.08$mm 的浮动量（用对刀仪观察），调整好后，将螺母 4 拧紧。

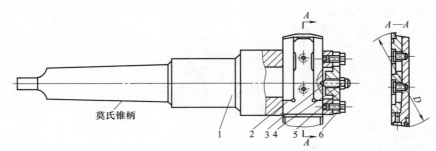

图 2-81　加工中心上使用的浮动铰刀

1—刀杆体；2—可调式浮动铰刀体；3—圆锥端螺钉；4—螺母；5—定位滑块；6—螺钉

　　浮动铰刀既能保证在换刀和进刀过程中刀片不会从刀杆的长方孔中滑出，又能较准确地定心。它有两个对称刃，能自动平衡切削力，在铰削过程中又能自动抵偿因刀具安装误差或刀杆的径向跳动而引起的加工误差，因而加工精度稳定。浮动铰刀的寿命比高速钢铰刀高 $8\sim10$倍，且具有直径调整的连续性。

　　**(3) 铣刀的种类**

　　① 面铣刀。如图 2-82 所示，面铣刀的圆周表面和端面上都有切削刃，端部切削刃为副切削刃。面铣刀多制成套式镶齿结构，刀齿为高速钢或硬质合金，刀体为 40Cr。

　　高速钢面铣刀按国家标准规定，直径 $d=80\sim250$mm，螺旋角 $\beta=10°$，刀齿数 $z=10\sim20$。

　　硬质合金面铣刀与高速钢铣刀相比，铣削速度较高，加工效率高，加工表面质量也较好，并可加工带有硬皮和淬硬层的工件，故得到广泛应用。硬质合金面铣刀按刀片和刀齿的安装方式不同，可分为整体焊接式、机夹-焊接式和可转位式三种，如图 2-83 所示。

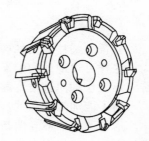

图 2-82　面铣刀

　　由于整体焊接式和机夹-焊接式面铣刀难于保证焊接质量，刀具寿命低，重磨较费时，目前已逐渐被可转位式面铣刀所取代。

　　可转位式面铣刀是将可转刀片通过夹紧元件夹固在刀体上，当刀片的一个切削刃用钝后，直接在机床上将刀片转位或更换新刀片。因此，这种铣刀在提高产品质量、加工效率、降低成本、操作使用方便等方面都具有明显的优越性，已得到广泛应用。

　　可转位式铣刀要求刀片定位精度高、夹紧可靠、排屑容易、可快速更换刀片，同时各定位、夹紧元件通用性要好，制造要方便，并且应经久耐用。

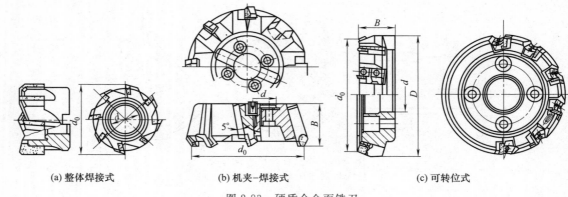

(a) 整体焊接式　　　　　(b) 机夹-焊接式　　　　　(c) 可转位式

图 2-83　硬质合金面铣刀

② 立铣刀。立铣刀是数控机床上用得最多的一种铣刀，其结构如图 2-84 所示。立铣刀的圆柱表面和端面上都有切削刃，它们可同时进行切削，也可单独进行切削，因此，生产中，立铣刀又习惯于称为圆柱铣刀或端铣刀。

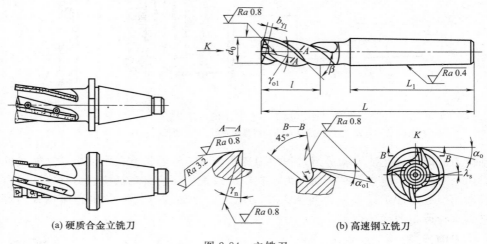

(a) 硬质合金立铣刀　　　　　　　　　　　　　　(b) 高速钢立铣刀

图 2-84　立铣刀

立铣刀圆柱表面的切削刃为主切削刃，端面上的切削刃为副切削刃。主切削刃一般为螺旋齿，这样可以增加切削平稳性，提高加工精度。由于普通立铣刀端面中心处无切削刃，所以立铣刀不能作轴向进给，端面刃主要用来加工与侧面相垂直的底平面。

为了能加工较深的沟槽，并保证有足够的备磨量，立铣刀的轴向长度一般较长。

为了改善切屑卷曲情况，增大容屑空间，防止切屑堵塞，刀齿数比较少，容屑槽圆弧半径则较大。一般粗齿立铣刀齿数 $z=3\sim4$，细齿立铣刀齿数 $z=5\sim8$，套式结构立铣刀齿数 $z=10\sim20$，容屑槽圆弧半径 $r=2\sim5$mm。当立铣刀直径较大时，还可制成不等齿距结构，以增强抗振作用，使切削过程平稳。

标准立铣刀的螺旋角 $\beta$ 为 $40°\sim45°$（粗齿）和 $30°\sim35°$（细齿），套式结构立铣刀的 $\beta$ 为 $15°\sim25°$。

直径较小的立铣刀，一般制成带柄形式。$\phi2\sim71$mm 的立铣刀制成直柄；$\phi6\sim63$mm 的立铣刀制成莫氏锥柄；$\phi25\sim80$mm 的立铣刀做成 7∶24 锥柄，内有螺孔用来拉紧刀具。但是由于数控机床要求铣刀能快速自动装卸，故立铣刀柄部形式也有很大不同，一般是由专业厂家按照一定的规范设计制造成统一形式，统一尺寸的刀柄。直径大于 $\phi60\sim160$mm 的立铣刀可做成套式结构。

③ 模具铣刀。模具铣刀由立铣刀发展而成，可分为圆锥形立铣刀（圆锥半角 $\alpha/2 = 3°$、$5°$、$7°$、$10°$）、圆柱形球头立铣刀和圆锥形球头立铣刀三种，其柄部有直柄、削平型直柄和莫氏锥柄。它的结构特点是球头或端面上布满了切削刃，圆周刃与球头刃圆弧连接，可以作径向和轴向进给。铣刀工作部分用高速钢或硬质合金制造。国家标准规定直径 $d = 4\sim63\text{mm}$。

如图 2-85 所示为高速钢制造的模具铣刀，如图 2-86 所示为硬质合金制造的模具铣刀。小规格的硬质合金模具铣刀多制成整体结构，$\phi16\text{mm}$ 以上直径的，制成焊接或机夹可转位刀片结构。

(a) 圆锥形立铣刀　　(b) 圆柱形球头立铣刀　　(c) 圆锥形球头立铣刀

图 2-85　高速钢模具铣刀

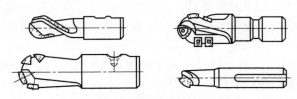

图 2-86　硬质合金模具铣刀

④ 键槽铣刀。键槽铣刀如图 2-87 所示，它有两个刀齿，圆柱面和端面都有切削刃，端面刃延至中心既像立铣刀，又像钻头。加工时先轴向进给达到槽深，然后沿键槽方向铣出键槽全长。

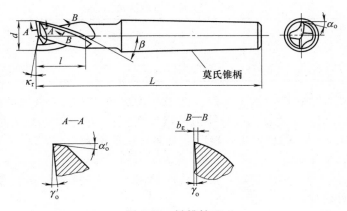

图 2-87　键槽铣刀

按国家标准规定，直柄键槽铣刀直径 $d = 2\sim22\text{mm}$，锥柄键槽铣刀直径 $d = 14\sim50\text{mm}$。键槽铣刀直径的偏差有 e8 和 d8 两种，键槽铣刀的圆周切削刃仅在靠近端面的一小段长度内发生磨损，重磨时，只需刃磨端面切削刃，因此重磨后铣刀直径不变。

⑤ 鼓形铣刀。如图 2-88 所示是一种典型的鼓形铣刀，它的切削刃分布在半径为 $R$ 的圆弧面上，端面无切削刃。加工时控制刀具上下位置，相应改变削刃的切削部位，可以在工件上切出从负到正的不同斜角。$R$ 越小，鼓形刀所能加工的斜角范围越广，但所获得的表面质量也越差。这种刀具的缺点是刃磨困难，切削条件差，而且不适于加工有底的轮廓表面。

⑥ 成形铣刀。如图 2-89 是常见的几种成形铣刀，一般都是为特定的工件或加工内容专门设计制造的，如角度面、凹槽、特形孔或台等。

除了上述类型的铣刀外，数控铣床可使用各种通用铣刀。但因不少数控铣床的主轴内有特殊的拉刀位置，或因主轴内锥孔有别，需配制过渡套和拉钉。

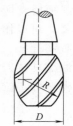

图 2-88　鼓形铣刀

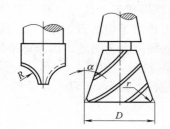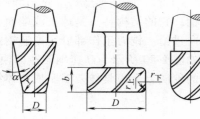

图 2-89　几种常见的成形铣刀

### （4）数控铣床上铣刀的选择

① 铣刀类型的选择。铣刀类型应与工件表面形状与尺寸相适应。加工较大的平面应选择面铣刀；加工凸槽、不封闭的凹槽、较小的台阶面及平面轮廓应选择立铣刀；加工毛坯表面或粗加工孔，可选用镶硬质合金的玉米铣刀；加工空间曲面、模具型腔或凸模成形表面等多选用模具铣刀；加工封闭的键槽应选择键槽铣刀；加工变斜角零件的变斜角面应选用鼓形铣刀；加工各种直的或圆弧形的凹槽、斜角面、特殊孔等应选用成形铣刀。

② 铣刀参数的选择。铣刀参数的选择主要应考虑零件加工部位的几何尺寸和刀具的刚性等因素。数控铣床上使用最多的是可转位面铣刀和立铣刀。

a. 面铣刀主要参数的选择。标准可转位面铣刀直径 $\phi16 \sim 630\text{mm}$。粗铣时，铣刀直径要小些，因为粗铣切削力大，选小直径铣刀可减小切削转矩。精铣时，铣刀直径要大些，尽量包容工件整个加工宽度，以提高加工精度和效率，并减小相邻两次进给之间的接刀痕迹。

面铣刀前角的数值主要根据工件材料和刀具材料来选择，其具体数值可参考表 2-9。

表 2-9　面铣刀的前角

| 工件材料　刀具材料 | 钢 | 铸铁 | 黄铜、青铜 | 铝合金 |
|---|---|---|---|---|
| 高速钢 | $10° \sim 20°$ | $5° \sim 15°$ | $10°$ | $25° \sim 30°$ |
| 硬质合金 | $-15° \sim 15°$ | $-5° \sim 5°$ | $4° \sim 6°$ | $15°$ |

铣刀的磨损主要发生在后刀面上，因此适当加大后角，可减少铣刀磨损。常取 $\alpha_o = 5° \sim 12°$。工件材料软取大值，工件材料硬取小值，粗齿铣刀取小值，细齿铣刀取大值。

铣削时冲击力大，为了保护刀尖，硬质合金面铣刀的刃倾角常取 $\lambda_s = -5° \sim -15°$ 只有在铣削低强度材料时，取 $\lambda_s = 5°$。

主偏角 $\kappa_r$ 在 $45° \sim 90°$ 范围内选取，铣削铸铁常用 $45°$，铣削一般钢材常用 $75°$，铣削带凸肩的平面或薄壁零件时要用 $90°$。

b. 立铣刀主要参数的选择。立铣刀的几何参数主要应根据工件的材料、刀具材料及加工性质的不同来确定。主要应考虑以下问题。

• 铣刀直径 $D$ 的选择。一般情况下，为减少走刀次数，提高铣削速度和铣削量，保证铣刀有足够的刚性以及良好的散热条件，应尽量选择直径较大的铣刀。但选择铣刀直径往往受到零件材料、刚性，加工部位的几何形状、尺寸及工艺要求等因素的限制。如图 2-90 所示零件的内轮廓转接凹圆弧半径 $R$ 较小时，铣刀直径 $D$ 也随之较小，一般选择 $D = 2R$。若槽深或壁板高度 $H$ 较大，则应采用细长刀具，从而使刀具的刚性变差。铣刀的刚性以铣刀直径 $D$ 与刀长 $l$ 的比值来表示，一般取 $(D/l) > 0.4 \sim 0.5$。当铣刀的刚性不能满足 $(D/l) > 0.4 \sim 0.5$ 的条件（即刚性较差）时，可采用直径大小不同的两把铣刀进行粗、精加工。先选用直径较大的铣刀进行粗加工，然后再选用 $D$、$l$ 均符合图样要求的铣刀进行精加工。

• 铣刀端刃圆角半径 $r$ 的选择。铣刀端刃圆角半径 $r$ 的大小一般应与零件上的要求一致。

但粗加工铣刀因尚未切削到工件的最终轮廓尺寸，故可适当选得小些，有时甚至可选为"清角"（即 $r = 0 \sim 0.5mm$），但不要造成根部"过切"的现象。

• 铣刀刃长 $l$ 的选择。为了提高铣刀的刚性，对铣刀的刃长应在保证铣削过程不发生干涉的情况下，尽量选较短的尺寸。一般可根据以下两种情况进行选择。

加工深槽或盲孔时：$l = H + 2$

式中　$l$——铣刀刀刃长度，mm；

　　　$H$——槽深尺寸，mm。

加工外表面或通孔、通槽时：$l = H + r + 2$

式中　$r$——铣刀端刃圆角半径，mm。

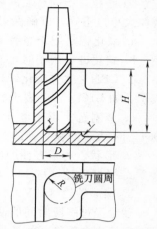

图 2-90　立铣刀尺寸的选择

• 立铣刀几何角度的选择。对于立铣刀，主要根据工件材料和铣刀直径选取前、后角，具体数值可参考表 2-10 选取。为了使端面切削刃有足够的强度，在端面切削刃前刀面上一般磨有棱边，其宽度 $b_{r1}$ 为 $0.4 \sim 1.2mm$，前角为 $6°$。

表 2-10　立铣刀前角和后角的选择

| 工件材料 | 前角 | 铣刀直径/mm | 后角 |
|---|---|---|---|
| 铜 | $10° \sim 20°$ | $< 10$ | $25°$ |
| 钢 | $10° \sim 15°$ | $10 \sim 15$ | $20°$ |
| 铸铁 | $10° \sim 15°$ | $> 20$ | $16°$ |

## 2.4.4　刀具的刃磨

刀具在使用过程中，刀刃将由于磨损而逐渐变钝，失去锋利，此时就必须对刀具进行修磨才能进行后续的切削，否则将影响切削质量。在刀具修磨中，常见的刀具材料有高速钢（HSS）、粉末冶金高速钢（PM-HSS）、硬质合金（HM）、PCD、CBN 等超硬材料。高速钢刀具锋利、韧性好，硬质合金刀具硬度高但韧性差。硬质合金刀具的密度明显大于高速钢刀具。这两种材料是制造钻头、铰刀、铣刀和丝锥的主要材料。粉末冶金高速钢的性能介于上述两种材料之间，主要用于制造粗铣刀和丝锥。

高速钢刀具因材料韧性好，故对碰撞不太敏感。硬质合金刀具硬度高而脆，对碰撞很敏感，刃口易崩。所以，在修磨过程中，硬质合金刀具的操作和放置必须十分小心，防止刀具间的碰撞或刀具摔落。刀具的修磨应注意以下方面。

**（1）刀具磨床**

由于刀具材料很硬，一般只能采用磨削来改变其外形。在刀具的制造、修磨中常见的刀具磨床有以下几种：

① 磨槽机。用于磨钻头、立铣刀等刀具的槽或背。

② 磨顶角机。用于磨钻头的锥形顶角。

③ 修横刃机。用于修正钻头的横刃。

④ 手动万能刀具磨床。用于磨外圆、槽、背、顶角、横刃、平面、前刀面等。常用于修磨数量少、形状复杂的刀具。

⑤ 五轴联动 CNC 磨床。功能由软件确定。一般用于修磨数量大、精度要求高、但不复杂的刀具，如钻头、立铣刀等。

**（2）砂轮**

选择好砂轮是保证刀具修磨质量的重要因素之一，通常砂轮的选择应考虑到砂轮的磨粒及形状两方面的因素。

① 磨粒。不同材质的砂轮磨粒适合于磨削不同材质的刀具。刀具的不同部位需要使用的磨粒大小也不同，以确保刃口保护和加工效率的最佳结合。选择砂轮磨粒时应注意以下方面。

a. 氧化铝。用于修磨 HSS 刀具。这种砂轮价廉，用于修磨复杂的刀具。

b. 碳化硅。用于修正 CBN 砂轮和金刚石砂轮。

c. CBN（立方碳化硼）。用于修磨 HSS 刀具，价格高，但耐用。在国际上，砂轮用 B 来表示，如 B107，107 表示磨粒直径的大小。

d. 金刚石。用于磨 HM 刀具，具有耐用的优点，但价格高。砂轮上用 D 来表示，如 D64，64 表示磨粒直径的大小。

② 形状。为了方便磨削刀具的不同部位，砂轮应有不同的形状。最常用的如下。

a. 平形砂轮（1A1）。用于磨顶角、外径、背等。

b. 碟形砂轮（12V9，11V9）。用于磨螺旋槽，铣刀的主、副切削刃，横刃等。

砂轮经过一段时间的使用后需要修正其外形（包括平面、角度及圆角 $R$）。必须经常用清理石把填充在磨粒间的切屑清理掉，以提高砂轮的磨削能力。

**(3) 刀具参数**

对不同的刀具，其几何参数也有所不同。在硬质合金钻头中，使刀刃钝化的工序叫"倒刃"。倒刃的宽度与被切削材料有关，一般在 0.03～0.25mm 之间。在棱边上（刀尖点）倒角的工序叫"倒棱"。

在立铣刀中，圆周面上的刃为主切削刃，端面上的刃为副切削刃。

对于 HSS 钻头，其顶角一般为 118°，有时大于 130°。刀刃锋利，对精度（刃高差、对称度、周向跳动）要求相对低。横刃有多种修法。

对 HM 钻头。顶角一般为 140°，直槽钻常常为 130°，三刃钻一般为 150°。刀刃和刀尖（棱边上）不锋利，往往被钝化，或称倒刃和倒棱，对精度要求高。横刃常被修成 S 形，以利于断屑。

**(4) 修磨要则**

① 正确选用砂轮（种类、型号）。

② 对于新到的刀具，先测量主要几何参数并作记录存档，尤其要记录钻头的倒刃、倒棱及横刃修正情况。

③ 先输入砂轮数据，再输入刀具的数据。

④ 修磨后测量刀具主要参数，并与修磨标准比较后再修正。

# 2.5　切削用量的确定

铣削的切削用量包括切削速度 $v_c$、进给速度 $v_f$、背吃刀量（端铣）$a_p$ 及侧吃刀量（圆周铣）$a_c$、主轴转速 $n$，如图 2-91 所示。

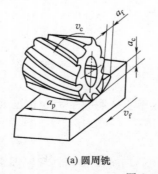

(a) 圆周铣　　　　　(b) 端铣

图 2-91　铣削切削用量

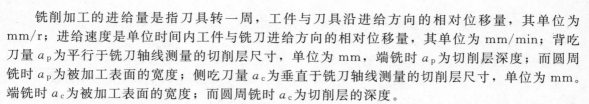

铣削加工的进给量是指刀具转一周，工件与刀具沿进给方向的相对位移量，其单位为 mm/r；进给速度是单位时间内工件与铣刀进给方向的相对位移量，其单位为 mm/min；背吃刀量 $a_p$ 为平行于铣刀轴线测量的切削层尺寸，单位为 mm，端铣时 $a_p$ 为切削层深度；而圆周铣时 $a_p$ 为被加工表面的宽度；侧吃刀量 $a_c$ 为垂直于铣刀轴线测量的切削层尺寸，单位为 mm。端铣时 $a_c$ 为被加工表面的宽度；而圆周铣时 $a_c$ 为切削层的深度。

合理选择切削用量，就是在保证加工质量和刀具耐用度的前提下，充分发挥机床和刀具的切削性能，使切削效率最高，加工成本最低。

**(1) 切削用量对切削加工的影响**

① 切削用量对加工质量的影响。切削用量对加工质量的影响主要体现在以下方面。

a. 切削速度 $v_c$ 的影响。因为 $v_c$ 对切削温度 $\theta$ 影响最大，所以 $v_c$ 主要是通过 $\theta$ 来影响加工质量的。随着 $v_c$ 的增加，$\theta$ 上升，工件的温升变形和刀具磨损加快，使误差加大。同时，工件表面层的热应力、金相组织也发生变化，使工件表面质量下降。

b. 进给速度 $v_f$ 的影响。进给速度 $v_f$ 主要是通过已加工表面的残留面积来影响表面粗糙度的。

c. 背吃刀量 $a_p$ 的影响。$a_p$ 主要是通过切削力来影响加工质量的。随着 $a_p$ 的加大，切削力成正比地增加，工艺系统发生变形、振动等，使加工精度和表面粗糙度下降。

② 切削用量对刀具使用寿命的影响。切削用量对刀具使用寿命的影响主要体现在以下方面。

刀具耐用度 $T$ 与刀具总刃磨次数 $n$ 的乘积称为刀具寿命。它是一把刀从开始使用到完全报废所经过的切削时间。对刀具寿命的影响主要从对耐用度的影响来分析。

$v_c$、$v_f$、$a_p$ 增加时，刀具磨损加剧，耐用度降低，其中影响最大的是 $v_c$，其次是 $v_f$，影响最小的是 $a_p$。因此，贵重、精密的刀具是不宜采用高速切削和大进给量切削的。

③ 切削用量对生产效率的影响。切削用量对生产效率的影响主要体现在以下方面。

在一定的切削条件下，合理选择切削用量是提高切削效率、保证刀具耐用度和加工质量的主要手段。

**(2) 切削用量的选择原则**

① 粗加工时切削用量的选择原则。首先选取尽可能大的背吃刀量；其次要根据机床动力和刚性的限制条件等，选取尽可能大的进给量；最后根据刀具耐用度确定最佳的切削速度（主轴转速）。

② 精加工时切削用量的选择原则。首先根据粗加工后的余量确定背吃刀量；其次根据工件表面粗糙度的要求，选取较小的进给量；最后在保证刀具耐用度的前提下尽可能选取较高的切削速度（主轴转速）。

**(3) 切削用量的选择方法**

选择切削用量首先应选取背吃刀量或侧吃刀量，其次确定进给速度，最后确定切削速度。

① 背吃刀量或侧吃刀量的选择。选择背吃刀量应根据数控机床工艺系统的刚性、刀具的材料和参数及工件加工余量等来确定。若工件的精度要求不高，工艺系统的刚度又足够，则最好一次切净加工余量。若工件的精度和表面粗糙度要求较高，或工艺系统的刚度较差，则只能按先多后少的原则，采用多次走刀加工。

a. 当工件表面粗糙度要求 $Ra$ 为 $12.5\sim25\mu m$ 时，如果圆周铣削的加工余量小于 5mm，端铣的加工余量小于 6mm，则粗铣一次进给就可以达到要求。但在余量较大、工艺系统刚性较差或机床动力不足时，可分两次走刀完成。

b. 当工件表面粗糙度要求 $Ra$ 为 $3.2\sim12.5\mu m$ 时，铣削可分粗铣和半精铣两个阶段进行。粗铣时背吃刀量或侧吃刀量选取同前。粗铣时留 $0.5\sim1.0mm$ 余量，在半精铣时切除。

c. 当工件表面粗糙度值要求 $Ra$ 为 $0.8\sim3.2\mu m$ 时，铣削可分粗铣、半精铣、精铣三个阶段进行。半精铣时背吃刀量或侧吃刀量取 1.5～2.0mm；精铣时圆周铣的侧吃刀量取 0.3～0.5mm，面铣刀的背吃刀量取 0.5～1.0mm。

② 进给速度的选择。进给速度分快进（空行程进给速度）、工进（包括切入、切出和切削时的工作进给速度）的进给速度。为提高加工效率，减少空行程时间，快进的进给速度尽可能高一些，一般为机床允许的最大进给速度。工进的进给速度 $v_f$ 与铣刀转速 $n$、铣刀齿数 $z$ 及每齿进给量 $f_z$（单位为 mm/齿）的关系为 $v_f = f_z z n$。

每齿进给量 $f_z$ 主要取决于工件材料的力学性能、刀具材料、工件表面粗糙度等因素。工件材料的强度和硬度越高，$f_z$ 越小；反之则越大。硬质合金铣刀的每齿进给量高于同类高速钢铣刀。工件表面粗糙度 $Ra$ 要求越小，$f_z$ 就越小。每齿进给量的确定可参考表 2-11 选取。工件刚性差或刀具强度低时，应取小值。

表 2-11　铣刀每齿进给量 $f_z$　　　　　　　　　　　　　　　　　mm

| 工件材料 | 粗铣 | | 精铣 | |
|---|---|---|---|---|
| | 高速钢铣刀 | 硬质合金铣刀 | 高速钢铣刀 | 硬质合金铣刀 |
| 钢 | 0.10～0.15 | 0.10～0.25 | 0.02～0.05 | 0.10～0.15 |
| 铸铁 | 0.12～0.20 | 0.15～0.30 | | |

在确定工作进给速度时，要注意下面这些特殊情况。

a. 在高速进给的轮廓加工中，由于工艺系统的惯性，在轮廓的拐角处易产生"超程"（即切外凸表面时在拐角处少切了一些余量）和"过切"（即切内凹表面时在拐角处多切了一些金属而损伤了零件的表面）现象，如图 2-92 所示。避免"超程"和"过切"现象的办法是在接近拐角时减速，过了拐角后再加速，即在拐角处前后采用变化的进给速度。目前大部分数控机床都可以通过编程工艺指令来实现尖角过渡。

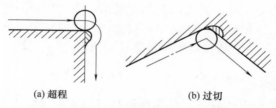

(a) 超程　　　　　　　　(b) 过切

图 2-92　拐角处的超程和过切

b. 加工圆弧段时，由于圆弧半径的影响，切削点的实际进给速度 $v_T$ 并不等于选定的刀具中心进给速度 $v_f$。由图 2-93 可知，加工外圆弧时，切削点的实际进给速度为 $v_T = \dfrac{R}{R+r}v_f$，即 $v_T < v_f$。而加工内圆弧时，由于 $v_T = \dfrac{R}{R-r}v_f$，即 $v_T < v_f$，如果 $R \approx r$，则切削点的实际进给速度将变得非常大，有可能损伤刀具或工件。因此，这时要考虑到圆弧半径对工作进给速度的影响。

③ 切削速度的选择。切削速度一般要根据已经选定的背吃刀量、进给量及刀具耐用度进行选择。可用经验公式计算，也可根据生产实践经验在机床说明书允许的切削速度范围内查表选取或者参考有关切削用量手册选用。

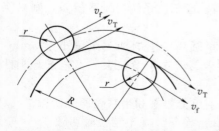

图 2-93　切削圆弧的进给速度

切削速度确定后，按式 $v_c = \pi d n / 1000$（$d$ 为切削刃上选定点处所对应的工件或刀具的回转直径，单位为 mm，$n$ 为工件或刀具的转速，单位为 r/min）计算出机床主轴转速 $n$（对有级变速的机床，须按机床说明书选择与所计算转速 $n$ 接近的转速）。

在选择切削速度时，还应考虑以下几点。

a. 加工带外皮的工件时，应适当降低切削速度。

b. 断续切削时，为减小冲击和热应力，要适当降低切削速度。

c. 加工大件、细长件和薄壁工件时，应选用较低的切削速度。

d. 在易发生振动的情况下，切削速度应避开自激振动的临界速度。

e. 应尽量避开积屑瘤产生的区域。

# 2.6　切削液的选择

在金属切削过程中，合理选择切削液，可改善工件与刀具之间的摩擦状况，降低切削力和切削温度，减轻刀具磨损，减小工件的热变形，从而达到提高刀具的耐用度、加工效率和加工质量的目的。

**(1) 切削液的作用**

① 冷却作用。切削液可迅速带走切削过程中产生的热量，降低切削区的温度。

② 润滑作用。切削液能在刀具的前、后刀面与工件之间形成一层润滑薄膜，可减少或避免刀具与工件或切屑间的直接接触，减轻摩擦和胶结程度，从而减轻刀具的磨损，提高工件表面的加工质量。

③ 清洗作用。使用切削液可以将切削过程中产生的大量切屑、金属碎片和粉末，从刀具（或砂轮）、工件上及时冲洗掉，避免切屑黏附刀具、堵塞排屑和划伤已加工表面。这一作用对于磨削、螺纹加工和深孔加工等工序尤为重要。为此，要求切削液有良好的流动性，并且在使用时有足够大的压力和流量。

④ 防锈作用。为减轻工件、刀具和机床受周围介质（如空气、水分等）的腐蚀，要求切削液具有一定的防锈作用。防锈作用的好坏，取决于切削液本身的性能和加入的防锈添加剂的品种和比例。

**(2) 切削液的种类**

① 水溶液。水溶液是以水为主要成分的切削液。水的导热性能好，冷却效果好。但单纯的水容易使金属生锈，并且润滑性能差。因此，常在水中加入一定量的防锈添加剂、表面活性物质或油性添加剂等，使其既具有良好的防锈性能，又具有一定的润滑性能。在配制水溶液时，要特别注意水质情况，如果是硬水，必须先进行软化处理。

② 乳化液。乳化液是将乳化油用95%～98%的水稀释而成，呈乳白色或半透明状。乳化液具有良好的冷却作用，但润滑、防锈性能较差。常再加入一定量的油性、极压添加剂和防锈添加剂，配制成极压乳化液或防锈乳化液。

③ 切削油。切削油的主要成分是矿物油，少数采用动植物油或复合油，纯矿物油不能在摩擦界面形成坚固的润滑膜，润滑效果较差。在实际使用中，常加入油性添加剂、极压添加剂和防锈添加剂，以提高其润滑和防锈作用。

**(3) 切削液的选用**

① 粗加工时切削液的选用。粗加工时，因加工余量大，所用切削用量大，加工过程产生大量的切削热。选用切削液根据刀具材料的不同而有所区别，当采用高速钢刀具切削时，使用切削液的主要目的是降低切削温度，减少刀具磨损。硬质合金刀具耐热性好，一般可不用切削液，必要时可采用低浓度乳化液或水溶液。但必须连续、充分地浇注，以免处于高温状态的硬质合金刀片产生巨大的内应力而出现裂纹。

② 精加工时切削液的选用。精加工时，因工件表面粗糙度值要求较小，使用切削液的主要目的是提高切削的润滑性能，从而达到降低表面粗糙度的要求。所以一般应选用润滑性能较好的切削液，如高浓度的乳化液或含极压添加剂的切削油。

③ 根据工件材料的性质选用切削液。切削塑性材料时需用切削液。切削铸铁、黄铜等脆性材料时，一般不用切削液，以免崩碎切屑黏附在机床的运动部件上。

加工高强度钢、高温合金等难加工材料时，由于切削加工处于极压润滑摩擦状态，故应选用含极压添加剂的切削液。

切削有色金属和铜、铝合金时，为了得到较高的表面质量和精度，可采用 $10\%\sim20\%$ 的乳化液、煤油或煤油与矿物油的混合物。但不能用含硫的切削液，因为硫对有色金属有腐蚀作用。切削镁合金时，不能用水溶液，以免燃烧。

在数控加工过程中，有些设备采用高压空气来代替切削液。高压空气在加工过程中主要起到冷却和清洗的作用，且具有降低生产成本，减少环境污染的优点，但使用高压空气起不到润滑和防锈的作用。

# 2.7 数控铣削加工方案的拟定

## 2.7.1 数控铣削加工工艺路线的拟定

工艺路线的拟定是制订工艺规程的关键，其主要任务是选择确定各个表面的加工方法和加工方案，确定如何划分加工阶段，确定工序集中与分散程度，确定各个表面的加工顺序和装夹方式，以及详细拟订工序的具体内容等。

### (1) 加工方法的选择

加工方法的选择原则是保证加工质量、生产率与经济性。为了正确选择加工方法，应了解各种加工方法的特点，掌握加工经济精度和经济粗糙度的概念。

① 加工经济精度及经济粗糙度。加工经济精度是指在正常的加工条件下（采用符合质量标准的设备、工艺装备及标准技术等级的工人），以最有利的时间消耗所能达到的加工精度（或表面粗糙度）。经济粗糙度的概念类同于经济精度的概念。各种典型表面的加工方法所能达到的经济精度和表面粗糙度等级均已制定表格，在机械加工工艺于册中都能查到。

表 2-12 和表 2-13 分别摘录了平面和外圆典型表面的加工方法和加工方案。

② 选择加工方法时应考虑的主要因素

a. 工件的加工精度、表面粗糙度和其他技术要求。在分析研究零件图的基础上，根据各加工表面的加工质量要求，选择合适的加工方法。例如，加工精度 IT7，表面粗糙度 $Ra=0.4\mu m$ 的外圆柱表面，通过精心车削是可以达到要求的，但不如磨削经济。

表 2-12  平面加工方法

| 序号 | 加工方法 | 经济精度<br>（公差等级） | 经济粗糙度<br>$Ra$ 值/$\mu m$ | 适用范围 |
|---|---|---|---|---|
| 1 | 粗车 | IT11～IT13 | 12.5～50 | 端面 |
| 2 | 粗车→半精车 | IT8～IT10 | 3.2～6.3 | |
| 3 | 粗车→半精车→精车 | IT7～IT8 | 0.8～1.6 | |
| 4 | 粗车→半精车→磨削 | IT6～IT8 | 0.2～0.8 | |
| 5 | 粗刨（或粗铣） | IT11～IT13 | 6.3～25 | 一般不淬硬平面（端铣表面粗糙度值较小） |
| 6 | 粗刨（或粗铣）→精刨（或精铣） | IT8～IT10 | 1.6～6.3 | |
| 7 | 粗刨（或粗铣）→精刨（或糟铣）→刮研 | IT6～IT7 | 0.1～0.8 | 精度要求较高的不淬硬平面，批量较大时宜采用宽刃方案精刨 |
| 8 | 粗刨（或粗铣）→精刨（或精铣）→宽刃精刨 | IT7 | 0.2～0.8 | |
| 9 | 粗刨（或粗铣）→精刨（或精铣）→磨削 | IT7 | 0.2～0.8 | 精度要求较高的淬硬平面或不淬硬平面 |
| 10 | 粗刨（或粗铣）→精刨（或精铣）→粗磨→精磨 | IT6～IT7 | 0.025～0.4 | |
| 11 | 粗铣→拉削 | IT7～IT9 | 0.2～0.8 | 大量生产，较小的平面，精度视拉刀精度而定 |
| 12 | 粗铣→精铣→磨削→研磨 | IT5 以上 | 0.006～0.1 | 高精度平面 |

表 2-13  外圆柱面加工方法

| 序号 | 加工方法 | 经济精度<br>（公差等级） | 经济粗糙度<br>$Ra$ 值/$\mu m$ | 适用范围 |
|---|---|---|---|---|
| 1 | 粗车 | IT11～IT13 | 12.5～50 | 适用于淬火钢以外的各种金属 |
| 2 | 粗车→半精车 | IT8～IT10 | 3.2～6.3 | |
| 3 | 粗车→半精车→精车 | IT7～IT8 | 0.8～1.6 | |
| 4 | 粗车→半精车→精车→滚压（或抛光） | IT7～IT8 | 0.025～0.2 | |
| 5 | 粗车→半精车→磨削 | IT7～IT8 | 0.4～0.8 | 主要用于淬火钢,也可用于未淬火钢,但不宜加工有色金属 |
| 6 | 粗车→半精车→粗磨→精磨 | IT6～IT7 | 0.1～0.4 | |
| 7 | 粗车→半精车→粗磨→精磨→超精加工（或轮式超精磨） | IT5 | 0.012～0.1 | |
| 8 | 粗车→半精车→槽车→精细车（金刚车） | IT6～IT7 | 0.025～0.4 | 用于要求较高的有色金属加工 |
| 9 | 粗车→半精车→粗磨→精磨→超精磨（或镜面磨） | IT5 以上 | 0.006～0.025 | 用于极高精度的外圆加工 |
| 10 | 粗车→半精车→粗磨→精磨→研磨 | IT5 以上 | 0.006～0.1 | |

b. 工件材料的性质。例如，淬火钢的精加工常用磨削；有色金属的精加工为避免磨削时堵塞砂轮，则要用高速精细车（金刚车）或精细镗（金刚镗）。

c. 工件的结构形状和尺寸大小。例如，对于加工精度为 IT7 级、表面粗糙度 $Ra=1.6\mu m$ 的孔采用镗、铰、拉或磨削等都可以；但对于箱体上同样要求的孔，常用镗孔（大孔）或铰孔（小孔），一般不采用拉孔或磨孔。

d. 结合生产类型考虑生产率和经济性。选择加工方法应与生产类型相适应。例如，平面和孔的加工，在大批大量生产中可选用高效率的拉削加工，同时加工几个表面的组合铣削和磨削等；单件小批生产时则采用刨、铣平面和钻、扩、铰孔等加工方法。避免盲目采用高效加工方法和专用设备造成经济损失。

同时大批量生产中可以采用精密毛坯，从根本上改变毛坯的形态，大大减少切削加工量。例如，用粉末冶金制造油泵齿轮；用熔模浇铸制造柴油机上的小零件。

e. 根据现有生产条件。选择加工方法时应首先考虑充分利用本厂现有设备和合理安排，同时挖掘企业潜力，发挥工人的积极性和创造性。

**（2）加工阶段的划分**

零件的加工质量要求较高时，应划分成若干个加工阶段。一般分为粗加工、半精加工和精加工三个阶段。如果加工精度和表面粗糙度要求特别高，还可增加光整加工和超精密加工阶段。

① 粗加工阶段。粗加工阶段为切除各加工表面大部分的加工余量，并作出精基准。此时零件加工精度和表面质量都较低，加工余量大，因此应采取措施尽可能提高生产率。

② 半精加工阶段。半精加工阶段是介于粗加工和精加工的切削加工过程，通过切削加工消除主要表面粗加工留下来的较大误差，为精加工作好准备（达到一定的加工精度，并保证一定的精加工余量），同时完成一些次要表面的加工（如钻孔、攻螺纹、铣键槽等）。

③ 精加工阶段。保证各主要表面达到图纸规定的质量要求。

④ 光整加工阶段。对于尺寸精度要求很高和表面粗糙度要求很细的表面，还需要进行光整加工阶段。一般不能用来提高位置精度和形状精度。

有时若毛坯余量特别大，表面极其粗糙（如自由锻），在粗加工前没有去皮加工，称为荒加工阶段，常在毛坯准备车间进行。

应当指出，加工阶段的划分是指零件加工的整个过程而言，不能以某一表面的加工或某一工序的性质来判断。同时，在具体应用时，也不可以绝对化，对有些重型零件或余量小、精度不高的零件，则可以在一次安装中完成表面的粗加工和精加工。

（3）划分加工阶段的优点

① 利于保证加工质量。工件在粗加工阶段因切削用量大，产生较大的切削力和切削热以及加工时所受较大的夹紧力，它们共同作用引起工件的变形，如不分阶段连续进行粗精加工，上述变形来不及恢复，将影响加工精度。因此，加工阶段需要分开。粗、精加工分开后，一方面各阶段之间的时间间隙相当于自然时效，有利于内应力消除；另一方面不会破坏已加工表面的质量。

② 合理使用机床设备。粗加工时可采用功率大、刚性好、精度不高的高效率机床；精加工时可采用小功率的高精度机床。划分加工阶段后，可以避免以精密设备进行粗加工，这样能充分发挥机床设备各自的性能特点，并且能延长高精度机床的使用寿命。

③ 便于安排热处理工序，使冷热加工配合得更好。例如，粗加工前可安排预备热处理．退火或正火，消除毛坯的内应力，改善零件切削加工性能；粗加工后可安排时效或调质，消除粗加工的内应力或提高零件的综合机械性能；半精加工之后安排淬火处理，淬硬后安排精加工工序。热处理引起的变形可通过后续切削加工消除。这样冷、热加工工序交替进行，配合协调，有利于保证加工质量和提高生产效率。

④ 便于及时发现毛坯缺陷。毛坯的各种缺陷如气孔、砂眼、裂纹和加工余量不足等，在粗加工后即可发现，便于及时修补或决定报废，以免后期加工才发现而造成浪费工时和制造费用。

⑤ 精加工、光整加工安排在最后，可保护精加工后的表面在搬运和夹紧中不受损伤。

（4）加工顺序的安排

复杂工件的机械加工工艺路线中，要经过切削加工、热处理和辅助工序。为确定各表面的加工顺序和工序数目，生产中已总结出一些指导性原则及具体安排中应注意的问题。因此，工件各表面的加工顺序，除依据加工阶段的划分外还应分别考虑以下因素。

① 机械加工工序的安排原则

a. 基面先行原则。用作精基准的表面，首先要加工出来。因为定位基准的表面越精确，装夹误差就越小，所以任何零件的加工总是首先对定位基准面进行粗加工和半精加工，必要时还要进行精加工。例如，车床上加工轴类零件一般先车端面打顶尖孔，然后再以两中心孔为精基准定位加工外圆、端面等各表面；对于箱体零件，总是先加工定位用的平面和两个定位孔，再以平面和定位孔为精基准加工孔系和其他平面。

零件上主要表面在精加工之前，一般还必须安排对精基准进行修整，以进一步提高定位精度。若基准不统一，则应按基准转换顺序逐步提高精度的原则安排基准面的加工。

b. 先粗后精原则。根据零件加工阶段划分的原则和依据，先安排粗加工，中间安排半精加工，最后安排精加工或光整加工。这样才能逐步提高加工表面的精度和减小表面粗糙度，这种方法尤其适用于粗精加工间需要穿插热处理工序或容易发生加工变形的薄壳类及细长零件。

c. 先主后次原则。零件的加工应先安排加工主要表面，后加工次要表面。主要表面一般为装配表面、工作表面和定位基面等重要表面，其加工精度和表面质量要求都比较高；次要表面包括自由表面、键槽、紧固用的光孔或螺纹孔表面等，其精度要求较低。由于其加工余量较少，而且又和主要表面有位置精度要求，因此一般应放在主要表面半精加工结束后，最后精加工或光整加工之前完成。例如，箱体零件中主轴孔、孔系和底平面一般是主要表面，应首先考虑它们的加工顺序；而端面和侧面可以在加工底面和顶面时一起完成，固定用的光孔和螺纹孔可安排在精加工主轴孔前加工。

d. 先面后孔原则。零件上的平面必须先加工，然后再加工孔。对于箱体、支架和连杆等工件应先加工平面后加工孔。这是因为先加工平面，安放和定位比较稳定可靠，再以平面定位加工孔，以保证平面和孔的相互位置精度。另外，由于先加工好平面，能防止孔加工时刀具引偏，使刀具的初始工作条件得到改善。

e. 先内后外原则。即先进行内腔加工工序,后进行外形加工工序。此外,在数控机床上加工零件还应适当考虑按所用刀具划分工序,即用同一把刀具加工完成所有可以加工的内容,再进行换刀加工。这种方法可以减少换刀次数,减少刀具的空行程移动量,缩短辅助加工时间,提高生产率,尤其在不具备自动换刀功能的数控机床上加工零件,可以减少不必要的定位误差,提高加工精度。

② 热处理工序的安排。热处理的目的是提高材料的力学性能,消除毛坯制造及加工过程中的内应力,改善材料的切削加工性能。根据目的不同,可以分为预备热处理和最终热处理工序。

a. 预备热处理。一般安排在机械加工粗加工前后,主要目的是改善零件的切削加工性能,消除毛坯制造和粗加工切削产生的内应力,并为最终热处理作好金相组织准备。

正火、退火:目的是消除内应力,改善加工性能,为最终热处理作准备。一般安排在粗加工之前,有时也安排在粗加工之后。

时效处理:以消除内应力、减少工件变形为目的。一般安排在粗加工之前后,对于精密零件,要进行多次时效处理。

调质:对零件淬火后再高温回火,能消除内应力、改善加工性能并能获得较好的综合力学性能。一般安排在粗加工之后进行,对一些性能要求不高的零件,调质也常作为最终热处理。

b. 最终热处理。最终热处理的主要目的是提高零件的硬度和耐磨性,一般包括淬火、回火及表面热处理(表面淬火、渗碳淬火、氮化处理、碳氮共渗)等,它应安排在精加工前后。例如,变形较大的热处理如淬火、渗碳淬火等应安排在精加工磨削前进行,以便在磨削时纠正热处理变形。变形较小或热处理层较薄的热处理如氮化等,应安排在半精磨后、精磨前进行。为消除淬火内应力,或满足零件的特殊要求,可安排低温或中温回火。

③ 辅助工序的安排。辅助工序包括检验、去毛刺、倒角、倒棱、退磁、清洗、防锈等。辅助工序也是必要的工序,若安排不当或遗漏,会给后续工序和装配带来困难,甚至影响产品质量。其中检验工序是最主要的,它对保证产品质量,防止产生废品起到重要作用。除每道工序结束操作者自检外,还必须在下列情况下安排单独的检验工序。

a. 关键工序或工时较长的工序前后。

b. 各加工阶段前后。在粗加工后精加工前,精加工后精密加工前。

c. 零件转换车间的前后,特别是热处理工序前后。

d. 零件全部加工结束之后。

e. 特种性能(磁力探伤、密封性等)检验之前。

其他辅助工序的安排应视具体情况安排。

④ 数控加工工序与普通加工工序的衔接。有些零件的加工是由普通机床和数控机床共同完成的。数控加工工序前后一般都穿插有其他普通加工工序,如衔接得不好就容易产生问题。因此,在熟悉整个加工工艺的同时,要清楚数控加工与普通加工工序各自的技术要求、加工目的和特点。例如,要不要留加工余量,留多少余量合适;定位面与孔的精度要求及形位公差是否满足要求;对校形工序的技术要求;对毛坯的热处理状态等。这样才能使各工序相互能满足加工需要,且质量目标和技术要求明确,交接验收有依据。

**(5) 工序的集中与分散**

安排好零件的加工顺序后,就可以按不同的加工阶段、加工表面的先后顺序、选用的加工方法的特点、定位基面的选择,将零件的加工工艺路线划分成若干个工序。工序的组合可采用工序集中或分散的原则,其实质是决定工艺路线中工序数目多少的问题。决定工序集中与分散的因素主要是零件的生产类型、加工精度要求、零件的结构刚性,以及工序选用机床的型号与功能。

① 工序集中。工序集中是将工件的加工集中在几个工序中进行,每道工序的加工内容较

多，工艺路线短。其有如下特点。

a. 工件安装次数减少，不仅可以缩短辅助时间，易于保证加工表面之间的相互位置精度。

b. 设备数量减少，并相应地减少操作工人人数和生产面积，缩短了工艺流程，简化了生产计划工作和生产组织工作。

c. 有利于采用高效的机床和工艺装备，提高生产率。

d. 采用的工装设备结构复杂，调整维修较困难，生产准备工作量大。

② 工序分散。工序分散是将工件的加工分散在较多的工序中进行，而每道工序的加工内容较少，最少时每道工序仅包含一简单工步。其有如下特点。

a. 设备和工艺装备比较简单，调整方便，生产适应性好，容易适应产品的变换。

b. 有利于选择最合理的切削用量，减少机动时间。

c. 设备和工艺装配数量多，操作工人多，生产面积大。

d. 对工人技术要求较低。

③ 工序集中与分散的应用。工序集中与分散各有其特点，应根据生产纲领、零件结构特点及技术要求条件和产品的发展情况等因素来综合分析。例如，大批大量生产结构较复杂的零件，适合采用工序集中的原则，可以采用改装通用设备或采用专用机床、多刀、多轴自动机床以提高生产率；对一些结构简单的产品如轴承生产，也可采用工序分散的原则。单件小批生产通常采用工序集中的原则。零件加工质量、技术要求较高时一般采用工序分散的原则，可以选用高精度机床在精加工时保证零件质量要求。对于尺寸、重量较大且不易运输和安装的零件，应采用工序集中的原则。数控机床加工零件一般采用工序集中的原则。

**(6) 机床与工艺装备的选择**

拟定加工工艺路线时，还要做好机床与工艺装备的选择工作，主要有以下方面的内容。

① 数控机床的选择。首先应根据零件的形状、尺寸、加工数量及各项技术要求，合理选用数控机床。如果是轴、盘类零件，可选用数控车床；如果是各种箱体、箱盖、盖板、壳体和平面凸轮等零件，可选用立式数控铣镗床或立式加工中心；如果是复杂曲面、叶轮和模具等零件，可选用三坐标联动数控机床；如果是复杂的箱体零件、泵体、阀体和壳体，可选用卧式数控镗铣床或卧式加工中心。设备的选择一般应考虑下列问题。

a. 机床的精度与工序要求的精度相适应。

b. 机床的规格与工件的外形尺寸、本工序的切削用量相适应。

c. 机床的生产率与被加工零件或产品的生产类型相适应。

d. 选择的设备应尽可能与工厂现有条件相适应。

② 工艺装备的选择。选择工艺装备就是确定各工序所需的刀具、夹具和量具等。

a. 夹具的选择。数控加工的特点对夹具提出了两个基本要求：一是要保证夹具的坐标方向与机床的坐标方向相对固定，二是要能协调零件与机床坐标系的尺寸。如图 2-94 所示，用立铣刀铣削零件的六边形，若采用压板机构压住工件的 A 面，则压板易与铣刀发生干涉；若压住工件的 B 面，就不影响刀具进给。如图 2-95 所示为箱体零件加工，为使其加工表面开敞，可以利用内部空间安排夹紧机构。

b. 刀具的选择。刀具的选择主要取决于各工序所采用的加工方法、加工表面尺寸、工件材料、加工精度、表面粗糙度要求、生产率和经济性等因素。因此，刀具必须具有较高的精度、刚度和耐用度，安装调整方便的特点。应尽量采用新型高效刀具，并使刀具标准化和通用化，以减少刀具的种类，便于刀具管理。同时要注重推广新型刀具材料和先进刀具。

c. 量具的选择。量具主要根据生产类型和工件的加工精度来选取。单件小批生产中，应尽量选用通用量具，如游标卡尺、百分表等；大批大量生产应采用各种量规和高效的专用检具。

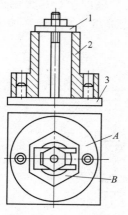

图 2-94　不影响进给的装夹实例
1—定位装置；2—工件；3—夹紧装置

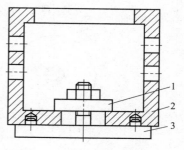

图 2-95　敞开加工表面的装夹实例
1—定位装置；2—工件；3—夹紧装置

## 2.7.2　数控铣削加工走刀路线的确定

在数控加工中，刀具相对于工件的运动轨迹和方向称为走刀路线（也称为进给路线），即刀具从对刀点开始运动起，直至加工结束所经过的路径，包括切削加工的路径及刀具引入、返回等非切削空行程。走刀路线的合理选择是非常重要的，因为它与被加工零件的尺寸精度和表面质量密切相关。

确定进给路线时，要在保证被加工零件获得良好的加工精度和表面质量的前提下，力求计算容易，走刀路线短，空刀时间少。进给路线的确定与工件表面状况、要求的零件表面质量、机床进给机构的间隙、刀具耐用度以及零件轮廓形状等有关。

**（1）确定铣削进给路线应考虑的主要问题**

① 铣削零件表面时，要正确选用铣削方式（顺铣/逆铣）。

② 进给路线尽量短，以减少加工时间，提高效率。

③ 进刀、退刀位置应选在零件不太重要的部位，并且使刀具沿零件的切线方向进刀、退刀，以避免产生刀痕。

④ 先加工外轮廓，后加工内轮廓。

**（2）平面轮廓的进给路线**

平面轮廓表面多由直线和圆弧或各种曲线构成，常用两坐标联动的三坐标铣床加工，铣削时需要安排好刀具的切入切出进给路线，切入点、切出点尽量选在工件轮廓的切线上，必要时可以增加一段直线或圆弧，保证切入、切出的平稳。相反，若铣刀沿法向直接切入零件，就会在零件外形上留下明显的刀痕。加工中要尽量避免进给中途停顿，因为加工过程中零件、刀具、夹具、机床工艺系统在弹性变形状态下平衡，若进给停顿则切削力会减小，切削力的突变就会使零件表面产生变形，在零件表面留下凹痕。

① 铣削外轮廓的进给路线。为避免因切削力变化在加工表面产生刻痕，当用立铣刀铣削外轮廓平面时，应避免刀具沿零件外轮廓的法向切入、切出，而应沿切削起始点延伸线或切线方向［见图 2-96（a）］逐渐切入、切离工件。

② 铣削内轮廓的进给路线。铣削内表面轮廓时，若切入、切出无法外延，则铣刀只能沿法线方向切入和切出，此时，切入点、切出点应选在零件轮廓的两个几何元素的交点上。若内部亦没有交点，则从远离拐角的任意点切入、切出。当铣削封闭的内圆轮廓时，为避免沿轮廓曲线的法向切入、切出，刀具可以沿一过渡圆弧切入和切出工件轮廓。如图 2-96（b）所示为铣削内轮廓的进给路线。图中 $R_1$ 为零件圆弧轮廓半径，$R_2$ 为过渡圆弧半径。

③ 铣削内槽的进给路线。所谓内槽，是指以封闭曲线为边界的平底凹槽。这种内槽用平底立铣刀或键槽铣刀加工，刀具圆角半径应符合内槽的图纸要求。进给路线不一样，加工结果也不一样。如图 2-97 所示是用键槽铣刀加工内凹槽的三种进给路线。

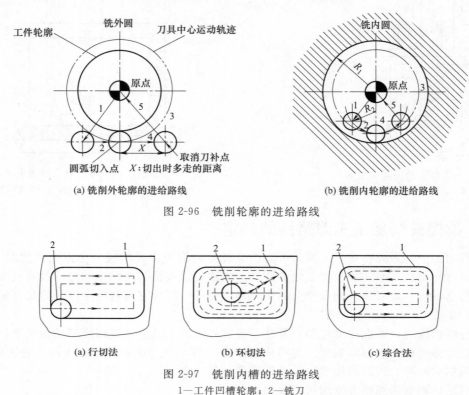

图 2-96　铣削轮廓的进给路线

(a) 铣削外轮廓的进给路线　　　　　(b) 铣削内轮廓的进给路线

图 2-97　铣削内槽的进给路线
1—工件凹槽轮廓；2—铣刀

a. 行切法。从槽的一边一行一行地切到槽的另一边 [见图 2-97 (a)]。其特点是进给路线短，不留死角，不伤轮廓，减少了重复进给的搭接量，但在每两次进给的起点与终点间留下了残留面积，降低了表面粗糙度。

b. 环切法。从槽的中间逐次向外扩展进行环形走刀，直至切完全部余量 [见图 2-97 (b)]。其特点是表面粗糙度好于行切法，但进给路线比行切法长，在编程时刀位点的计算较复杂。

c. 综合法。先用行切法去除中间大部分余量，然后用环切法沿四槽的周边轮廓环切一刀 [见图 2-97 (c)]。其特点是综合了行切法、环切法的优点，既能使总的进给路线较短，又能获得较好的表面粗糙度。

**(3) 曲面轮廓的进给路线**

加工边界敞开的三维曲面，可根据曲面形状、精度要求、刀具形状等情况，常采用两轴半坐标联动或三坐标联动的方法进行行切加工。

用球头铣刀对三维曲面进行行切加工时，先时一行一行地加工曲面，每加工完一行，铣刀要沿一个坐标方向移动一个行距，直至将整个曲面加工出为止，如图 2-98 所示。用三坐标联动加工时，球头铣刀沿着曲面一行一行自动连续切削，最后获得整张曲面 [见图 2-98 (a)]；用两轴半联动加工时，相当于将被加工曲面切成许多薄片，由两坐标联动切削一行就相当于加工出一个平面曲线轮廓的薄片，每加工完一行后，铣刀沿某一坐标进行周期进给移动一个行距，直至加工好整个曲面 [见图 2-98 (b)]。

**(4) 加工中心进给路线的确定**

加工中心是一种集铣、镗、钻、扩、铰、攻螺纹和切螺纹等多种加工于一体，具有刀库和

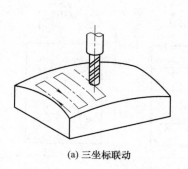
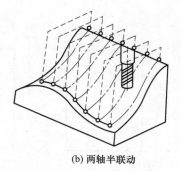

(a) 三坐标联动       (b) 两轴半联动

图 2-98　曲面的行切加工

自动换刀装置的数控机床。在加工中心加工时，刀具的进给路线包括铣削加工路线和孔加工路线，因此，前述的数控铣削进给路线的确定原则同样适用于加工中心，此外，其在孔加工及 $Z$ 向铣削槽及轮廓时，还应符合以下进给路线要求。

1）孔加工的进给路线

对于加工孔时，将刀具在 $xy$ 平面内迅速、准确地运动到孔中心线位置，然后再沿 $Z$ 向运动进行加工。因此，孔加工进给路线的确定包括以下内容。

① 在 $xy$ 平面内的进给路线。加工孔时，刀具在 $xy$ 平面内属点位运动，因此确定进给路线时主要考虑定位要迅速、准确。

a. 定位要迅速。也就是在刀具不与工件、夹具和机床碰撞的前提下空行程时间尽可能短。如加工如图 2-99（a）所示零件，如图 2-99（b）所示进给路线比如图 2-99（c）所示进给路线节省定位时间近一半。这是因为点位运动通常是沿 $x$、$y$ 坐标轴方向同时快速移动的，当 $x$、$y$ 轴各自移动距离不同时，短移距方向的运动先停，待长移距方向的运动停止后刀具才达到目标位置。如图 2-99（b）所示路线沿两轴方向的移距接近，因此定位过程迅速。

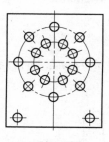 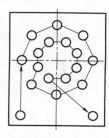 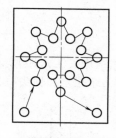

(a) 孔加工零件     (b) 进给路线设计方案1     (c) 进给路线设计方案2

图 2-99　最短进给路线设计示例

b. 定位要准确。就是要确保孔的位置精度，避免受机械进给系统反向间隙的影响，如图 2-100 所示。按如图 2-100（b）所示路线加工，$y$ 向反向间隙会使误差增加，从而影响3、4孔与其他孔的位置精度；按如图 2-100（c）所示路线加工，可避免反向间隙的带入。

通常定位迅速和定位准确有时难以同时满足，上述图 2-99（b）是按最短路线进给的，满足了定位迅速，但因不是从同一方向趋近目标的，故难以做到定位准确；图 2-100（c）是从同一方向趋近目标位置的，满足了定位准确，但又非最短路线，没有满足定位迅速的要求。因此，在具体加工中应抓主要矛盾，若按最短路线进给能保证位置精度，则取最短路线；反之，应取能保证定位准确的路线。

② $Z$ 向（轴向）的进给路线。为缩短刀具的空行程时间，$Z$ 向的进给分快进（即快速接近工件）和工进（工作进给）。刀具在开始加工前，要快速运动到距待加工表面一定距离（切入距离）的 $R$ 平面上，然后才能以工作进给速度进行切削加工。如图 2-101（a）所示为加工

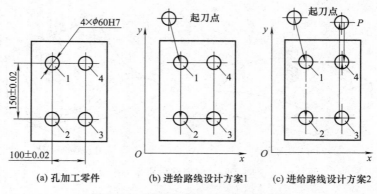

(a) 孔加工零件　　　(b) 进给路线设计方案1　　　(c) 进给路线设计方案2

图 2-100　准确定位进给路线设计示例

单孔时刀具的进给路线（进给距离）。加工多孔时，为减少刀具空行程时间，切完前一个孔后，刀具只需退到 $R$ 平面即可沿 $x$、$y$ 坐标轴方向快速移动到下一孔位，其进给路线如图 2-101（b）所示。

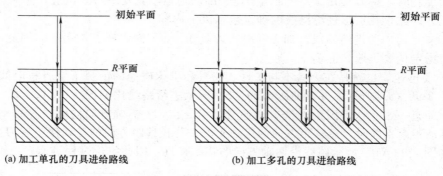

(a) 加工单孔的刀具进给路线　　　　　　(b) 加工多孔的刀具进给路线

图 2-101　刀具 $Z$ 向进给路线

——→：快进路线　----→：工进路线

在工作进给路线中，工进距离 $Z_F$ 除包括被加工孔的深度 $H$ 外，还应包括切入距离 $Z_a$、切出距离 $Z_o$（加工通孔）和钻尖（顶角）长度 $T_t$，如图 2-102 所示。

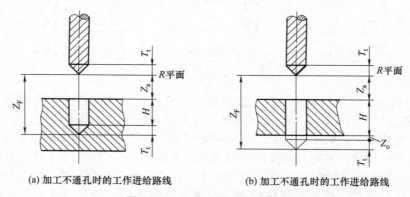

(a) 加工不通孔时的工作进给路线　　　　　(b) 加工不通孔时的工作进给路线

图 2-102　工作进给距离计算图

2）铣削加工时的 $Z$ 向进给路线

当使用加工中心利用 $Z$ 轴方向的进给路线进行铣削加工时，其进给路线还应符合以下要求。如图 2-103 所示，铣削在 $Z$ 向的进给路线分三种情况。

① 铣开口槽时，铣刀在 $Z$ 向直接快速移动到位，无工进，如图 2-103（a）所示。

② 铣封闭槽（如键槽）时，铣刀在 $Z$ 向需有一切入距离 $Z_a$ 先快进到切入位置，然后再工进至切深，如图 2-103（b）所示。

③ 铣 $Z$ 向通槽及工件轮廓时，铣刀在 $Z$ 向需有一切出距离 $Z_o$ 可直接快速移动到切出位置上，如图 2-103（c）所示。

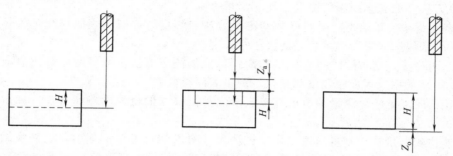

(a) 铣削开口槽的Z向进给路线　　(b) 铣削封闭槽的Z向进给路线　　(c) 铣削轮廓及通槽的Z向进给路线

图 2-103　铣刀在 $Z$ 向的进给路线

有关铣削加工切入、切出距离的经验数据如表 2-14 所示。

表 2-14　刀具切入、切出距离经验数据　　　　　　　　　　mm

| 加工方式 表面状态 | 已加工表面 | 毛坯表面 | 加工方式 表面状态 | 已加工表面 | 毛坯表面 |
|---|---|---|---|---|---|
| 钻孔 | 2～3 | 5～8 | 铰孔 | 3～5 | 5～8 |
| 扩孔 | 3～5 | 5～8 | 铣削 | 3～5 | 5～10 |
| 镗孔 | 3～5 | 5～8 | 攻螺纹 | 5～10 | 5～10 |

# 2.8　量具与测量

尽管数控铣削具有加工精度高、自动化程度高且产品质量稳定的特点，但作为保证及控制产品加工品质的重要手段之一，对其所加工的零件进行检测也是必不可少的。此外，在零件加工过程中，不但应严格按照图样规定的形状、尺寸和其他的技术要求加工，而且要随时用测量器具对工件进行测量，以便及时了解加工状况并指导加工，以保证工件的加工精度和质量。所以不断地提高加工者的测量技术水平，使之能正确、合理地使用测量器具，在测量过程中得到准确的测量结果，是保证产品质量和提高生产效率的基本环节。

## 2.8.1　测量的概念及测量器具的选择

测量是为确定"量值"而进行的一系列实验操作过程。正确的测量，保证测量数值的精准是保证尺寸加工精度的重要因素之一。

**（1）测量方法**

测量方法指在进行测量时，所采用的计量器具和测量条件的综合。

根据被测对象的特点，如精度、长短、轻重、材质、数量等来确定所用计量器具。并研究分析被测参数特点和它与其他参数的关系，来确定最合适的测量方法及测量条件。总的说来，测量方法主要有以下几种。

① 直接测量法。不必对被测的量与其他实测的量进行函数关系的辅助计算，而直接得到被测量值的测量方法。例如用游标卡尺、外径千分尺测量轴颈，用万能角度尺测量角度等。此法简单、直观，无需进行计算。

② 间接测量法。是通过测量与被测量有已知函数关系的其他量，通过辅助计算来得到被

测量值的测量方法。例如用正弦规测量锥体的锥度，用"三针"测量螺纹中径等。

③ 接触测量法。测量仪器的测量头与工件的被测表面直接接触，并有机械作用的测力存在的测量方法。

④ 不接触测量法。测量仪器的测量头与工作的被测表面不直接接触，且没有机械的测力存在的测量方法。如光学投影仪测量、气动测量等。

⑤ 静态测量法。量值不随时间变化的测量方法。测量时，被测表面与测量头是相对静止的。如用"公法线千分尺"测量齿轮的公法线长度。

⑥ 动态测量法。是对随时间变化量的瞬间量值的测量方法。测量时，被测表面与测量头有相对运动。例如用"表面粗糙度测量仪"测量表面粗糙度。

⑦ 直接比较测量法。测量示值可直接表示出被测尺寸的全值的测量方法。如游标卡尺测量轴的直径。

⑧ 微差比较测量法。测量示值仅表示被测尺寸对已知标准量的偏差，而测量结果为已知标准量与测量示值的代数和的测量方法。如用比较仪测量轴的直径。

⑨ 综合测量法。同时测量工件上的几个有关参数，进而综合判断工件是否合格的测量方法。如用螺纹量规检验螺纹零件。

⑩ 单项测量法。单个地、彼此没有联系地测量工件的单项参数的测量方法。如分别测量螺纹的中径、螺距和半角等。

**（2）测量的准确度**

测量准确度是指测量结果与真值的一致程度。在测量时，无论采用什么测量方法和多么精密的测量器具，其测量结果总会存在测量误差。不同人在不同的测量器具上测同一零件上的同一部位，测量结果会不相同。即使同一个人用同一台测量器具，在同样条件下多次重复测量，所获得的测量结果，也不会完全相同。这就是因为任何测量都不可避免地存在着测量误差。

**（3）测量误差**

由于测量器具、测量方法、人员素质等众多原因，造成测量结果不可避免地存在着误差。因此，任何测量结果都不是被测值的真值。测量精度和测量误差是两个相对的概念。误差是不准确的意思，即指测量结果离开真值的程度。

① 测量误差的表示方法。测量误差可用绝对误差和相对误差来表示。

a. 绝对误差。绝对误差是测量结果与被测量约定真值之差。可用下式表示：

$$\Delta = x - \mu_0$$

式中　　$\Delta$——测量绝对误差；

　　　　$x$——测量结果；

　　　　$\mu_0$——约定真值。

测量绝对误差 $\Delta$ 是代数值。它可是正值、负值或零。

测量绝对误差 $\Delta$ 值的大小表示了测量的准确程度。$\Delta$ 值越大，表示测量的准确度越低；反之，$\Delta$ 值越小，则表示测量的准确越高。

b. 相对误差。相对误差是指测量绝对误差的绝对值与被测量的约定真值之比。可用下式表示：

$$\varepsilon = \frac{|\Delta|}{\mu_0} \times 100\%$$

式中　　$\varepsilon$——相对误差。

当被测量的基本尺寸相同时，可用测量绝对误差大小来比较测量准确度的高低。而当被测量的基本尺寸不同时，则需用相对误差的大小来比较测量准确度的高低。

相对误差不是一个确定的数值，通常用百分数（%）表示。

如对 $\phi$40mm 的轴颈，其测量的绝对误差为 +0.002mm；$\phi$400mm 的轴颈测量的绝对误差为+0.01mm。要比较两轴颈测量准确度，可利用相对误差进行。

由于 $\varepsilon_1 = \dfrac{|\Delta_1|}{\mu_{01}} \times 100\% = \dfrac{|1+0.02|}{40} \times 100\% = 0.05\%$

$\varepsilon_2 = \dfrac{|\Delta_2|}{\mu_{02}} \times 100\% = \dfrac{|1+0.01|}{400} \times 100\% = 0.0025\%$

因 $\varepsilon_1 > \varepsilon_2$，所以对 400mm 轴颈的测量准确度高。

② 测量误差的来源。测量误差的来源是多方面的。在测量过程中的所有因素几乎都会引起测量误差。在与测量过程有密切关系的基准件、测量方法、测量器具、调整误差、环境条件及测量人员等各种因素都会引起误差。

③ 测量误差的分类。根据测量误差出现的规律，可将测量误差分成三种基本类型，即：系统误差、随机误差和粗大误差。

a. 系统误差。系统误差是在对同一被测量的多次测量过程中，保持恒定或以可预知方式变化的测量误差分量。前者属于定值系统误差，后者是变值系统误差。例如千分尺在使用前应调零位，若零位未调准，将引起定值系统误差。又如分度盘偏心引起的角度测量误差，是按正弦规律变化的变值系统误差。

在测量中一般不允许存在系统误差。若有了系统误差则应设法消除或减小，以提高测量结果的准确度。消除或减小系统误差的主要方法有以下几种。

第一种，找出产生系统误差的原因，经重新调整等手段设法消除。

第二种，修正法。通过改变测量条件，用更精确的测量器具进行对比实验，发现定值系统误差，取其相反符号作为其正值，以此对原测量结果进而修正。

第三种，两次读数法。对同一被测量部位取两次测得值的平均值作为测量结果。

b. 随机误差。在相同条件下，多次测量同一量值时，以不可知方式变化的测量误差的分量。在同一测量条件下，多次、重复测量某一被测量时，对每一次测量结果的误差其绝对值和正负号均不可预测，且变化不定。但就整体来看，当以足够多的次数重复测量时，这些误差符合统计规律。因此常用概率论和统计原理对它进行处理。

随机误差是由测量过程中未加控制又不起显著作用的多种随机因素引起的。这些随机因素包括温度的变动，测量力的变化，仪器中油膜的变化及视差等。随机误差是难以消除的，但可估算随机误差对测量结果的影响程度，并通过对测量数据的技术处理来减小对测量结果的影响。

c. 粗大误差。粗大误差是指明显超出规定条件下预期的误差。粗大误差又称过失误差。它是由某些不正常的因素造成的，如：工作疏忽、经验不足、错读错记或环境条件反常突变，如振动、冲击等引起的。

粗大误差对测量结果影响极大，所以在进行误差分析时，必须从测量数据中剔除。在单次测量中为判断和消除粗大误差，可采取重复测量、改变测量方法或在不同仪器上测量等。在多次重复测量中，凡误差大于平均误差 3 倍的就认为是粗大误差，则予以剔除。

**(4) 测量器具的选择**

在机械制造中计量器具的选择主要取决于测量器具的技术指标和经济指标。选择测量器具主要由被测件的特点、要求等具体情况而定，应综合考虑以下几个问题。

a. 被测件的测量项目。根据被测件的不同要求，有各种测量项目，如：长度、直径、角度、螺纹、间隙等。必须根据测量项目来选择相应的测量器具。

b. 被测件的特点。根据被测件的结构形状、被测部位、尺寸大小、材料、重量、刚度、表面粗糙度等来选用相适应的测量器具。

c. 被测件的尺寸公差。根据被测件的尺寸公差，选择精度相适应的测量器具是非常重要的，测量器具的精度偏高或偏低都不合理。考虑到测量器具的误差将会带入工件的测量结果中，因此选择的测量器具其允许的极限误差应当小。但测量器具的极限误差愈小，其价格就愈高，对使用时的环境条件和测量人员的要求也愈高。

d. 被测件的批量。根据工件的生产批量不同，来选择相应的测量器具。对单件小批量生产，要以通用测量器具为主；对成批多量生产，要以专用测量器具为主；而对大批大量生产，则应选用高效机械化或自动化的专用测量器具。

综合上述，测量器具的选择是个综合性问题，要全面考虑被测件要求、经济效果、工厂的实际条件及测量人员的技术水平等各方面情况，进行具体分析，合理地选择测量器具。

通常测量器具的选择可根据标准（如 GB/T 3177—1996《光滑工件尺寸的检验》）进行。对于没有标准的其他工件检测用的测量器具，应使所选用的测量器具的极限误差约占被测工件公差的 1/10~1/3。其中，对高精度的工件采用 1/10，对低精度的工件采用 1/3 甚至 1/2。

**(5) 测量基准与定位方式选择**

① 测量基准选择。测量基准是用来测量已加工面尺寸及位置的基准。选择测量基准必须遵守基准统一的原则：即设计基准、定位基准、装配基准与测量基准应统一。

当基准不统一时，应遵守下列原则。

a. 在工序检验时，测量基准应与定位基准一致。

b. 在最终检验时，测量基准应与装配基准一致。

② 定位方式选择。根据被测件的结构形式及几何形状选择定位方式。选择原则如下。

a. 对平面可用平面或三点支承定位。

b. 对球面可用平面或 V 形块定位。

c. 对外圆柱面可用 V 形块或顶尖、三爪定心卡盘定位。

d. 对内圆柱面可用心轴或内三爪自动定心卡盘定位。

## 2.8.2 数控铣工常用测量器具的使用

数控铣削加工的零件精度一般都较高，因此，其所使用的测量器具大多为精密仪器，常用的测量器具及其使用方法主要有以下方面的内容。

**(1) 游标卡尺**

对于尺寸测量精度要求较高的工件，可用游标卡尺测量，如图 2-104 所示。

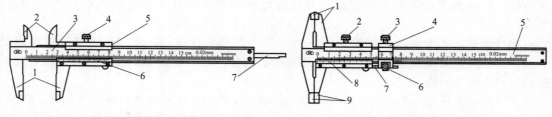

(a) 三用游标卡尺的结构

1—外测量爪；2—刀口内测量爪；3—尺身；
4—紧固螺钉；5—尺框；6—游标；7—测深杆

(b) 双面游标卡尺的结构

1—刀口外测量爪；2—紧固螺钉；3—螺钉；4—微动装置；
5—尺身；6—螺母；7—螺杆；8—游标；9—内、外测量爪

图 2-104  游标卡尺

1）游标卡尺的作用

游标卡尺主要用于测量各种工件的内径、外径、孔距、深度、宽度、厚度，其测量使用方法参见图 2-105、图 2-106。

2）游标卡尺读数方法

一般应分三步。

① 读出游标尺上"0"刻度线所对齐的尺身上刻度线的整数值（单位为 mm），如图 2-107

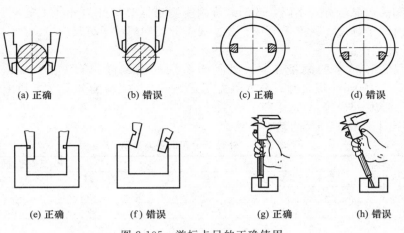

(a) 正确　　(b) 错误　　(c) 正确　　(d) 错误

(e) 正确　　(f) 错误　　(g) 正确　　(h) 错误

图 2-105　游标卡尺的正确使用

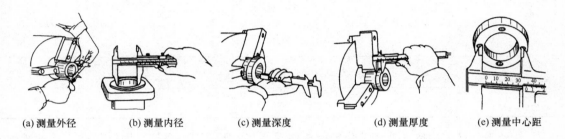

(a) 测量外径　　(b) 测量内径　　(c) 测量深度　　(d) 测量厚度　　(e) 测量中心距

图 2-106　游标卡尺的使用方法

所示下方的刻度线放大图中所示的"31mm"。

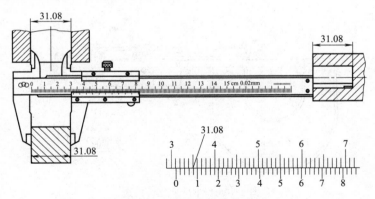

图 2-107　游标卡尺读数示例

② 观察游标尺上的刻度线，找到与尺身刻度线对准的游标刻度线，读出该刻度线的小数值（单位为 mm）。如图 2-107 下方的刻度线放大图中所示的"0"刻度线右边第 4 根游标刻度线与尺身刻度线是对准的，第 4 根游标刻度线应为"0.08mm"（该游标刻度每小格为 0.02mm）。

③ 将整数值和小数值相加，即为被测工件的实际尺寸，如图 2-107 所示的实际尺寸为 31+0.08=31.08（mm）。

**（2）微动螺旋副式测量仪的结构及使用方法**

微动螺旋副类测量器具在机械制造业中应用广泛。其结构形式多种多样，都是利用螺旋副传动原理，把螺杆的旋转运动变换成直线位移来进行测量的，测量准确度较高。

根据用途和读数显示方式不同，微动螺旋副类测量器具可分为外径千分尺、内径千分尺、杠杆千分尺、内测千分尺、深度千分尺、公法线千分尺和螺纹千分尺等。

1）外径千分尺

外径千分尺是较精密的测量工具，外径千分尺的测量范围有 $0\sim25mm$、$25\sim50mm$、$50\sim75mm$ 和 $75\sim100mm$ 等多种，分度值为 0.01mm，制造精度分为 0 级和 1 级两种。可用于测量长、宽、厚及外径等。

表 2-15 给出了外径千分尺的基本参数。

表 2-15　外径千分尺的基本参数　　　　　　　　　　　　　　　mm

| 测量范围 | 示值误差 | | 两测量面平行度 | |
|---|---|---|---|---|
| | 0 级 | 1 级 | 0 级 | 1 级 |
| 0～25 | ±0.002 | ±0.004 | 0.001 | 0.002 |
| 25～50 | ±0.002 | ±0.004 | 0.0012 | 0.0025 |
| 50～75<br>75～100 | ±0.002 | ±0.004 | 0.0015 | 0.003 |
| 100～125<br>125～150 | — | ±0.005 | — | — |
| 150～175<br>175～200 | — | ±0.006 | — | — |
| 200～225<br>225～250 | — | ±0.007 | — | — |
| 250～275<br>275～300 | — | ±0.007 | | |

① 外径千分尺的构造。外径千分尺构造如图 2-108 所示，由弓架、固定量砧、活动测轴、固定套筒和转筒等组成。固定套筒和转筒是带有刻度的主尺和副尺。活动测轴的另一端是螺杆，与转筒紧固为一体，其调节范围在 25mm 以内，所以从零开始，每增加 25mm 为一种规格。

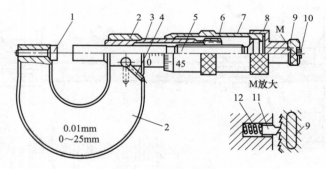

图 2-108　外径千分尺构造

1—固定量砧；2—弓架；3—固定套筒；4—偏心锁紧手柄；5—活动测轴；
6—调节螺母；7—转筒；8—端盖；9—棘轮；10—螺钉；11—销子；12—弹簧

② 测量尺寸的读法。外径千分尺的工作原理是根据螺母和螺杆的相对运动而来的。螺母和螺杆配合，如果螺母固定而拧动螺杆，则螺杆在旋转的同时还有轴向位移，螺杆旋转一周，轴向位移一个螺距，如果旋转 1/50 周，轴向位移就等于螺距的 1/50。

固定套筒上 25mm 长有 50 个小格，一格等于 0.5mm，正好等于活动测轴另一端螺杆的螺距。转筒沿圆周等分成 50 个小格，则转筒一小格固定套筒轴向移动 0.01mm，因此可从转筒上读出小数，读法是：

工件尺寸＝固定套筒格数×1/2＋活动套筒格数×0.01

如图 2-109 所示，固定套筒 11 格，转筒 23 格，工件尺寸＝11×1/2＋23×0.01＝5.73mm。

③ 外径千分尺的使用。使用前检查固定套筒中线和转筒零线是否重合。测量范围 0~25mm 的千分尺是将固定量砧和活动测轴两测量面贴近，若测量范围大于 25mm 的千分尺，应将检验棒置于两测量面之间。如中线与零线重合，千分尺可以使用，如不重合，应扭动转筒进行调整。

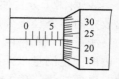

图 2-109　千分尺的读法

测量时，应先将千分尺的两测量面擦拭干净，还要将测量工件的毛刺去掉并擦净，一般左手拿千分尺的弓架，右手拧动转筒，当两测量面与工件接触后，右手开始旋转棘轮，出现空转，发出"咔咔"响声，即可读出尺寸。读数时，最好不要从被测件上取下千分尺，如果要取下，则应将锁紧手把锁上，然后才可从被测件上取下千分尺，参见图 2-110（a）；对于小工件测量，可用支架固定住千分尺，左手拿工件，右手拧动转筒，参见图 2-110（b）。

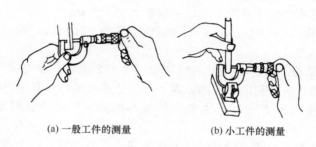

(a) 一般工件的测量　　　　　(b) 小工件的测量

图 2-110　外径千分尺的测量

④ 外径千分尺的合理选用。测量不同精度等级的工件要选用相应的精度等级（0 级、1 级和 2 级）的千分尺进行测量，外径千分尺的适用范围可按表 2-16 选用。

表 2-16　外径千分尺的适用范围

| 级别 | 适用范围 | 合理使用范围 |
| --- | --- | --- |
| 0 级 | IT6~IT16 | IT6~IT7 |
| 1 级 | IT7~IT16 | IT7~IT8 |
| 2 级 | IT8~IT16 | IT8~IT9 |

2）内测千分尺

内测千分尺具有两个圆弧测量面，适用于测量内尺寸。可测量中小尺寸孔径、槽宽等内尺寸。内测千分尺分度值为 0.01mm，测微螺杆螺距为 0.5mm，量程为 25mm，测量范围至 150mm。由于内测千分尺容易找正工件的内孔直径，使用方便，比卡尺测量准确度高。

① 内测千分尺的结构。内测千分尺的结构形式如图 2-111 所示。它由两个带外圆弧测量面的测量爪、固定套管、微分筒、测力装置和锁紧装置构成。

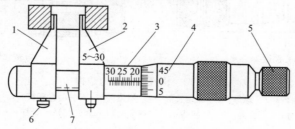

图 2-111　内测千分尺的结构形式

1—固定测量爪；2—活动测量爪；3—固定套管；4—微分筒；5—测力装置；6—锁紧装置；7—导向套

② 内测千分尺的工作原理。内测千分尺的工作原理与外径千分尺相同。转动微分筒，通过测微螺杆使活动测量爪沿着轴向移动，通过两个测量爪的测量面分开的距离进行测量。

③ 内测千分尺使用方法。内测千分尺的读数方法与外径千分尺相同。但它的测量方向和读数方向与外径千分尺相反，注意不要读错。

测量时，先将两个测量爪的测量面之间的距离调整到比被测内尺寸稍小，然后用左手扶住左边的固定测量爪并抵在被测表面上不动；右手按顺时针方向慢慢转动测力装置，并轻微摆动，以便选择正确的测量位置，再进行读数。

校对零位时，应使用检验合格的标准量规或量块，而不能用外径千分尺。

测量时不允许把两个测量爪当作固定卡规使用。

3）内径千分尺

内径千分尺是利用螺旋副原理，对主体两端球形测量面间分开的距离进行读数的内尺寸测量器具。

内径千分尺可测量工件的孔径、槽宽、两个内端面之间的距离等内尺寸。由于内径千分尺的主体较长，所以被测的内尺寸不能太小，一般要大于50mm。

内径千分尺分度值为 0.01mm，测微螺杆量程为 13.25mm 和 50mm，测量范围为 50～500mm。

① 内径千分尺的结构。内径千分尺的结构如图 2-112 所示，主要由测微头和各种尺寸的接长杆组成。其中：测微头是利用螺旋副原理，对测微螺杆轴向位移量进行读数，并备有安装部位与接长杆连接。测微头结构与外径千分尺基本相同，只是没有尺架和测力装置，如图 2-112（a）所示。

旋转微分筒、活动测头在转动的同时沿着轴向移动。通过固定测头和活动测头两个测量面之间的距离变化，进行内尺寸的测量。其读数方法与外径千分尺相同。

活动测头的移动量较小，为了扩大测量范围，可连接不同长度尺寸的接长杆，如图 2-112（b）所示。

接长杆内有一量杆12，平时不用时，靠弹簧10将量杆推向右端，被管接头9挡住，这时量杆的两端都不外露，起保护作用。需要接长时，先拧下测微头左端螺母2，将接长杆带有内螺纹的右端旋在测微头固定套管的左端上。此时固定测头1把量杆12向左边顶，使量杆的另一端伸出来，即可进行测量。然后把螺母2拧到接长杆左端的管接头9上，用作保护。

把几根接长杆连接起来，测量范围就大多了。内径千分尺与接长杆是成套供应的。每套内径千分尺带多少根接长杆，与它的测量范围有关。

每套内径千分尺还附有校对卡板。用于校对测量头的零位。

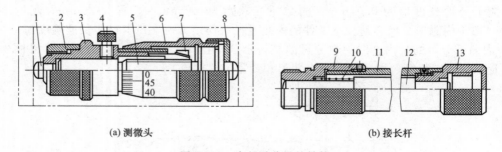

(a) 测微头　　　　　　　　　　　(b) 接长杆

图 2-112　内径千分尺的结构

1—固定测头；2—螺母；3—固定套管；4—锁紧装置；5—测微螺杆；6—微分筒；
7—调节螺母；8—后盖；9—管接头；10—弹簧；11—套管；12—量杆；13—管接头

② 内径千分尺使用方法。使用内径千分尺前，要校对、检查零位。把测微头放在校对卡板两个测量面之间（图 2-113），用左手把固定测头压到校对卡板的测量面上，用右手轻微晃动测微头，并同时慢慢轻动微分筒，找出校对卡板两测量面之间的最小距离，然后用锁紧装置把测微螺杆锁住，然后取下测微头进行读数。若与校对卡板的实际尺寸相符，说明零位准。如

果零位不准则需调整。其方法是：拧松后盖8，旋转微分筒，使之对零，然后再拧紧后盖。

测量时，先将内径千分尺调整到比被测孔径略小一点，然后放入被测孔内。左手拿住固定套管或接长杆套管，把固定测头轻轻压在被测孔壁上不动；用右手慢慢转动微分筒，同时让活动测头沿着被测件的孔壁，在轴向及圆周方向上稍微摆动，直到在轴向找出最小值和在径向找出最大值为止，才能得到较准确的测量结果。

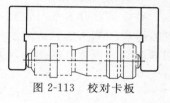

图 2-113　校对卡板

对于长孔，应分别在几个不同的轴向截面上进行测量。而且在每个截面内，还应在相互垂直的方向上进行测量。

测量曲面时，注意被测面的曲率半径不得小于测头球面半径。

要连接接长杆进行测量时，应使接长杆的数量越少越好，以减少累积误差。连接接长杆时，应按尺寸长短的顺序来排列：把最长的接长杆先与测微头连接，把最短的接长杆放在最后。不要忘记把保护螺母拧到最后一个接长杆上。

测量时注意防止手温等温度因素的影响。特别是大尺寸的内径千分尺受温度变化的影响显著。

接长后的大尺寸内径千分尺，测量时可用两点支承。支承点到两端距取全长的 0.2，可使变形量最小。

测量时，不允许把内径千分尺用力压入被测件内，以免细长的接长杆弯曲变形。

大型内径千分尺用毕注意垫平放置或垂直吊挂，以免变形。

使用内径千分尺的技术较难掌握，测力大小全凭感觉来控制，而且在被测件中也难找到正确测量位置。要想提高测量准确度，应不断提高操作水平，积累测量经验。

**（3）百分表的结构及使用方法**

百分表有多种多样，图 2-114 是常用的一种，称为钟表式百分表，它是检查工件的尺寸、形状和位置偏差的重要量具。既可用于机械零件的绝对测量和比较测量，也能在某些机床或测量装置中作定位和指示用。

1）百分表的工作原理

各种百分表都有表盘、指针指示。被测件触动百分表的测量头，然后经过百分表内的齿轮放大机构放大行程，再转动指针。根据这个原理使测头的微小直线位移，变成指针顶端的较大的圆周位移，借助表盘刻度读出测头的直线位移数值。通常表盘4上的圆周等分为100格，放大比例是测头每位移0.01mm指针转动一格，所以百分表的测量精度为0.01mm。

2）百分表的技术参数

百分表的示值范围有 0～3mm、0～5mm 和 0～10mm 三种。百分表的制造精度分为 0级、1级和 2级三等。

表 2-17 给出了百分表的基本参数。

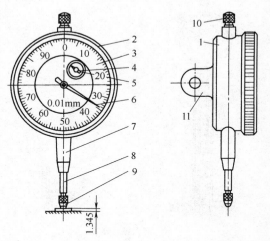

图 2-114　钟表式百分表

1—表体；2—表圈；3—表盘；4—转数指示盘；
5—转数指针；6—主指针；7—轴套；8—测量杆；
9—测量头；10—挡帽；11—耳环

表 2-17　百分表的基本参数　　　　　　　　　　　　mm

| 精度等级 | 示值误差 | | | 适用范围 |
| --- | --- | --- | --- | --- |
| | 0～3 | 0～5 | 0～10 | |
| 0 级 | 0.009 | 0.011 | 0.014 | IT6～IT14 |
| 1 级 | 0.014 | 0.017 | 0.021 | IT6～IT16 |
| 2 级 | 0.020 | 0.025 | 0.030 | IT7～IT16 |

3）百分表的使用

钟表式百分表常与表架一同使用。图 2-115 为用百分表检查在专用顶针上支承的工件，先使百分表的测头压到被测工件的表面上，再转动刻度盘，使指针对准零线，然后转动工件，就可看到百分表指针的摆动，摆动的幅度就等于被测工件表面的径向跳动量。

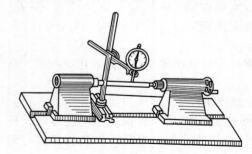

图 2-115　检查工件径向圆跳动的方法

测量时，百分表的测头轴心线应与被测表面相垂直，否则影响测量精度。读数时，应当正视表盘，视线歪斜会造成读数不准。使用百分表时，应避免振动，否则指针颤动，影响测量精度。

测量过程中，测头和测轴不应粘有油污，否则会使测轴失去灵敏性。百分表测量完后，应及时从表架上取下，擦干净后放入专用盒中，

4）其他表类量具

除钟表式百分表外，还有内径百分表、杠杆百分表等其他类型的百分表，此外，还有外径千分表（测量精度为 0.001mm）、杠杆千分表（测量精度为 0.002mm）等表类量具。

内径百分表由百分表和专门表架组成，其主体是一个三通形式的表体 2，百分表的测量杆 5 与推杆 8 始终接触，推杆弹簧 4 是控制测量力的，并经过推杆 8、等臂直角杠杆 9 向外顶住活动测头 10。测量时，活动测头的移动使等臂直角杠杆回转，通过推杆推动百分表的测量杆，使百分表指针回转。由于等臂直角杠杆的臂是等长的，因此百分表测量杆、推杆和活动测头三者的移动量是相同的，所以，活动测头的移动量可以在百分表上读出。内径百分表的测量范围由可换测头来确定。

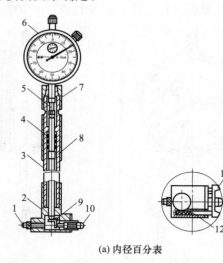

(a) 内径百分表

1—固定测头；2—表体；3—直管；4—推杆弹簧；5—量杆；
6—百分表；7—紧固螺母；8—推杆；9—等臂直角杠杆；
10—活动测头；11—定位护桥；12—护桥弹簧

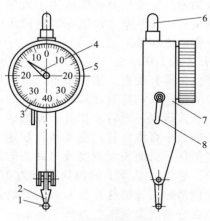

(b) 杠杆百分表

1—测头；2—测杆；3—表盘；4—指针；5—表圈；
6—夹持柄；7—表体；8—换向器

图 2-116　其他表类量具

护桥弹簧 12 对活动测头起控制作用，定位护桥 11 起找正直径位置的作用，它保证了活动测头和可换测头的轴线与被测孔直径的自动重合，具体参见其结构［如图 2-116（a）所示］。内径百分表主要用于测量孔的直径和孔的形状误差，特别适宜于深孔的测量；杠杆百分表的结构如图 2-116（b）所示，杠杆百分表的体积小，测量杆可按需要摆动，并能从正反方向测量。主要用来校正基准面、基准孔。与机床配合可以对小孔、槽、孔距等尺寸进行测量。

① 内径百分表的使用。使用内径百分表进行测量时，应注意以下方法。

首先应根据被测工件的基本尺寸，选择合适的百分表和可换测头，测量前应根据基本尺寸调整可换测头和活动测头之间的长度等于被测工件的基本尺寸加上 0.3～0.5mm，然后固定可换测头。接下来安装百分表，当百分表的测量杆测头接触到传动杆后预压测量行程 0.3～1mm 并固定。

其次，应进行正确的校对。用内径百分表测量孔径属于相对测量法，测量前应根据被测工件的基本尺寸，使用标准样圈调整内径百分表零位。在没有标准样圈的情况下，可用外径千分尺代替标准样圈调整内径百分表零位，要注意的是千分尺在校对基本尺寸时最好使用量块。

测量或校对零值时，应使活动测头先与被测工件接触，对于孔应通过径向摆动来找最大直径数值，使定位护桥自动处于正确位置；通过轴向摆动找最小直径数值，方法是将表架杆在孔的轴线方向上作小幅度摆动［如图 2-117 (a) 所示］，在指针转折点处的读数就是轴向最小数值（一般情况下要重复几次进行核定），该最小值就是被测工件的实际量值。对于测量两平行面间的距离时，应通过上下、左右的摆动来找宽度尺寸的最小数值（一般情况下要重复几次进行核定），该最小值就是被测工件的实际量值。

最后，在读数时要以零位线为基准，当大指针正好指向零位刻线时，说明被测实际尺寸与基本尺寸相等；当大指针顺时针转动所得到的量值为负（一）值，表示被测实际尺寸小于基本尺寸；当大指针逆时针转动所得到的量值为正（十）值，表示被测实际尺寸大于基本尺寸。

②杠杆百分表的使用。使用杠杆百分表进行测量时，应尽量使测量杆与被测面保持平行［如图 2-117 (b) 所示］，进行基准孔、基准槽校正时，由于杠杆百分表量程小，所以应基本找到孔或槽的中心时，方可进行测量以免损伤杠杆表，降低测量精度。

对于外径千分表、杠杆千分表，由于其灵敏度很高，故只能用于高精度零件的测量。

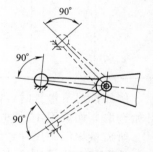

(a) 内径百分表的正确使用　　(b) 杠杆百分表的正确使用

图 2-117　表类量具的使用

**(4) 量块的结构及使用方法**

量块也叫块规，其结构如图 2-118 所示，

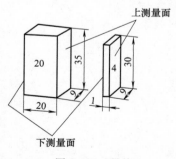

图 2-118　量块

它有两个高度平行光滑的测量面，两个测量面间的距离尺寸叫做量块尺寸，20mm 及 4mm 就是量块尺寸。

量块是长度计量的基准，它用于调整、校正或检验测量仪器、量具及精密工件，也可用于精密机床调整等工作，如和量块附件组合使用，也可用于精密划线。量块选用优质合金钢制成，精度等级分为 0、1、2、3 级 4 个等级。0 级供计量部门作长度基准，1、2 级用作企业计量室，3 级供车间生产使用。

1) 量块分组

量块分组参见表 2-18。

2) 量块尺寸的组合计算

测量时，把若干块（不超过 5 块）量块组合在一起使用；为了减少组合积累误差，应尽量选用最少的块数来组合，组合示例如下。

表 2-18　量块分组

| 序号 | 总块数 | 公称尺寸系列 | 间隔 | 块数 | 精度等级 |
|---|---|---|---|---|---|
| 1 | 112 | 0.5,1.0,1.0005,1.001 | 0.001 | 3 | 0,1 |
| | | 1.002,…,1.009 | — | 9 | |
| | | 1.01,1.02,…,1.49 | 0.01 | 49 | |
| | | 1.5,2,…,25 | 0.5 | 48 | |
| | | 50,75,100 | 25 | 3 | |
| 2 | 88 | 0.5,1.0,1.0005,…,1.001, | — | 3 | 0,1 |
| | | 1.002,…,1.009 | 0.001 | 9 | |
| | | 1.01,1.02,…,1.49 | 0.01 | 49 | |
| | | 1.5,2,2.5,…,9.5 | 0.5 | 17 | |
| | | 10,20,30,…,100 | 10 | 10 | |
| 3 | 83 | 0.5 | — | 1 | 0,1,2,3 |
| | | 1 | — | 1 | |
| | | 1.005 | — | 1 | |
| | | 1.01,1.02,…,1.49 | 0.01 | 49 | |
| | | 1.5,1.6,…,1.9 | 0.1 | 5 | |
| | | 2.0,2.5,…,9.5 | 0.5 | 16 | |
| | | 10,20,…,100 | 10 | 10 | |
| 4 | 46 | 1 | — | 1 | 0,1,2,3 |
| | | 1.001,1.002,…,1.009 | 0.001 | 9 | |
| | | 1.01,1.02,…,1.09 | 0.01 | 9 | |
| | | 1.1,1.2,…,1.9 | 0.1 | 9 | |
| | | 2,3,…,9 | 1 | 8 | |
| | | 10,20,…,100 | 10 | 10 | |
| 5 | 58 | 1 | — | 1 | 0,1.2.3 |
| | | 1.005 | — | 1 | |
| | | 1.01,1.02,…,1.09 | 0.01 | 9 | |
| | | 1.1,1.2,…,1.9 | 0.1 | 9 | |
| | | 2,3,…,9 | 1 | 8 | |
| | | 10,20,…,100 | 10 | 10 | |

例如校对某量具时，需要 65.456mm 的量块，量块组的实际尺寸计算过程是从最小位数开始选取。如采用 46 块的量块见表 2-18。则可按以下量块尺寸进行组合。

所需量块组的尺寸：65.456mm。

选取第一块量块尺寸：1.0060mm

余数：64.45mm

选取第二块量块尺寸：1.050mm

余数：63.4mm

选取第三块量块尺寸：1.4mm

余数：62.0mm

选取第四块量块尺寸；2.0mm

余数：60mm

选取第五块量块尺寸：60mm

余数：0

3）量块的组合方法

量块的组合方法参见表 2-19～表 2-21。

表 2-19　厚量块之间的组合方法

| 步骤 | 操作项目 | 图　示 | 组合要点 |
|---|---|---|---|
| 1 | 对研 | | 把两块厚量块,在测量面中心成 90°正交研合 |

| 步骤 | 操作项目 | 图　示 | 组合要点 |
|---|---|---|---|
| 2 | 旋转 | 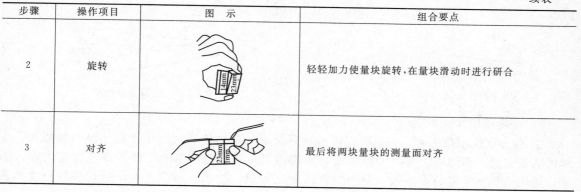 | 轻轻加力使量块旋转,在量块滑动时进行研合 |
| 3 | 对齐 | | 最后将两块量块的测量面对齐 |

表 2-20　薄量块之间的组合方法

| 步骤 | 操作项目 | 图示 | 组合要点 |
|---|---|---|---|
| 1 | 厚薄量块对研 | | 为了防止薄量块组合时产生弯曲变形,先将一片薄量块与厚量块进行研合 |
| 2 | 薄量块之间研合 | | 再把一片薄量块与另一片薄量块的一端进行搭接,逐步进行研合 |
| 3 | 撤下厚量块 | | 研合结束,撤下厚量块 |

表 2-21　厚量块与薄量块的组合方法

| 步骤 | 操作项目 | 图　示 | 组合要点 |
|---|---|---|---|
| 1 | 搭接、滑动 | | 把薄量块的一端与厚量块的一端进行搭接、研合 |
| 2 | 压紧、贴合 | | 滑动量块组合测量面,压紧、贴合两量块 |

4）角度量块

角度量块是一种角度计量基准,用于对游标万能角度尺和角度样板的检定,也可用于检查工件内、外角,以及精密机床在加工过程中的角度调整等。角度量块有两种形式,一种是三角形的,有一个工作角;另一种是四边形,有四个工作角,参见表 2-22。

表 2-22　角度量块

| 序号 | 精度等级 | 块数 |
|---|---|---|
| 1 | 1,2 | 94 |
| 2 | 1,2 | 36 |
| 3 | 1,2 | 19 |
| 4 | 1,2 | 7 |
| 5 | 1,2 | 5 |

角度量块分为 1 级、2 级两种精度等级。

1 级精度——不超过 $\pm 10''$。

2 级精度——不超过 $\pm 30''$。

角度量块的组合计算、角度量块的选配方法与方形量块相同。

① 例如,被测角度为 $4°42'$（如图 2-119 所示）,可用 $14°42'$ 和 $10°$ 两块以相反方向组合。

② 例如：被测角度为 14°20′30″（如图 2-120 所示），可用 15°20′、10°0′30″和 11°三块量块组成。

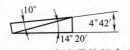

图 2-119　角度量块组合 1

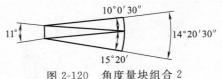

图 2-120　角度量块组合 2

5）量块使用注意事项

① 拼合和使用量块时，一定要保证量块测量面的清洁度和与测量面相接触的被测面、支承面的精密度。粗糙面、刀口、棱角面，不能使用量块，超常温的工件不得直接使用量块测量，量块测量面不得用手擦摸，要用绸布或麂皮擦拭，防止油污或汗液影响量块的精度和研合性。

② 量块是最精密的量具，但仍有制造误差。使用时要同时使用该量块的误差表，拼好的量块要计算好误差值，再用外径千分尺校对准确方能使用。

③ 使用量块时，一次只能使用一套量块，不能几套量块混用。

6）量块的维护保养

① 量块是保存和传递长度单位的基准，只允许用于检定计量器具、精密测量、精密划线和精密机床的调整。

② 拼凑成量块组时，在量块组的两工作面上应用护块，并使其刻字面朝外。

③ 用完量块后，把量块放在航空汽油中洗净，涂以不含水分并不带酸性的防锈油，然后放入盒内固定位置摆好，放在干燥清洁的位置。

④ 要定期检定量块。

⑤ 在研合量块组时，可以在研合面上放少许航空汽油。

**（5）正弦规的结构及使用方法**

正弦规又称为正弦尺，主要适用于圆锥角小于 30°的圆锥体测量、精密圆锥体的测量和各种角度工件的测量。正弦规分宽型、窄型，它的规格根据两个滚棒间的距离 $L$ 而定，有 100mm 和 200mm 两种，为了计算方便，$L$ 值都取整数。

使用正弦规测量时，调整的角度以不超过 30°为宜，因为当增大调整角时，滚棒间距离误差所造成的调整误差也很大，影响测量精度。利用正弦规原理检测工件，其正弦值就是检验标准，也就是正弦规所垫的量块高度值 $H$。$H$ 的计算公式：$H = L\sin\alpha$（mm）

如图 2-121 所示，工件锥度 $\alpha = 10°$，用 200mm 的正弦规测量，求 $H$ 值（量块高度值）。

$H = L\sin\alpha = 200\sin10° = 34.729$（mm）

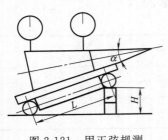

图 2-121　用正弦规测量圆锥体锥角

检测判断，看图 2-121 百分表所测两处最高点等高为合格，不等高则要重新计算出实际角度，对照工件图样角度公差，才能最后确定工件是否合格。事实上当角度误差在 ±1′时，换算成平行度偏差在 100mm 的长度上是 0.0291mm，也就是说用 100mm 的正弦规检查工件，在其全长工件上的百分表来回移动时，跳动量只有 0.029mm 时，角度误差在 ±1′以内。

**（6）水平仪的结构及使用**

水平仪是测量角度变化的一种常用量具，主要用于测量平面度、直线度和垂直度等。水平仪有机械式和电子式两类。普通水平仪主要由框架和弧形玻璃管组成（如图 2-122 所示）。

框架的测量面上有平面和 V 形槽，V 形槽便于在圆柱面上测量。弧形玻璃管的表面上有刻线，内装乙醚，并留有一个水准泡（气泡），水准泡总是停留在玻璃管内的最高处。若水平仪倾斜一个角度，气泡就向左或向右移动，根据移动的距离（格数），直接或通过计算即可知道被测工件的直线度、平面度或垂直度。其中，测量水平度的操作要领如下。

① 检查气泡的大小是否等于两黑点印间的长度（规格在 150mm 以上的水平仪，如图 2-123 所示有气泡室，气泡管垂直放置可调整气泡的长度）。

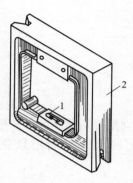

图 2-122　普通水平仪
1—玻璃管；2—框架

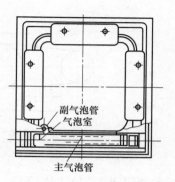

副气泡管
气泡室
主气泡管
零位调整螺钉

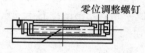

图 2-123　水平仪气泡室

② 将水平仪置于大致的水平面，左右倒转，检查气泡是否灵敏。

③ 若倒转后的读数值与倒转前的读数值不一致，说明水平仪的零点有误差，此时应用专用工具旋转调整螺钉，以校正零点，调至倒转前后读数值相同为止。

④ 确定水平仪的精度，水平仪的精度见表 2-23。其中第一种表示此种水平仪在测量时，如气泡偏移 1 格，则表示在 1000mm 长度上两头相对水平面的高度差为 0.02mm，即被测平面在测量方向上与水平面的夹角为 4″。

表 2-23　水平仪的精度

| 种　类 | 精　度 |
|---|---|
| 第一种 | 0.020/1000mm（约 4″） |
| 第二种 | 0.050/1000mm（约 10″） |
| 第三种 | 0.1/1000mm（约 20″） |

水平仪的读数常用直接读数法，气泡两端正好在两长刻线上，表示位置为"0"，气泡向右移动为正数，向左移动为负数。

## 2.8.3　测量的方法

工件的测量及检测贯彻于生产加工整个过程，工件的测量主要包括对成品件和中间工序件的测量及检测，以实现对工件进行质量控制，保证工件、设备的加工精度和质量。

测量方法分直接测量和间接测量两种。直接测量是把被测量与标准量直接进行比较，而得到被测量数值的一种测量方法。如用卡尺测量孔的直径时，可直接读出被测数据，此属于直接测量。间接测量只是测出与被测量有函数关系的量，然后再通过计算得出被测尺寸具体数据的一种测量方法。

生产加工的工件尺寸，有的通过直接测量便能得到，有的尽管不能直接测量，但需通过间接测量，经过换算才能得到。

**（1）线性尺寸的测量换算**

工件平面线性尺寸换算一般都是用平面几何、三角的关系式进行的。如测量图 2-124（a）

所示两孔的孔距 $L$，无法直接测得，只能通过直接测量相关的量 $A$ 和 $B$ 后，再通过关系式 $L=(A+B)/2$，求出孔心距 $L$ 的具体数值。

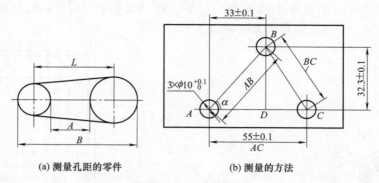

(a) 测量孔距的零件　　　　　(b) 测量的方法

图 2-124　孔距的测量

又如测量图 2-124（b）所示三孔间的孔距，利用前述方法可分别测得 $A$、$B$、$C$ 三孔孔距为：$AC=55.03$mm；$B=46.12$mm；$BC=39.08$mm。$BD$、$AD$ 的尺寸可利用余弦定理求得。

$$\cos\alpha=\frac{AC^2+AB^2-BC^2}{2AC\times AB}=\frac{55.03^2+46.12^2-39.08^2}{2\times55.03\times46.12}=0.7148$$

$$\alpha=44.38°$$

那么，$BD=AB\times\sin44.38°=46.12\sin44.38°=32.26$mm

$AD=AB\times\cos44.38°=46.12\cos44.38°=32.96$mm

如图 2-124（b）所示 $BD$、$AD$ 孔距也可借助高度游标尺通过划线测量。

图 2-125 为圆弧的测量方法。其中，图 2-125（a）为利用钢柱及深度游标卡尺测量内圆弧的方法，图 2-125（b）为利用游标卡尺测量外圆弧的方法。

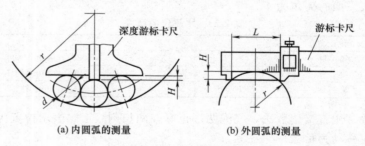

(a) 内圆弧的测量　　　　　(b) 外圆弧的测量

图 2-125　圆弧的测量

如图 2-125（a）所示，测量内圆弧半径 $r$ 时，其计算公式为：$r=\dfrac{d\ (d+H)}{2H}$。若已知钢柱直径 $d=20$mm，深度游标卡尺读数 $H=2.3$mm，则圆弧工作的半径 $r=\dfrac{20+\ (20+2.3)}{2\times2.3}=96.96$。

如图 2-125（b）所示，测量外圆弧半径 $r$ 时，其计算公式为：$r=\dfrac{L^2}{8H}+\dfrac{H}{2}$。若已知游标卡尺的 $H=22$mm，读数 $L=122$mm，则圆弧工作的半径 $r=\dfrac{122^2}{8\times22}+\dfrac{22}{2}=95.57$。

**（2）角度的测量换算**

一般情况下，成形工件的角度可以直接采用万能角度尺进行测量，而一些形状复杂的工件，则需在测量后换算某些尺寸。尺寸换算可用三角、几何的关系式进行计算。

如图 2-126 所示工件，由于外形尺寸较小，用万能角度尺难以测量，则可借助高度游标尺划线，利用游标卡尺测量工件的尺寸 $A$、$B$、$B_1$、$A_1$、$A_2$，然后通过正切函数，即

$$\tan\alpha = \frac{B - B_1}{A - A_1 - A_2}$$ 求得。

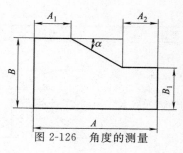

图 2-126　角度的测量

**(3) 常用测量计算公式**

表 2-24 给出了常用测量计算公式。

**表 2-24　常用测量计算公式**

| 测量名称 | 图形 | 计算公式 | 应用举例 |
|---|---|---|---|
| 内圆弧 | 深度游标卡尺 | $r = \dfrac{d(d+H)}{2H}$<br><br>$H = \dfrac{d^2}{2\left(r - \dfrac{d}{2}\right)}$ | ［例］已知钢柱直径 $d = 20$mm，深度游标卡尺读数 $H = 2.3$mm，求圆弧工作的半径 $r$<br>［解］$r = \dfrac{20 + (20 + 2.3)}{2 \times 2.3} = 96.96$ |
| 外圆弧 | 游标卡尺 | $r = \dfrac{L^2}{8H} + \dfrac{H}{2}$ | ［例］已知游标卡尺的 $H = 22$mm，读数 $L = 122$mm，求圆弧工作的半径 $r$<br>［解］$r = \dfrac{122^2}{8 \times 22} + \dfrac{22}{2} = 95.57$ |
| 外圆锥斜角 |  | $\tan\alpha = \dfrac{L - l}{2H}$ | ［例］已知 $H = 15$mm，游标卡尺读数 $L = 32.7$mm，$l = 28.5\mu$m，求斜角 $\alpha$<br>［解］$\tan\alpha = \dfrac{32.7 - 28.5}{2 \times 15}$<br>$= 0.140$<br>$\alpha = 7°58'$ |
| 内圆锥斜角 |  | $\sin\alpha = \dfrac{R - r}{L}$<br><br>$= \dfrac{R - r}{H + r - R - h}$ | ［例］已知大钢球半径 $R = 10$mm，小钢球半径 $r = 6$mm，深度游标卡尺读数 $H = 24.5$mm，$h = 2.2$mm，求斜角 $\alpha$<br>［解］$\sin\alpha = \dfrac{10 - 6}{24.5 + 6 - 10 - 2.2}$<br>$= 0.2186$<br>$\alpha = 12°38'$ |
|  |  | $\sin\alpha = \dfrac{R - r}{L}$<br><br>$= \dfrac{R - r}{H + h - R + r}$ | ［例］已知大钢球半径 $R = 10$mm，小钢球半径 $r = 6$mm，深度游标卡尺读数 $H = 18$mm，$h = 1.8$mm，求斜角 $\alpha$<br>［解］$\sin\alpha = \dfrac{10 - 6}{18 + 1.8 - 10 + 6}$<br>$= 0.2532$<br>$\alpha = 14°40'$ |

| 测量名称 | 图形 | 计算公式 | 应用举例 |
|---|---|---|---|
| V形槽角度 | <br> | $\sin\alpha=\dfrac{R-r}{H_1-H_2-(R-r)}$ | [例]已知大钢柱半径 $R=15\text{mm}$，小钢柱半径 $r=10\text{mm}$，高度游标卡尺读数 $H_1=43.53\text{mm}$，$H_2=55.6\text{mm}$，求 V形槽斜角 $\alpha$<br>[解]$\sin\alpha=\dfrac{15-10}{55.6-43.53-(15-10)}$<br>$=0.7071$<br>$\alpha=45°$ |
| 燕尾槽 | <br> | $l=b+d\left(1+\cot\dfrac{\alpha}{2}\right)$<br>$b=l-d\left(1+\cot\dfrac{\alpha}{2}\right)$ | [例]已知钢柱直径 $d=10\text{mm}$，$b=60\text{mm}$，$\alpha=55°$，求 $l$<br>[解]$l=60+10\times\left(1+\cot\dfrac{55°}{2}\right)$<br>$=60+10\times(1+1.921)=89.21(\text{mm})$ |
| | <br> | $l=b-d\left(1+\cot\dfrac{\alpha}{2}\right)$<br>$b=l+d\left(1+\cot\dfrac{\alpha}{2}\right)$ | [例]已知钢柱直径 $d=10\text{mm}$，$b=72\text{mm}$，$\alpha=55°$，求 $l$<br>[解]$l=72-10\times\left(1+\cot\dfrac{55°}{2}\right)$<br>$=72-10\times(1+1.921)=43.79(\text{mm})$ |

## 2.8.4 尺寸及几何公差的检测

尽管生产加工过程中的零件形状多种多样、千差万别，但其加工精度都是通过尺寸公差及几何公差控制的，因此，加工工件质量的检测主要就是尺寸公差及几何公差。检测的方法主要有以下方面

**(1) 尺寸公差的检测**

尺寸公差主要由长度、外径、高度、深度、内径等多种形式组成，其检测方法主要有如下几种。

① 长度、外径的检测。测量工件的外径时，一般精度的尺寸常选用游标卡尺等。对于精度要求较高的工件则选用千分尺等。

② 高度、深度的检测。高度一般是指工件外表面的长度尺寸，如台阶面到某一端面的距离。对于尺寸精度要求不高的工件，可用钢直尺、游标卡尺、游标深度尺、样板等检测。对于尺寸精度要求较高的工件，则可以将工件立在检验平台上，利用百分表（或杠杆百分表）和量块进行比较测量。

深度一般是指工件内表面的长度尺寸，一般尺寸精度的用游标深度尺测量，对于尺寸精度要求较高的则可用深度千分尺测量。

③ 内径的检测。测量工件孔径尺寸时，应该根据工件的尺寸、数量和精度要求，采用相应的量具。对于工件尺寸精度要求一般的，可采用钢直尺、游标卡尺测量。对于工件精度要求较高的，则可采用以下几种方法检测。

a. 使用内径千分尺测量。

b. 使用塞规测量。

c. 使用内径百分表测量。

④ 螺纹的检测。螺纹的主要测量参数有螺距、顶径和中径。测量的方法有单项测量和综合测量两种。

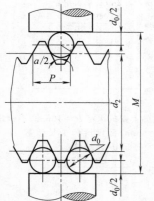
图 2-127 三针测量螺纹中径

a. 单项测量。单项测量是使用量具对螺纹的某一项参数进行测量。其中：螺距，一般用螺距规和钢直尺、卡尺进行测量；顶径，一般用游标卡尺或千分尺进行测量；中径，一般用螺纹千分尺、公法线千分尺和三针来测量，如图2-127所示。

b. 综合测量。综合测量是用螺纹量规（分为通规和止规）对螺纹的各直径尺寸、牙型角、牙型半角和螺距等主要参数进行综合性测量。螺纹量规包括螺纹环规和螺纹塞规。如图2-128所示为螺纹塞规，如图2-129所示为螺纹环规。

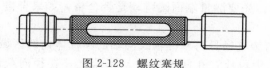

图 2-128  螺纹塞规

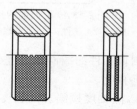

图 2-129  螺纹环规

⑤ 角度的检测。测量工件的角度尺寸时，应该根据工件的尺寸、数量和精度要求，采用相应的量具。

a. 对于角度要求一般、数量较少的工件可用万能角度尺进行测量。

b. 对于角度要求一般、成批和大量生产的工件可用专用的角度样板进行测量，如图2-130所示。

c. 在检验标准圆锥或锥度配合精度要求较高的工件时（如莫氏圆锥和其他标准圆锥），可用标准圆锥塞规或圆锥套规来检测。

d. 对精度要求较高的单件或批量较小的工件有时也可以用正弦规来检验。

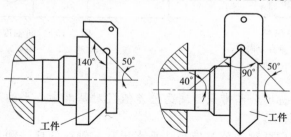

图 2-130  角度样板检测工件角度

**（2）几何公差的检测**

① 平面度检测。距离为公差值的两平行平面之间的区域为平面度公差带。

在生产现场的实际加工中，对于工件端面的平面度可用刀口形直尺与被测平面接触，在各个方面检测其中最大缝隙的误差值，也可以用磁力表座和百分表（或杠杆表）来测量，如图2-131所示。

② 平行度检测。当给定一个方向时，平行度公差带是距离为公差值且平行于基准面（或线）的两平行平面（或线）之间的区域。

平行度检测方法是将被测零件放置在平板上，移动百分表，在被测表面上按规定测量方向进行测量，百分表最大与最小读数之差值，即为平行度误差。图2-132为检验平行度示意图。

③ 垂直度检测。当给定一个方向时，垂直度公差的公差带是距离为公差值且垂直于基准面（或线）的两平行平面（或线）之间的区域。

垂直度检测方法是将90°角尺宽边贴靠一基准，测量被测平面与90°角尺窄边之间的缝隙，最大缝隙即垂直度误差。采用如图2-133所示的方法，将工件放置在垂直导向块上也可测量垂直度。

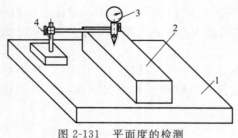

图 2-131　平面度的检测

1—平板；2—工件；3—百分表；4—测量架

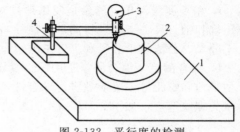

图 2-132　平行度的检测

1—平板；2—工件；3—百分表；4—测量架

测量工件的端面垂直度必须经过两个步骤。先要测量端面圆跳动是否合格，如果合格，再检验垂直度。

④ 同轴度检测。同轴度公差带是以公差值为直径且与基准轴线同轴的圆柱体内的区域。

同轴度检测方法是将基准面的轮廓表面的中段放置在两等高的 V 形架上，在径向截面的上下分别放置百分表，转动零件，测量若干个轴向截面，取各截面的最大差值作为该零件的同轴度误差，如图 2-134 所示。

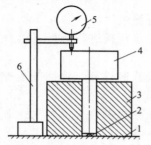

图 2-133　垂直度的检测

1—平板；2—固定支承；3—垂直导向块；

4—工件；5—百分表；6—测量架

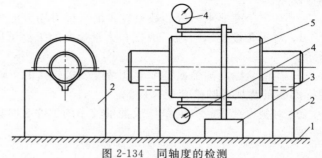

图 2-134　同轴度的检测

1—平板；2—V 形架；3—测量架；4—百分表；5—工件

⑤ 对称度检测。对称度公差带是距离为公差值且对基准中心平面对称配置的两平行面之间的区域，如图 2-135 所示。

⑥ 圆跳动检测。径向圆跳动公差带是在垂直于基准轴线的任一测量平面内，半径差为公差值且圆心在基准轴线上的两个同心圆之间的区域。

端面圆跳动公差带是在与基准轴线同轴的任一直径位置的测量圆柱面上，沿母线方向宽度为公差值的圆柱面区域。

圆跳动检测方法如图 2-136 所示。将工件旋转一周时，百分表最大与最小读数之差，即为径向或端面的圆跳动。

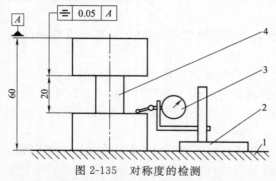

图 2-135　对称度的检测

1—平板；2—测量架；3—百分表；4—工件

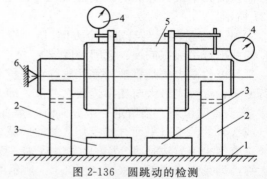

图 2-136　圆跳动的检测

1—平板；2—V 形架；3—测量架；4—百分表；5—工件；6—顶尖

# 数控铣床编程基础

## 3.1 数控加工程序及其编制过程

把零件的加工工艺路线、工艺参数、刀具的运动轨迹、位移量、切削参数（主轴转速、进给量、背吃刀量等）以及辅助功能（换刀、主轴正转和反转、切削液开和关等）按照数控机床规定的指令代码及程序格式编写成的加工程序就是数控程序。数控程序一般制成程序单（相当于普通机床加工的工艺过程卡），再把这一程序单中的内容记录在控制介质上，然后输入到数控机床的数控装置中，从而控制机床加工。这种从零件图样的分析到制成控制介质的全部过程叫数控程序的编制。编程人员编制好程序以后，要输入到数控装置中的方法有多种，如通过穿孔纸带、数据磁带、软磁盘输入，也可以手动数据输入（即 MDI）和直接通信等。

**(1) 数控编程的方法**

① 手工编程。手工编程是指主要由人工来完成数控机床程序编制各个阶段的工作。当被加工零件形状不十分复杂和程序较短时，都可以采用手工编程的方法。手工编程的框图如图 3-1 所示。

对于点位加工或几何形状较为简单的零件，数值计算较简单，程序段不长，出错机会较少，用手工编程即可实现，比较经济、及时，因而手工编程被广泛地应用于形状简单的点位加工及平面轮廓加工中。对于一些复杂零件，零件轮廓形状不是由直线、圆弧组成时，特别是空间曲面零件，或虽然组成零件轮廓的几何元素不复杂，但程序量很大时（如一个零件上有许多个孔或平面轮廓由许多段圆弧组成），或当铣削轮廓时，数控系统不具备刀具半径自动补偿功能，而只能以刀具中心的运动轨迹进行编程等特殊情况，使用手工编程既繁琐又费时，而且容易出错。

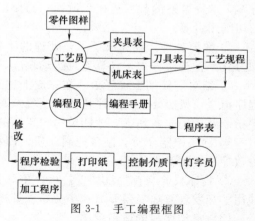

图 3-1 手工编程框图

据统计，当采用手工编程时，一个零件的编程时间与在机床上实际加工时间之比，平均约为 30:1，而数控机床不能开动的原因中有 20%～30% 是由于加工程序编制困难，编程所用时间较长，造成机床停机。因此，为了缩短生产周期，提高数控机床的利用率，有效地解决各种模具及复杂零件的加工问题，采用手工编制程序已不能满足要求，而必须采用"自动编制程序"的办法。

手工编程的意义在于加工形状简单的零件（如直线与直线或直线与圆弧组成的轮廓）时，

快捷、简便；不需要具备特别的条件（价格较高的自动编程机及相应的硬件和软件等）；机床操作者或程序员不受特殊条件的制约；还具有较大的灵活性和编程费用少等优点。手工编程在目前仍是广泛采用的编程方式，即使在自动编程高速发展的将来，手工编程的地位也不可取代，仍是自动编程的基础。在先进的自动编程中，许多重要的经验都来源于手工编程，并不断丰富和推动自动编程发展。

② 自动编程。自动编程是指借助数控语言编程系统或图形编程系统，由计算机来自动生成零件加工程序的过程。编程人员只需根据加工对象及工艺要求，借助数控语言编程系统规定的数控编程语言或图形编程系统提供的图形菜单功能，对加工过程与要求进行较简单的描述，而由编程系统自动计算出加工运动轨迹，并输出零件数控加工程序。由于在计算机上可自动地绘出所编程序的图形及进给轨迹，所以能及时地检查程序是否有错，并进行修改，得到正确的程序。

按输入方式的不同，自动编制程序可分为语言数控自动编程、图形交互自动编程、语音提示自动编程、会话自动编程和实物（探针）自动编程等。现在我国应用较广泛的主要是会话自动编程和图形交互式编程。

**(2) 手工编程的步骤与要求**

手工编程过程主要包括：分析零件图样，确定加工工艺过程，数值计算，编写零件加工程序，制作控制介质，校对程序及首件试加工，如图 3-2 所示。

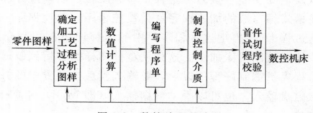

图 3-2    数控编程的步骤

手工编程的具体步骤与要求主要有以下几方面。

① 分析零件图样和工艺处理。对零件图样进行分析以明确加工的内容及要求，确定加工方案，选择合适的数控机床，设计（选择）夹具，选择刀具，确定合理的进给路线及选择合理的切削用量等。

② 数值处理。在完成了工艺处理的工作之后，下一步需根据零件的几何尺寸、加工路线和刀具半径补偿方式，计算刀具运动轨迹，以获得刀位数据。

③ 编写零件加工程序单。在完成上述工艺处理和数值计算之后，编程员使用数控系统的程序指令，按照要求的程序格式，逐段编写零件加工程序单。编程员应对数控机床的性能、程序指令及代码非常熟悉，才能编写出正确的零件加工程序。

④ 制备控制介质。制备控制介质，即把编制好的程序单上的内容记录在控制介质上，作为数控装置的输入信息。

⑤ 程序校验与首件试加工。程序单和制备好的控制介质必须经过校验和试加工才能正式使用。当发现有加工误差时，应分析误差产生的原因，找出问题所在，加以修正。

**(3) 自动编程的适用范围**

① 形状复杂的零件，特别是具有非圆曲线表面的零件。

② 零件几何元素虽不复杂，但编程工作量很大的零件（如有数千个孔的零件）和计算工作量大的零件（如轮廓加工时，非圆曲线的计算）等。

③ 在不具备刀具半径自动补偿功能的机床上进行轮廓铣削时，编程要按刀具中心轨迹进行，如果用手工编程，计算相当繁琐，程序量大，浪费时间，出错率高，有时甚至不能编出加工程序，此时必须用自动编程的方法来编制零件的加工程序。

④ 联动轴数超过 2 轴以上的加工程序的编制。

# 3.2 数控铣床坐标系的规定?

## 3.2.1 数控机床坐标系的确定原则

国际标准化组织 2001 年颁布的 ISO 841—2001 标准规定的命名原则有以下几条。

### (1) 刀具相对于静止工件而运动的原则

这一原则使编程人员能在不知道是刀具移近工件还是工件移近刀具的情况下,就可根据零件图样,确定机床的加工过程。

### (2) 标准坐标(机床坐标)系的规定

在数控机床上,机床的动作是由数控装置来控制的,为了确定机床上的成形运动和辅助运动,必须先确定机床上运动的方向和运动的距离,这就需要一个坐标系才能实现,这个坐标系就称为机床坐标系。

标准的机床坐标系是一个右手笛卡儿直角坐标系,如图 3-3 所示。图中规定了 $X$、$Y$、$Z$ 三个直角坐标轴的方向,这个坐标系的各个坐标轴与机床的主要导轨相平行,它与安装在机床上、并且按机床的主要直线导轨找正的工件相关。根据右手螺旋方法,可以很方便地确定出 $A$、$B$、$C$ 三个旋转坐标的方向。

## 3.2.2 运动方向的确定

机床的某一运动部件的运动正方向,规定为增大工件与刀具之间距离的方向。

### (1) Z 坐标的运动

$Z$ 坐标的运动由传递切削力的主轴所决定,与主轴轴线平行的标准坐标轴即为 $Z$ 坐标,如图 3-4、图 3-5 所示的车床,如图 3-6 所示立式转塔车床或立式镗铣床等。若机床没有主轴(如刨床等),则 $Z$ 坐标垂直于工件装夹面,如图 3-7 所示的牛头刨床。若机床有几个主轴,可选择一个垂直于工件装夹面的主要轴作为主轴,并以它确定 $Z$ 坐标。

$Z$ 坐标的正方向是增加刀具和工件之间距离的方向。如在钻镗加工中,钻入或镗入工件的方向是 $Z$ 的负方向。

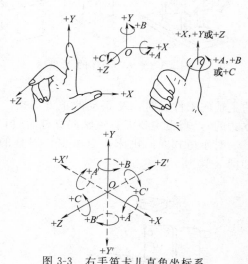

图 3-3 右手笛卡儿直角坐标系

### (2) X 坐标的运动

$X$ 坐标运动是水平的,它平行于工件装夹面,是刀具或工件定位平面内运动的主要坐标,如图 3-8 所示。

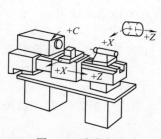

图 3-4 卧式车床

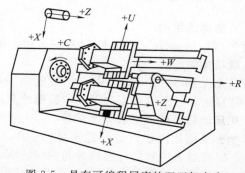

图 3-5 具有可编程尾座的双刀架车床

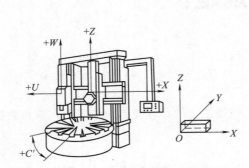

图 3-6　立式转塔车床或立式镗铣床

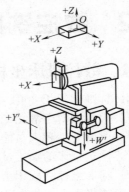

图 3-7　牛头刨床

在没有回转刀具和没有回转工件的机床上（如牛头刨床），X 坐标平行于主要切削方向，以该方向为正方向，如图 3-7 所示。

在有回转工件的机床上，如车床、磨床等，X 运动方向是径向的，而且平行于横向滑座，X 的正方向是安装在横向滑座的主要刀架上的刀具离开工件回转中心的方向（图 3-4、图 3-5）。

在有刀具回转的机床上（如铣床），若 Z 坐标是水平的（主轴是卧式的），当由主要刀具

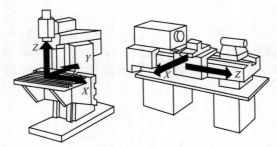

图 3-8　铣床与车床的 X 坐标

的主轴向工件看时，X 运动的正方向指向右方，如图 3-9 所示；若 Z 坐标是垂直的（主轴是立式的），当由主要刀具主轴向立柱看时，X 运动正方向指向右方，如图 3-8 所示的立式铣床。

对于桥式龙门机床，当由主要刀具的主轴向左侧立柱看时，X 运动的正方向指向右方，如图 3-10 所示。

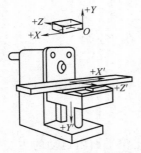

图 3-9　卧式升降台铣床

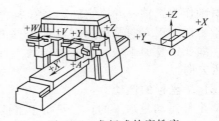

图 3-10　龙门式轮廓铣床

**（3）Y 坐标的运动**

正向 Y 坐标的运动，根据 X 和 Z 的运动，按照右手笛卡儿坐标系来确定。

**（4）旋转运动**

旋转运动在图 3-3 中，A、B、C 相应的表示其轴线平行于 X、Y、Z 的旋转运动。A、B、C 正向为在 X、Y 和 Z 方向上，右旋螺纹前进的方向。

**（5）机床坐标系的原点及附加坐标**

标准坐标系的原点位置是任意选择的。A、B、C 的运动原点（0°的位置）也是任意的，但 A、B、C 原点的位置最好选择为与相应的 X、Y、Z 坐标平行。

如果在 X、Y、Z 主要直线运动之外另有第二组平行于它们的坐标运动，就称为附加坐

标。它们应分别被指定为 $U$、$V$ 和 $W$，如还有第三组运动，则分别指定为 $P$、$Q$ 和 $R$，如有不平行或可以不平行于 $X$、$Y$、$Z$ 的直线运动，则可相应地规定为 $U$、$V$、$W$、$P$、$Q$ 或 $R$。

如果在第一组回转运动 $A$、$B$、$C$ 之外，还有平行或不平行于 $A$、$B$、$C$ 的第二组回转运动，可指定为 $D$、$E$ 或 $F$。

**(6) 工件的运动**

对于移动部分是工件而不是刀具的机床，必须将前面所介绍的移动部分是刀具的各项规定，在理论上作相反的安排。此时，用带 "'" 的字母表示工件正向运动，如 $+X'$、$+Y'$、$+Z'$ 表示工件相对于刀具正向运动的指令，$+X$、$+Y$、$+Z$ 表示刀具相对于工件正向运动的指令，二者所表示的运动方向恰好相反。

# 3.3 数控铣床的编程规则

**(1) 绝对值编程**

绝对值编程是根据预先设定的编程原点计算出绝对值坐标尺寸进行编程的一种方法，即采用绝对值编程时，首先要指出编程原点的位置。

指令书写格式：G90

应该注意的有如下几点。

① G90 编入程序时，其后所有编入的坐标值全部以编程零点为基准。

② 系统通电时，机床处在 G90 状态。如图 3-11 所示刻线程序如下。

N0010 G00 Z5.0 T01 M03 S1000；

N0020 G00 X0 Y0；

N0030 G90 G01 Z-1.0 F100；

N0050 G01 X20.0 Y40.0；

N0060　　X30.0 Y60.0；

N0070 G00 Z5.0；

N0080　　X0 Y0；

N0090 M02；

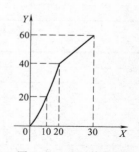

图 3-11　绝对值编程

**(2) 增量值编程**

增量值编程是根据与前一个位置的坐标值增量来表示位置的一种编程方法，即程序中的终点坐标是相对于起点坐标而言的。

指令书写格式：G91

应该注意的是：G91 编入程序时，以后所有编入的坐标值均以前一个坐标位置作为起始点来计算运动的位置矢量。如图 3-12 所示的刻线程序如下。

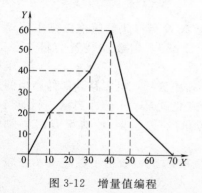

图 3-12　增量值编程

N0010　G00 Z5.0 T01 M03 S1000；

N0020　G00 X0 Y0；

N0030　G01 Z-1.0 Fl00；

N0040　G91 X10.0 Y20.0；

N0050　　X20.0 Y20.0；

N0060　　X10.0 Y20.0；

N0070　　X10.0 Y-40.0；

N0080　　X20.0 Y-20.0；

N0090　G90 G00 Z5.0；

N0100　G00 X0 Y0；

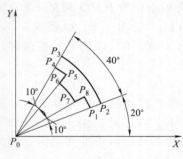

图 3-13 G90、G91 极坐标实例

N0110　M02;

**（3）极坐标编程**

有的系统可以使用极坐标系。编程时以 $R$ 表示极半径，以 $A$ 表示极角，极坐标编程只能描述平面上的坐标点。如图 3-13 所示，其坐标点见表 3-1、表 3-2，有的数控系统以 $X$ 表示极半径，以 $Y$ 表示极角。

**（4）小数点编程**

程序中控制刀具移动的指令中坐标字的表示方式有两种：用小数点表示法和不用小数点表示法。一般的 FANUC 数控系统允许使用小数点输入数值，也可以不用。

**表 3-1　G90 时极坐标值**

| 点 | $R$ | $A$ |
|---|---|---|
| $P_0$ | 0 | 0 |
| $P_1$ | 35 | 20 |
| $P_2$ | 40 | 20 |
| $P_3$ | 40 | 60 |
| $P_4$ | 35 | 60 |
| $P_5$ | 35 | 50 |
| $P_6$ | 30 | 50 |
| $P_7$ | 30 | 30 |
| $P_8$ | 35 | 30 |
| $P_1$ | 35 | 20 |
| $P_0$ | 0 | 0 |

**表 3-2　G91 时极坐标值**

| 点 | $R$ | $A$ |
|---|---|---|
| $P_0$ | 0 | 0 |
| $P_1$ | 35 | 20 |
| $P_2$ | 5 | 0 |
| $P_3$ | 0 | 40 |
| $P_4$ | $-5$ | 0 |
| $P_5$ | 0 | $-10$ |
| $P_6$ | $-5$ | 0 |
| $P_7$ | 0 | $-20$ |
| $P_8$ | 5 | 0 |
| $P_1$ | 0 | $-10$ |
| $P_0$ | $-35$ | $-20$ |

① 用小数点表示法。即数值的表示用小数点"."明确地标示出个位的位置。如"X12.89"，其中"2"为个位，故数值大小很明确。

② 不用小数点表示法。即数值中没有小数点者，这时数控装置会将此数值乘以最小移动量（米制：0.001mm，英制：0.0001in）作为输入数值。如"X35"，则数控装置会将 35 × 0.001mm＝0.035mm 作为输入数值。

这实际上用脉冲量来表示。在数控机床中，相对于每一个脉冲信号，机床移动部件产生的位移量叫做脉冲当量，它对应于最小移动值。坐标值的表示方式也就是一个脉冲当量。例如当脉冲当量是 0.001mm/脉冲时（最小移动量，米制：0.001mm），要求向 $x$ 轴正方向移动 0.035mm，用 X35 表示。

因此要表示"35mm"，可用"35.0"、"35."或"35000"表示，一般用小数点表示法较方便，还可节省系统的存储空间。

图解数控铣削 入门与提高

表 3-3 给出了采用不同的小数点表示法输入后的实际数值。

**表 3-3　小数点表示法**（假定系统的脉冲当量为 0.001mm/脉冲）

| 程序指定 | 用小数点输入的数值 | 不用小数点输入的数值 |
| --- | --- | --- |
| X1000 | 1000mm | 1mm |
| X1000. | 1000mm | 1000mm |

一般程序中都采用小数点表示方式来描述坐标位置数值，由表中可知：在编制和输入数控程序时，应特别小心，尤其是坐标数值是整数时，常常可能会遗漏小数点。如欲输入"Z25."；但键入"Z25"，其实际的数值是 0.025mm，相差 1000 倍，可能会造成重大事故，不可不谨慎。程序中用小数点表示与不用小数点表示的数值可以混合使用，例如 G00 X25.0 Y3000 Z5.0。

控制系统可以输入带小数点的数值，对于表示距离、时间和速度单位的指令值可以使用小数点，小数点的位置是 mm、in、″或°的位置。

一般以下地址均可选择使用小数点表示法或不使用小数点表示法：X，Y，Z，I，J，K，R，F，U，V，W，A，B，C 等。但也有一些地址不允许使用小数点表示法，如 P、Q、D 等。例如暂停指令，如指令程序暂停 3s，必须如下书写。

G04 X3. ；
G04 X3000；
G04 P3000；

# 3.4　数控程序编制基本概念

所谓数控编程，就是把零件的图形尺寸、工艺过程、工艺参数、机床的运动以及刀具位移等内容，按照数控机床的编程格式和能识别的语言记录在程序单上的全过程。这样编制的程序还必须按规定把程序单制备成控制介质，如程序纸带、磁盘等，变成数控系统能读取的信息，再送入数控系统。当然，也可以用手动数据输入方式（MDI）将程序输入数控系统。如果是专用计算机编程或用通用计算机进行的计算机辅助编程，只要配有通信软件，所编程序就可以通过通信接口，直接送入数控系统。

编制数控加工程序是使用数控机床的一项重要技术工作，理想的数控程序不仅应该保证加工出符合零件图样要求的合格零件，还应该使数控机床的功能得到合理的应用与充分的发挥，使数控机床能安全、可靠、高效地工作。

数控机床的程序格式、纸带代码、坐标指令、加工指令、辅助指令等都已标准化，但机床所配的数控系统不同，其所用的代码、指令也不尽相同，编程时必须按机床说明书中的具体规定执行。

**(1) 穿孔纸带**

穿孔纸带亦称指令带或控制带。它是在纸带上用穿孔的方式记录被加工零件的程序指令。是数控机床常用的控制介质，也是联系人与机床的媒介。工作时，数控机床通过读带机把纸带上的代码逐行地转换为数控装置可以识别和处理的电信号，经过识别和编译以后，将这些指令作为控制与运算的原始依据，控制器根据指令控制运算和输出装置，从而达到控制机床的目的。

标准纸带有 5 单位（5 列孔，宽 17.5mm）和 8 单位（8 列孔，宽 25.4mm）两种。5 单位所能记录的信息较少，用于线切割、简易数控以及点位控制等功能较少的数控机床。

8 单位孔带广泛用于车、铣、加工中心等多功能数控机床。8 单位纸带的尺寸规格如图3-14所示。根据国际标准化组织规定，8 单位穿孔带宽度的名义尺寸为 25.4mm（1in）。纸带上每1行可有8列直径为1.83mm的通孔，每1行通过有孔或无孔的不同组合形成一个信息代码（如数字、字母和一些符号等）。第3、4列孔之间直径为1.17mm的孔称为同步孔，作为每行大孔的基准，并产生同步读入信号。

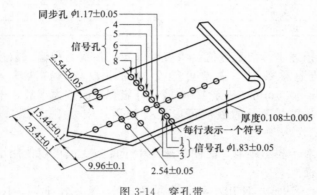

图 3-14　穿孔带

为了保证穿孔带的互换性，标准对穿孔带宽度、孔径、厚度等均规定了公差范围。采用穿孔纸带输入，它的好处是不受电磁干扰的影响，没有漏磁问题，所以可长期重复使用。

**(2) 代码**

代码是数控机床传递信息的语言，当前数控机床常用的穿孔带代码有 ISO 代码和 EIA 代码两种。ISO 代码是国际标准化组织制定的代码，EIA 代码是美国电子工业协会制定的代码。编程时一定要了解数控系统能接受代码的信息，不过现代数控系统两种码均可兼容。

程序单上给出的字母和数字以及符号都要按照规定在纸带上穿出孔来，有孔表示"1"，无孔表示"0"。纸带光电读入系统接收从孔中透过的光，并把光信号转变为电脉冲信号输入计算机。在纸带水平方向（宽度方向）上的一排孔组成代表字符、数字的符号。这种符号就是通常所说的代码，也称字符。数控机床上常用的字符如下。

① 数字。0～9。

② 字母。A，B，C，…，X，Y，Z。

③ 特殊记号。＋（正号）、－（负号）、……（跳过任意程序段）、ER（程序号）、SP（空格）、DEL（注销码）和（小数点）等。

此字符（代码）都是按二进制编码，用纸带上有孔或无孔两种状态组合来表示。

**(3) 零件加工程序的输入方式**

由于数控机床的运动是按照零件加工程序进行的，所以在程序编制好以后，必须输入到数控装置中才能指挥机床工作。常见的程序输入方法除以上介绍的穿孔纸带外，目前使用的主要还有以下几种。

① 磁盘。随着计算机技术的发展，越来越多的数控系统选择磁盘作为程序载体。编程人员通过计算机将程序输入到磁盘上，再将磁盘插在数控系统的磁盘驱动器上，然后将程序输入到程序存储区。如果是自动编程，可以将计算机与数控机床上的 RS-232 标准串行接口连接在一起，由计算机通过通信电缆直接把加工指令输入数控系统。

② 磁带。这种方法是将编制好的程序录制在数据磁带上，在加工零件时，通过阅读装置将程序从数据磁带上读出来，再输入数控系统。

③ 手工输入。手工输入称为 MDI 方式。对于比较简单或较短的程序，可以用数控机床操作面板上的键盘，将程序直接输入数控系统，并可通过显示器显示有关内容。

④ 网络传输。对于具有与计算机进行数据交换的通信接口的数控机床，例如 RS-232、RS-422、网卡等，编制的数控程序可以直接传输到数控机床里而不需制作控制介质。

# 3.5　常用术语及指令代码

输入数控系统中的、使数控机床执行一个确定的加工任务的、具有特定代码和其他符号编码的一系列指令，称为数控程序（NC Program）或零件程序（Part Program）。生成用数控机床进行零件加工的数控程序的过程，称为数控编程（NC Program）。

数控机床在加工过程中，用来驱动数控机床的起停、正反转，刀具走刀路线的方向，粗、精切削走刀次数的划分，必要的端点停留，换刀，确定主轴转速，进行直线、曲线加工等动作，都是事先由编程人员在程序中用指令的方式予以规定的，这类指令称为工艺指令。工艺指令大体上可分为两类：一类是准备性工艺指令——G 指令；另一类是辅助性工艺指令——M 指令。

数控加工程序使用各种准备性工艺指令和辅助性工艺指令（或 G 代码、M 代码）来描述零件工艺过程中的各种操作和运行特征，它们是数控程序的基本单元。国际上广泛应用的 ISO—1056—1975E 标准规定了 G 代码和 M 代码。我国根据 ISO 标准制定了 JB/T 3208—1999《数控机床穿孔带程序段格式中的准备功能 G 和辅助功能 M 的代码》标准。应该说明的是，由于数控技术的高速发展和市场竞争等因素，导致不同系统间存在部分不兼容，如 FANUC-0i 系统编制的程序无法在 SIEMENS 系统上运行。因此编程必须注意具体的数控系统或机床，应该严格按机床编程手册中的规定进行程序编制。但从数控加工功能上来讲，各数控系统的各项指令通常都含有以下常用术语及指令代码。

**（1）准备性工艺指令**

准备性工艺指令的代码是 G，所以又称为 G 功能、G 指令或 G 代码。这类指令是在数控系统插补运算之前或进行加工之前需要预先规定，为插补运算或某种加工方式作好准备的工艺指令，如刀具沿哪个坐标平面运动，是直线插补还是圆弧插补，是在直角坐标系下还是在极坐标系下等。

G 指令中的数字一般是两位正整数（包括 00）。随着数控系统功能的增加，G00～G99 已不够使用，所以有些数控系统的 G 功能字中的后续数字已采用 3 位数。G 功能有模态 G 功能和非模态 G 功能之分。非模态 G 功能是只在所规定的程序段中有效，程序段结束时被注销；模态 G 功能是指一组可相互注销的 G 功能，其中某一 G 功能一旦被执行，则一直有效，直到被同一组的另一 G 功能注销为止。根据 ISO—1056—1975 国际标准，我国制定了 JB/T 3208—1983 部颁标准，现在应用的是 JB/T 3208—1999 标准（见表 3-4 与表 3-5）。

表 3-4  准备功能 G 代码及含义（符合 JB/T 3208—1999 标准）

| 代码 | 功能保持到被取消或被同样字母表示的程序指令所代替 | 功能仅在所出现的程序段内有作用 | 功能 |
|---|---|---|---|
| G00 | a | | 点定位 |
| G01 | a | | 直线插补 |
| G02 | a | | 顺时针方向圆弧插补 |
| G03 | a | | 逆时针方向圆弧插补 |
| G04 | | * | 暂停 |
| G05 | # | # | 不指定 |
| G06 | a | | 抛物线插补 |
| G07 | # | # | 不指定 |
| G08 | | * | 加速 |
| G09 | | * | 减速 |
| G10～G16 | # | # | 不指定 |
| G17 | c | | XY 平面选择 |
| G18 | c | | ZX 平面选择 |
| G19 | c | | YZ 平面选择 |
| G20～G32 | # | # | 不指定 |
| G33 | a | | 螺纹切削，等螺距 |
| G34 | a | | 螺纹切削，增螺距 |
| G35 | a | | 螺纹切削，减螺距 |
| G36～G39 | # | # | 永不指定 |
| G40 | d | | 刀具补偿/刀具偏置，注销 |
| G41 | d | | 刀具补偿——左 |

| 代码 | 功能保持到被取消或被同样字母表示的程序指令所代替 | 功能仅在所出现的程序段内有作用 | 功能 |
|---|---|---|---|
| G42 | d | | 刀具补偿——右 |
| G43 | ♯(d) | ♯ | 刀具偏置——正 |
| G44 | ♯(d) | ♯ | 刀具偏置——负 |
| G45 | ♯(d) | ♯ | 刀具偏置＋/＋ |
| G46 | ♯(d) | ♯ | 刀具偏置＋/－ |
| G47 | ♯(d) | ♯ | 刀具偏置－/－ |
| G48 | ♯(d) | ♯ | 刀具偏置－/＋ |
| G49 | ♯(d) | ♯ | 刀具偏置0/＋ |
| G50 | ♯(d) | ♯ | 刀具偏置0/－ |
| G51 | ♯(d) | ♯ | 刀具偏置＋/0 |
| G52 | ♯(d) | ♯ | 刀具偏置－/0 |
| G53 | f | | 直线偏移,注销 |
| G54 | f | | 直线偏移 X |
| G55 | f | | 直线偏移 Y |
| G56 | f | | 直线偏移 Z |
| G57 | f | | 直线偏移 XY |
| G58 | f | | 直线偏移 XZ |
| G59 | f | | 直线偏移 YZ |
| G60 | h | | 准确定位1(精) |
| G61 | h | | 准确定位2(中) |
| G62 | h | | 快速定位(粗) |
| G63 | | * | 攻螺纹 |
| G64～G67 | ♯ | ♯ | 不指定 |
| G68 | ♯(d) | ♯ | 刀具偏置,内角 |
| G69 | ♯(d) | ♯ | 刀具偏置,外角 |
| G70～G79 | ♯ | ♯ | 不指定 |
| G80 | e | | 固定循环注销 |
| G81～G89 | e | | 固定循环(见表3-2) |
| G90 | j | | 绝对尺寸 |
| G91 | j | | 增量尺寸 |
| G92 | | * | 预置寄存 |
| G93 | k | | 时间倒数,进给率 |
| G94 | k | | 每分钟进给 |
| G95 | k | | 主轴每转进给 |
| G96 | i | | 恒线速度 |
| G97 | i | | 每分钟转数(主轴) |
| G98,G99 | ♯ | ♯ | 不指定 |

注：1. ♯号：如选作特殊用途，必须在程序格式说明中说明。

2. 如在直线切削控制中没有刀具补偿，则 G43～G52 可指定作其他用途。

3. 在表中左栏括号中的字母（d）表示：可以被同栏中没有括号的字母 d 所注销或代替，亦可被有括号的字母（d）所注销或代替。

4. G45～G52 的功能可用于机床上任意两个预定的坐标。

5. 控制机上没有 G53～G59、G63 功能时，可以指定作其他用途。

表3-5　准备功能 G（固定循环）代码及含义（符合 JB/T 3208—1999 标准）

| 固定循环代码 | 进入 | 在底部 | | 退出到进给开始处 | 典型用途 |
|---|---|---|---|---|---|
| | | 暂停 | 主轴 | | |
| G81 | 进给 | | | 快速 | 钻孔,划中心 |
| G82 | 进给 | 有 | | 快速 | 钻孔,扩孔 |
| G83 | 间断 | | | 快速 | 深孔 |
| G84 | 前进、主轴进给 | | 反转 | 进给 | 攻螺纹 |

| 固定循环代码 | 进入 | 在底部 | | 退出到进给开始处 | 典型用途 |
|---|---|---|---|---|---|
| | | 暂停 | 主轴 | | |
| G85 | 进给 | | | 进给 | 镗孔 |
| G86 | 起动主轴进给 | | 停止 | 快速 | 镗孔 |
| G87 | 起动主轴进给 | | 停止 | 手动 | 镗孔 |
| G88 | 起动主轴进给 | 有 | 停止 | 手动 | 镗孔 |
| G89 | 进给 | 有 | | 进给 | 镗孔 |

### （2）辅助性工艺指令

辅助性工艺指令的代码是 M，故也称 M 功能、M 指令或 M 代码。这类指令与数控系统插补运算无关，而是根据操作机床的需要予以规定的工艺指令。常用来指令数控机床辅助装置的接通和断开（即开关动作），表示机床各种辅助动作及其状态，如主轴的起停、计划中停、主轴定向等。辅助功能 M 代码及含义见表 3-6。

应该说明的是，辅助性工艺指令代码除 M 功能指令代码外，还有 B 功能指令代码，B 功能也称第二辅助功能，它是用来指令工作台进行分度的功能。B 功能用地址 B 及其后面的数字来表示。

表 3-6　辅助功能 M 代码及含义（符合 JB/T 3208—1999 标准）

| 代码 | 功能开始时间 | | 功能保持到被注销或被适当程序指令代替 | 功能仅在所出现的程序段内有作用 | 功能 |
|---|---|---|---|---|---|
| | 与程序段指令运动同时开始 | 在程序段指令运动完成后开始 | | | |
| M00 | | * | | * | 程序停止 |
| M01 | | * | | * | 计划停止 |
| M02 | | * | | * | 程序结束 |
| M03 | * | | * | | 主轴顺时针方向 |
| M04 | * | | * | | 主轴逆时针方向 |
| M05 | | * | * | | 主轴停止 |
| M06 | # | # | | * | 换刀 |
| M07 | * | | * | | 2 号切断液开 |
| M08 | * | | * | | 1 号切断液开 |
| M09 | | * | * | | 切削液关 |
| M10 | # | # | * | | 夹紧 |
| M11 | # | # | * | | 松开 |
| M12 | # | # | # | # | 不指定 |
| M13 | * | | * | | 主轴顺时针方向旋转，切削液开 |
| M14 | * | | * | | 主轴逆时针方向旋转，切削液开 |
| M15 | * | | | * | 正运动 |
| M16 | * | | | * | 负运动 |
| M17，M18 | # | # | # | # | 不指定 |
| M19 | | * | * | | 主轴准停 |
| M20～M29 | # | # | # | # | 永不指定 |
| M30 | | * | | * | 纸带结束 |
| M31 | # | # | | * | 互锁旁路 |
| M32～M35 | # | # | # | # | 不指定 |
| M36 | * | | * | | 进给范围 1 |
| M37 | * | | * | | 进给范围 2 |
| M38 | * | | * | | 主轴速度范围 1 |
| M39 | * | | * | | 主轴速度范围 2 |
| M40～M45 | # | # | # | # | 如有需要作为齿轮换挡，此外不指定 |

| 代码 | 功能开始时间 | | 功能保持到被注销或被适当程序指令代替 | 功能仅在所出现的程序段内有作用 | 功能 |
|---|---|---|---|---|---|
| | 与程序段指令运动同时开始 | 在程序段指令运动完成后开始 | | | |
| M46,M47 | # | # | # | # | 不指定 |
| M48 | | * | * | | 注销 M49 |
| M49 | * | | * | | 进给率修正旁路 |
| M50 | * | | * | | 3 号切削液开 |
| M51 | * | | * | | 4 号切削液开 |
| M52～M54 | # | # | # | # | 不指定 |
| M55 | * | | * | | 刀具直线位移,位置1 |
| M56 | * | | * | | 刀具直线位移,位置2 |
| M57～M59 | # | # | # | # | 不指定 |
| M60 | | * | | * | 更换工件 |
| M61 | * | | * | | 工件直线位移,位置1 |
| M62 | * | | * | | 工件直线位移,位置2 |
| M63～M70 | # | # | # | # | 不指定 |
| M71 | * | | * | | 工件角度位移,位置1 |
| M72 | * | | * | | 工件角度位移,位置2 |
| M73～M89 | # | # | # | # | 不指定 |
| M90～M99 | # | # | # | # | 永不指定 |

注：1. ♯号表示：如选作特殊用途，必须在程序说明中说明。

2. M90～M99 可指定为特殊用途。

### (3) 坐标尺寸字

坐标尺寸字在程序中主要用来指令机床的刀具运动到达的坐标位置。尺寸字是由规定的地址符及后续的带正、负号或者带正、负号又有小数点的多位十进制数组成。地址符用得较多的有三组：第一组是 X、Y、Z、U、V、W、P、Q、R，主要是用来指令到达点坐标值或距离；第二组是 A、B、C、D、E，主要用来指令到达点角度坐标；第三组是 I、J、K，主要用来指令零件圆弧轮廓圆心点的坐标尺寸。

尺寸字可以使用米制，也可以使用英制，多数系统用准备功能字选择。例如，FANUC 系统用 G21/G20 切换，美国 A-B 公司系统用 G71/G70 切换，也有一些系统用参数设定来选择是米制还是英制。尺寸字中数值的具体单位，采用米制时一般用 $1\mu m$、$10\mu m$、$1mm$ 为单位；采用英制时常用 0.0001in 和 0.001in 为单位。选择何种单位，通常用参数设定。现代数控系统在尺寸字中允许使用小数点编程，有的允许在同一程序中有小数点和无小数点的指令混合使用，给用户带来方便。无小数点的尺寸字指令的坐标长度等于数控机床设定单位与尺寸字中后续数字的乘积。例如，采用米制单位若设定为 $1\mu m$，我们指令 Y 向尺寸 360mm 时，应写成 Y360. 或 Y360000。

### (4) 进给速度指令

进给速度指令的代码是 F，所以又称 F 功能，主要分以下几类。

① 每转进给。用 F 指令表示主轴每转的进给量，在车床上通常以 G99 指令表示 [图 3-15 (a)]，在加工中心与数控铣床上一般用 G95 表示。例如，车床以主轴每转进给 0.2mm 时，亦作 F0.2 或者 F20（最小指令单位为 0.01mm/r 时），即主轴每转一周刀具沿其切线方向上移动 0.2mm。

② 每分进给。用 F 指令表示刀具每分钟的进给量，在车床上常用 G98 指令表示 [图 3-15(b)]，在加工中心与数控铣床上常用 G94 表示。

通常，在机床操作面板上有一刻度盘，在相对于控制介质、存储器、手动数据输入运转等所有指令进给量的 10％～150％ 范围内，可以每一级的 10％ 调整进给速度。如果把刻度调整在 100％ 时，便按程序所设定的速度进给。这个刻度盘在试加工时使用，目的是选取最佳的进给

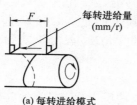 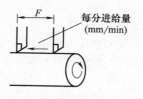

(a) 每转进给模式                    (b) 每分钟进给模式

图 3-15    进给模式设置

速度。

### （5）主轴转速功能指令

主轴转速功能用来指定主轴的转速，单位为 r/min，地址符使用 S，所以又称为 S 功能或 S 指令。中挡以上的数控机床，其主轴驱动已采用主轴控制单元，它们的转速可以直接指令，即用 S 后加数字直接表示每分钟主轴转速。例如，要求 1300r/min，就指令 S1300。

通常，机床面板上设有转速倍率开关，用于不停机手动调节主轴转速。

### （6）刀具功能指令

刀具功能指令是用于指令加工中所用刀具号及自动补偿编组号的地址字，地址符规定其代码为 T。其自动补偿内容主要指刀具的刀位偏差或刀具长度补偿及刀具半径补偿。

加工中心中的自动刀具交换的指令为 M06，在 M06 后用 T 功能来选择所需的刀具。M06 中有 M05 功能，因此用了 M06 后必须设置主轴转速与转向。刀具号由 T 后的两位数字来指定。

在刀库刀具排满时，主轴上无刀，此时主轴上刀号是 T00。换刀后，刀库内无刀的刀套上刀号为 T00。例如，T02 号刀换到主轴上，此时刀库中 T02 号的刀变成了 T00，而且刀库中 T02 号刀套上为空刀。

在刀库刀具排满时，如果也在主轴上装一把刀，则刀具总数可以增加一把，也可以把 T00 作为主轴上这把刀的刀号，刀具交换后，刀库内将无空刀套，T00 号刀实际上存在。例如，T05 号刀与主轴上 T00 号刀交换后，T05 号刀换到主轴上成了 T00 号刀，T05 号刀套内放的是原来主轴上的 T00 号刀，即原来的 T00 号刀变成了现在的 T05 号刀。

编程时可以使用如下两种方法。

① N×××× G28   Z____    T××；

……

N××××    M06；

……

执行该程序段后，T×× 号刀由刀库中转至换刀刀位，作换刀准备，此时执行 T 指令的辅助时间与机动时间重合。本次所交换的为前段换刀指令执行后转至换刀刀位的刀具。

例如：

N0110   G01   X__ Y__ Z__ T01；
N0120
N0130
N0140   G28 Z__ M06；

……

N0200     T02；
N0210
N0220   G28 Z__ M06；

……

在 N0140 段换的是在 N0110 段选出的 T01 号刀，即在 N0200～N0220（不包括 N0220段）段中加工所用的是 T01 号刀。在 N0220 段换上的是 N0200 段选出的 T02 号刀，即从 N0220 下段开始用 T02 号刀加工。在执行 N0110 与 N0220 段的 T 功能时，不占用加工时间。

② N×××× G28 Z＿ T×× M06；
……

返回参考点时，刀库先将 T×× 号刀具转出，然后进行刀具交换，换到主轴上去的刀具为T××。若回参考点的时间小于 T 功能执行时间，则要等到刀库中相应的刀具转到换刀刀位以后才能执行 M06，因此，这种方法占用机动时间较长。例如：

N0110　G01 X＿ Y＿ Z＿ M03 S；
N0120……
N0130 G28 Z＿ T02　M06；
……

在执行 N0130 时，在主轴回参考点的同时，若主轴已回到参考点而刀库还没有转出 T02号刀，此时不执行 M06，直到刀库转出 T02 号刀后，才执行 M06，将 T02 号刀换到主轴上去。

**(7) 刀具管理功能**

有的数控系统有刀具使用寿命管理功能，即可预先置入刀具的使用寿命，该刀具的实际切削时间可由计算机累加计算，达到使用寿命时提示更换锋利的刀具或自动更换刀库上的备用刀。

# 3.6　数控加工程序的格式与组成

每种数控系统，根据系统本身的特点和编程的需要，都有一定的格式。对于不同的机床，其编程格式也不尽相同。通常数控加工程序的格式与组成主要有以下方面的内容。

**(1) 加工程序的组成**

一个完整的数控加工程序由程序号、程序的内容和程序结束三部分组成，如下所示。

O0001；　　　　　　　　　　　　　　　　　　程序号
N10 G92 X0 Y0 Z0；
N20 G90 G00 X20 Y30 T01 S800 M03；
N30 G01 X50 Y10　F200；
N40 X0 Y0；　　　　　　　　　　　　　　　　程序内容
N50 M02；　　　　　　　　　　　　　　　　　程序结束

① 程序号。一段程序常用程序号表示程序开始，地址符字母 O（或 P）加表示程序号的数值（最多 4 位，数值没有具体含义）组成，其后可加括号注出程序名或作注释，但不得超过 16 个字符。程序号必须放在程序之首。但是，不同的数控系统程序号地址符不同，例如 SIEMENS 8M 系统，程序号地址符用"％"；FANUC 6M 系统，程序号地址符用"O"。

② 程序内容。程序内容部分是整个程序的核心部分，由若干程序段组成，表示数控机床要完成的全部动作。常用顺序号表示顺序，程序中可以在程序段前任意设置顺序号，可以不写，也可以不按顺序编号，或只在重要程序段前按顺序编号，以便检索。如在不同刀具加工时给出不同的顺序号，顺序号也叫程序段号或程序段序号。顺序号位于程序段之首，它的地址符是 N，后续数字一般 2～4 位。顺序号可以用在主程序、子程序和宏程序中。

③ 程序结束。以程序结束指令构成一个最后的程序段。程序结束指令常用 M02 或 M30。

程序段号加上若干个程序字就可组成一个程序段。在程序段中表示地址的英文字母可分为尺寸字地址和非尺寸字地址两种。表示尺寸字地址的有 X、Y、Z、U、V、W、P、Q、I、J、K、A、B、C、D、E、R、H 共 18 个英文字母。表示非尺寸字地址的有 N、G、F、S、T、M、L、O 共 8 个英文字母。其字母的含义见表 3-7。

表 3-7　地址字母表

| 地址 | 功能 | 意义 | 地址 | 功能 | 意义 |
|---|---|---|---|---|---|
| A | 坐标字 | 绕 X 轴旋转 | N | 顺序号 | 程序段顺序号 |
| B | 坐标字 | 绕 Y 轴旋转 | O | 程序号 | 程序号、子程序号的指定 |
| C | 坐标字 | 绕 Z 轴旋转 | P | 特殊功能 | 暂停或程序中某功能的开始使用的顺序 |
| D | 补偿号 | 刀具半径补偿指令 | Q | 特殊功能 | 固定循环终止段号或固定循环中的定距 |
| E | 进给速度 | 第二进给功能 | R | 坐标字 | 固定循环中定距离或圆弧半径的指定 |
| F | 进给速度 | 进给速度的指令 | S | 主轴功能 | 主轴转速的指定 |
| G | 准备功能 | 指令动作方式 | T | 刀具功能 | 刀具编号的指定 |
| H | 补偿号 | 补偿号的指定 | U | 坐标字 | 与 X 轴平行的附加轴的增量坐标值或暂停时间 |
| I | 坐标字 | 圆弧中心 X 轴向坐标 | V | 坐标字 | 与 Y 轴平行的附加轴的增量坐标值 |
| J | 坐标字 | 圆弧中心 Y 轴向坐标 | W | 坐标字 | 与 Z 轴平行的附加轴的增量坐标值 |
| K | 坐标字 | 圆弧中心 Z 轴向坐标 | X | 坐标字 | X 轴的坐标值或暂停时间 |
| L | 重复次数 | 固定循环及子程序的重复次数 | Y | 坐标字 | Y 轴的坐标值 |
| M | 辅助功能 | 机床开/关指令 | Z | 坐标字 | Z 轴的坐标值 |

程序中有时会用到一些符号，它们的含义见表 3-8。

表 3-8　程序中所用符号及含义

| 符号 | 意义 | 符号 | 意义 |
|---|---|---|---|
| HT 或 TAB | 分隔符 | — | 负号 |
| LF 或 NL | 程序段结束 | / | 跳过任意程序段 |
| % | 程序开始 | : | 对准功能 |
| ( | 控制暂停 | BS | 返回 |
| ) | 控制恢复 | EM | 纸带终了 |
| + | 正号 | DEL | 注销 |

**(2) 程序段格式**

程序段格式是指在同一个程序段中关于字母、数字和符号等各个信息代码的排列顺序和含义规定的表示方法。数控机床有以下三种程序段格式：固定程序段格式；具有分隔符号 TAB 的固定顺序的程序段格式；字地址程序段格式。

目前，使用最多的就是字地址程序段格式（也称为使用地址符的可变程序段格式）。以这种格式表示的程序段，每一个字之前都标有地址码用以识别地址。因此对不需要的字或与上一程序段相同的字都可省略。一个程序段内的各字也可以不按顺序（但为了编程方便，常按一定的顺序）排列。采用这种格式虽然增加了地址读入，但编程直观灵活，便于检查，可缩短程序段，广泛用于车、铣等数控机床。

# 3.7　手工编程中的数学处理

在编制程序，特别是手工编程时，往往需要根据零件图样和加工路线计算出机床控制装置所需输入的数据，也就是进行机床各坐标轴位移数据的计算和插补计算。此时，就需要通过数学方法计算出后续数控编程所需的各组成图素坐标的数值。通常编程时的数学处理方法主要有以下几种。

**(1) 数值换算**

当图样上的尺寸基准与编程所需要的尺寸基准不一致时，应将图样上的尺寸基准、尺寸换算为编程坐标系中的尺寸，再进行下一步数学处理工作。数值换算的内容主要有以下方面。

① 标注尺寸换算。图样上的尺寸基准与编程所需要的尺寸基准不一致时，应将图样上的尺寸基准、尺寸换算为编程坐标系中的尺寸，再进行下一步数学处理工作。

② 尺寸链解算。在数控加工中，除了需要准确地得到其编程尺寸外，还需要掌握控制某些重要尺寸的允许变动量，这就需要通过尺寸链解算才能得到，故尺寸链解算是数学处理中的一个重要内容。

**（2）坐标值计算**

编制加工程序时，需要进行的坐标值计算工作有：基点的直接计算、节点的拟合计算及刀具中心轨迹的计算等。

**（3）基点与节点**

编制加工程序时，需要进行的坐标值计算工作有基点的直接计算、节点的拟合计算及刀具中心轨迹的计算等。

1）基点

构成零件轮廓的不同几何素线的交点或切点称为基点，它可以直接作为其运动轨迹的起点或终点。

基点直接计算的内容有：每条运动轨迹（线段）的起点或终点在选定坐标系中的各坐标值和圆弧运动轨迹的圆心坐标值。

基点直接计算的方法比较简单，一般根据零件图样所给已知条件人工完成。

2）节点

当采用不具备非圆曲线插补功能的数控机床加工非圆曲线轮廓的零件时，在加工程序的编制工作中，常常需要用直线或圆弧去近似代替非圆曲线，称为拟合处理。拟合线段的交点或切点就称为节点。

节点拟合计算的难度及工作量都较大，故宜通过计算机完成；有时，也可由人工计算完成，但对编程者的数学处理能力要求较高。拟合结束后，还必须通过相应的计算，对每条拟合段的拟合误差进行分析。

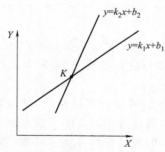

图 3-16　直线与直线相交

3）基点的计算实例

基点一般采用联立方程组求解。

① 如图 3-16 所示，已知直线 $y = k_1 x + b_1$ 与直线 $y = k_2 x + b_2$ 相交，求其交点 $(x_k, y_k)$，利用直线与方程联立，得联立方程

$$\begin{cases} y = k_1 x + b_1 \\ y = k_2 x + b_2 \end{cases}$$

求出交点 $(x_k, y_k)$ 即可。

② 如图 3-17 所示，直线 $y = kx + b$ 与以点 $(x_0, y_0)$ 为圆心，半径为 $R$ 的圆弧相交，求圆弧与直线的交点 $C$ 坐标 $(x_C, y_C)$。

直线方程与圆方程联立，得联立方程组 $\begin{cases} (x - x_0)^2 + (y - y_0)^2 = R^2 \\ y = kx + b \end{cases}$

经推算后可得计算公式如下

$$A = 1 + k^2$$
$$B = 2[k(b - y_0) - x_0]$$
$$C = x_0{}^2 + (b - y_0)^2 - R^2$$

$$x_C = \frac{-B \pm \sqrt{B^2 - 4AC}}{2A} \quad （求 x_C 较大时取"＋"号）$$

$$y_c = kx_C + b$$

上式也可用于求解直线与圆相切时的切点坐标。当直线与圆相切时，取 $B^2-4AC=0$，此时 $x_C=-\dfrac{B}{2A}$

其余计算公式不变。

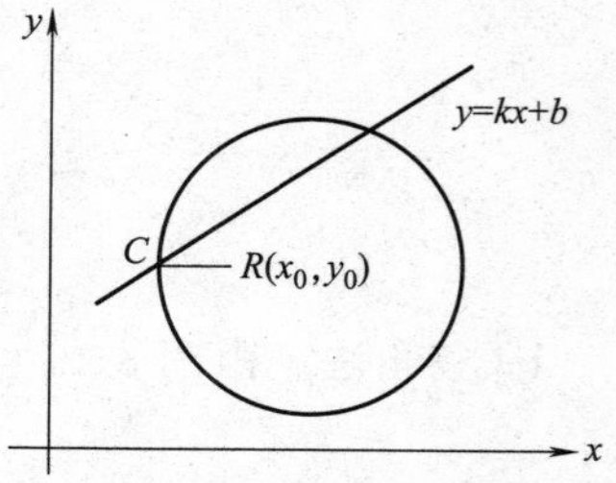

③ 如图 3-18 所示，已知两相交圆的圆心坐标及半径分别为 $(x_1,\ y_1)$，$R_1$ 和 $(x_2,\ y_2)$，$R_2$，求其交点坐标 $(x_C,\ y_C)$。

联立两圆方程 $\begin{cases}(x-x_1)^2+(y-y_1)^2=R_1^2\\(x-x_2)^2+(y-y_2)^2=R_2^2\end{cases}$

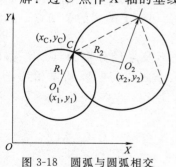

图 3-17　直线与圆弧相交

经推算后可得计算公式如下：

令　$\Delta x=x_2-x_1$

$\Delta y=y_2-y_1$

$$D=\frac{(x_2^2+y_2^2-R_2^2)-(x_1^2+y_1^2-R_1^2)}{2}$$

$$A=1+\left(\frac{\Delta x}{\Delta y}\right)^2$$

$$B=2\left[\left(y_1-\frac{D}{\Delta y}\right)\frac{\Delta x}{\Delta y}-x\right]$$

$$C=\left(y_1-\frac{D}{\Delta y}\right)^2+x_1^2-R_1^2$$

则 $x_C=\dfrac{-B\pm\sqrt{B^2-4AC}}{2A}$（求 $x_C$ 较大时取"＋"号）　$y_C=\dfrac{D-x_C\Delta x}{\Delta y}$

当两圆相切时，取 $B^2-4AC=0$ 即可。

④ 如图 3-19 中要求 $C$ 点坐标，可应以下方法进行计算。

解：过 $C$ 点作 $X$ 轴的垂线与过 $O_1$ 点作 $Y$ 轴的垂线相交于 $G$ 点。

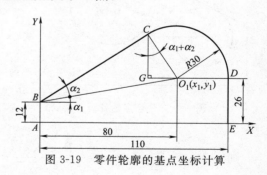

图 3-18　圆弧与圆弧相交

图 3-19　零件轮廓的基点坐标计算

a. 解析法。根据图 3-19 中各坐标位置关系可知

$$\begin{cases}\Delta x=x_1-x_B=80-0=80\\\Delta y=y_1-y_B=26-12=14\end{cases}$$

则 $\begin{cases}\alpha_1=\arctan\left(\dfrac{\Delta y}{\Delta x}\right)=9.92625°\\[2mm]\alpha_2=\arcsin\left(\dfrac{R}{\sqrt{\Delta x+\Delta y}}\right)=21.67778°\end{cases}$　　用 $k$ 表示 $\overline{BC}$ 直线的斜率

$$k=\tan(\alpha_1+\alpha_2)=0.6153$$

该直线对 $Y$ 轴的截距 $b=12$，圆心为 $O_1$ 的圆方程与直线 $\overline{BC}$ 的方程联立求解

$$\begin{cases}(x-80)^2+(y-26)^2=30^2\\y=0.6153x+12\end{cases}$$

$$A = 1 + k^2 = 1.3786$$

$$B = 2[k(b-y_1) - x_1] = 2[0.615 \times (12-26) - 80] = -177.23$$

$$x_C = \frac{-B}{2A} = \frac{-(-177.23)}{2 \times 1.3786} = 64.279$$

$$y_C = kx_C + b = 0.6153 \times 64.279 + 12 = 51.551$$

b. 三角法。由图 3-19 可知，当已知 $\alpha_1$ 和 $\alpha_2$ 后，可利用三角函数关系得

$$80 - x_C = \sin(\alpha_1 + \alpha_2)R$$

$$y_C - 26 = \cos(\alpha_1 + \alpha_2)R$$

$$x_C = 80 - \sin(\alpha_1 + \alpha_2) \times 30 = 64.27$$

$$y_C = \cos(\alpha_1 + \alpha_2) \times 30 + 26 = 51.55$$

由此可见，直接利用图形间的几何三角关系求解基点坐标，计算过程相对于联立方程求解会简单一些。但用这种方法求解时，必须考虑组成轮廓的直线、圆的方向性，只有这样，在多数情况下解才是唯一的。例如在图 3-20 中，为求得两圆的公切线，按作图法应该有四条，这就需要对图形中的直线和圆赋予方向性，这样解才是唯一的。

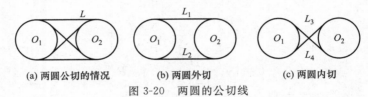

(a) 两圆公切的情况　　(b) 两圆外切　　(c) 两圆内切

图 3-20　两圆的公切线

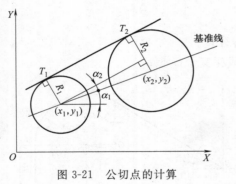

图 3-21　公切点的计算

如在图 3-20(b) 中，假设 $O_1$ 和 $O_2$ 因都是顺时针走向，则按照带轮法则，从 $O_1$ 到 $O_2$ 的公切线只能是 $L_1$，而从 $O_2$ 到 $O_1$ 的公切线只能是 $L_2$。图 3-20(a)、(c) 表示了其他两种情况。下面利用这种定向关系采用三角函数法求解公切线上两圆的公切点，如图 3-21 所示。

已知两圆的圆心坐标及半径分别为 $(x_1, y_1)$，$R_1$ 和 $(x_2, y_2)$，$R_2$，一直线与两圆圆弧相切，求切点坐标 $T_1(x_{T1}, y_{T1})$，$T_2(x_{T2}, y_{T2})$。

令　$\Delta x = x_2 - x_1$

$\Delta y = y_2 - y_1$

则　$\tan\alpha_1 = \dfrac{\Delta y}{\Delta x}$，$\sin\alpha_2 = \dfrac{R_2 \pm R_1}{\sqrt{\Delta x^2 + \Delta y^2}}$

注：求内公切线切点坐标用"+"，求外公切线切点坐标用"-"。$R_2$ 表示较大圆的半径，$R_1$ 表示较小圆的半径。

$$\beta = |\alpha_1 \pm \alpha_2|, \quad x_{T1} = x_1 \pm R_1\sin\beta, \quad y_{T1} = y_1 \pm R_1|\cos\beta|$$

同理：$x_{T2} = x_2 \pm R_2\sin\beta$，$y_{T2} = y_2 \pm R_2|\cos\beta|$

说明：$\beta$ 角为公切线与水平线的夹角（角度值取绝对值不大于 90° 的那个角），计算 $\beta$ 时，$\alpha_2$ 前面的"±"号取决于已知切线 $L$ 相对于基准线（两圆圆心连线）的旋向。当已知切线 $L$ 相对于基准线逆时针方向旋转时，取"+"号；顺时针方向旋转时，取"-"号，角度取绝对值不大于 90° 的那个角，注意选择。$\alpha_2$ 角的旋向在计算时至关重要。

计算切点 $T(x_T, y_T)$ 时，其"±"号的选取取决于 $T(x_T, y_T)$ 相对于该切点所在圆的圆心坐标 $(x_i, y_i)$ 所处的象限位置，如果 $x_T$ 在 $x_T$ 右边时取"+"号，反之取"-"号；如果 $y_T$ 在 $y_i$ 上边时取"+"号，反之取"-"号。

⑤ 又如要计算用四心法加工 $a=150$，$b=100$ 的近似椭圆所用数值，可采用以下方法。

解：用四心法加工椭圆工件时，一般选椭圆的中心为工件零点（如图 3-22 所示）。

用四心法加工椭圆工件时，数值计算的基础就是用四心法作近似椭圆的画法（如图 3-23 所示）。

第一步：做相互垂直平分的线段 $AB$ 与 $CD$ 交于点 $O$，其中 $AB=2a=300\text{mm}$ 为长轴，$CD=2b=200\text{mm}$ 为短轴。

第二步：连接 $AC$，取 $CG=AO-OC=50$。

第三步：作 $AG$ 的垂直平分线分别交 $AG$、$AO$、$OD$ 的延长线于 $E$、$O_1$、$O_3$。

第四步：作 $O_1$、$O_3$ 的对称点 $O_2$、$O_4$。

第五步：分别以 $O_1$、$O_2$、$O_3$、$O_4$ 为圆心，$O_1A$、$O_2B$、$O_3C$、$O_4D$ 为半径作圆，分别相切于 $B'$、$A'$、$D'$、$C'$，即得一近似椭圆。

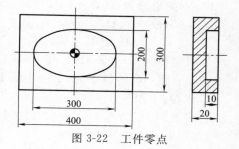
图 3-22 工件零点

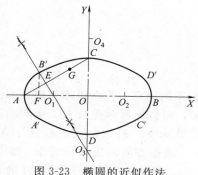
图 3-23 椭圆的近似作法

用四心法加工椭圆工件时，数值计算就是求 $B'$、$A'$、$D'$、$C'$ 以及 $O_1$、$O_2$、$O_3$、$O_4$ 的坐标，由用四心法作椭圆的画法可知：

$B'$ 与 $A'$、$D'$、$C'$ 是对称的，$O_1$、$O_3$ 与 $O_2$、$O_4$ 也是对称的，因此只要求出 $B'$、$O_1$、$O_3$ 点的坐标，其他点的坐标也迎刃而解了。

$AO=150$

$OC=100$

$AC=\sqrt{150^2+100^2}=180.2776$

由用四心法作椭圆的画法可知：

$GC=AO-OC=50$

$AE=(AC-GC)/2=65.1388$

$\triangle B'FO_1 \cong \triangle AEO_1$

$B'F=AE=65.1388$

$AO_1=B'O_1$

又：$\triangle B'FO_1 \backsim \triangle AOC$

$\dfrac{B'F}{AO}=\dfrac{O_1F}{CO}=\dfrac{B'O_1}{AC}$

$O_1F=43.4258$

$B'O_1=\sqrt{B'F^2+O_1F^2}=78.2871$

$R_1=AO_1=B'O_1=78.2871$

$OO_1=AO-O_1A=71.7129$

$OF=O_1F+OO_1=115.1549$

$O_1$ 点坐标为 $(-71.7129, 0)$

$B'$ 点坐标为 $(-115.1549, 65.1388)$

$\triangle B'FO_1 \backsim \triangle O_3OO_1$

$\dfrac{B'F}{OO_3}=\dfrac{O_1F}{O_1O}$

$OO_3=107.5695$

$R_3=O_3C=207.5695$

$O_3$ 点的坐标为（0，$-107.5695$）。当然，这些点的坐标亦可以用解析法求得，即：

由 $\lambda = \dfrac{AE}{EC} = \dfrac{AE}{EG+GC} = 0.5655$ 与定比分点定理可得：

$E$ 点坐标为（$-95.816$，$36.1226$）

又：直线 $AC$ 的斜率为 $k_{AC} = 100/150 = 0.6667$

且 $B'O_3 \perp AC$

直线 $B'O_3$ 的方程为：$y - 36.1226 = -1.5(x + 95.816)$ 即

$1.5x + y + 107.6014 = 0$

$O_1$、$O_3$ 点的坐标为（$-71.7129$，0），（0，$-107.5695$）

则以 $O_1$、$O_3$ 为圆心的方程为：

$(x + 71.7129)^2 + y = 78.28712$

$x^2 + (y + 107.5695)^2 = 207.5695^2$

$B'$ 点的坐标为（$-115.1549$，$65.1388$）

由 $O_1$、$O_3$、$B'$ 点的坐标就可以很容易地求出 $O_2$、$O_4$、$A'$、$C'$、$D'$ 点的坐标了。

# 3.8　数控铣床上的有关点

## 3.8.1　机床原点

机床原点是指在机床上设置的一个固定的点，即机床坐标系的原点。它在机床装配、调试

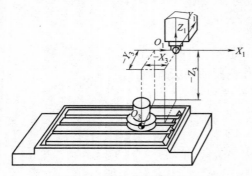

图 3-24　数控铣床机床原点

时就已确定下来了，是数控机床进行加工运动的基准参考点。在数控铣床上，机床原点一般取在 $X$、$Y$、$Z$ 三个直线坐标轴正方向的极限位置上，如图 3-24 所示，图中 $O_1$ 即为立式数控铣床的机床原点。

## 3.8.2　机床参考点

许多数控机床（全功能型及高档型）都设有机床参考点，该点至机床原点在其进给坐标轴方向上的距离在机床出厂时已准确确定，使用时可通过"寻找操作"方式进行确认。它与机床原点相对应，有的机床参考点与原点重合。它是机床制造商在机床上借助行程开关设置的一个物理位置，与机床原点的相对位置是固定的，机床出厂之前由机床制造商精密测量确定。一般来说，加工中心的参考点为机床的自动换刀位置，如图 3-25 所示。当然，有的加工中心的换刀点为第二参考点，与数控车床一样。

机床原点实际上是通过返回（或称寻找）机床参考点来完成确定的。机床参考点的位置在每个轴上都是通过减速行程开关粗定位，然后由编码器零位电脉冲（或称栅格零点）精定位的。数控机床通电后，必须首先使各轴均返回各自参考点，从而确定了机床坐标系后，才能进行其他操作。机床参考点相对机床原点的值是一个可设定的参数值。它由机床厂家测量并输入至数控系统中，用户不得改变。当返回参考点的工作完成后，显示器即显示出机床参考点在机床坐标系中的坐标值，此表明机床坐标系已经建立。

值得注意的是不同数控系统返回参考点的动作、细节不同，因此当使用时，应仔细阅读其有关说明。

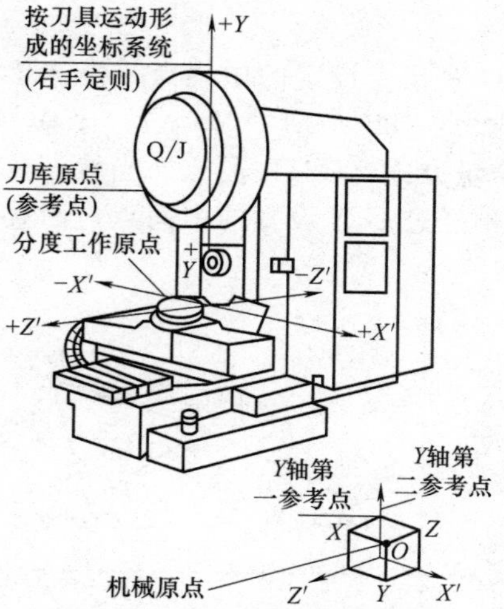

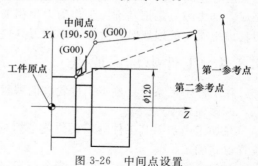

按刀具运动形成的坐标系统（右手定则）

刀库原点（参考点）

分度工作原点

机械原点

Y轴第一参考点

Y轴第二参考点

图 3-25　加工中心的机床参考点

**（1）返回参考点**

参考点是 CNC 机床上的固定点，可以利用返回参考点指令将刀架移动到该点，可以设置多个参考点，其中第一参考点与机床参考点一致，第二、第三和第四参考点与第一参考点的距离利用参数事先设置。接通电源后必须先进行第一参考点返回，否则不能进行其他操作。

参考点返回有两种方法：

① 手动参考点返回。该功能是用于接通电源后，利用机床上的选择开关实现手动返回参考点。

② 自动参考点返回。该功能是用于接通电源已进行手动参考点返回后，在程序中需要返回参考点进行换刀时使用自动参考点返回功能。

自动参考点返回时需要用到如下指令。

G28 X ___ ;　　　　　　　　　X 向回参考点。
G28 Z ___ ;　　　　　　　　　Z 向回参考点。
G28 X ___ Y ___ Z ___ ;　　　主轴回参考点。

其中 X、Y、Z 坐标设定值为指定的某一中间点，但此中间点不能超过参考点，如图 3-26 所示。该点可以以绝对值（G90）的方式写入，也可以以增量（G91）方式写入。

系统在执行 G28 X ___ ; 时，X 向快速向中间点移动，到达中间点后，再快速向参考点定位，到达参考点，X 向参考点指示灯亮，说明参考点已到达。

G28 Z ___ ; 的执行过程与 X 向回参考点完全相同，只是 Z 向到达参考点时，Z 向参考点的指示灯亮。

G28 X ___ Y ___ Z ___ ; 是 X、Y、Z 同时各自回其参考点，最后以 X 向参考点与 Z 向参考点的指示灯都亮而结束。

图 3-26　中间点设置

（中间点 (190,50)　(G00)　工件原点　$\phi 120$　第一参考点　第二参考点）

返回机床这一固定点的功能用来在加工过程中检查坐标系的正确与否和建立机床坐标系，以确保精确地控制加工尺寸。

G30 P2 X ___ Y ___ Z ___ ;　　第二参考点返回，P2 可省略。
G30 P3 X ___ Y ___ Z ___ ;　　第三参考点返回。
G30 P4 X ___ Y ___ Z ___ ;　　第四参考点返回。

第二、第三和第四参考点返回中的 X、Y、Z 的含义与 G28 中的相同。

**（2）参考点返回校验 G27**

G27 用于加工过程中，检查是否准确地返回参考点。指令格式如下。

G27　X ___ ;　　　　　　　　向参考点校验
G27　Z ___ ;　　　　　　　　向参考点校验
G27　X ___ Y ___ Z ___ ;　　参考点校验

执行 G27 指令的前提是机床在通电后必须返回过一次参考。（手动返回或用 G28 返回）。

执行完 G27 指令以后，如果机床准确地返回参考点，则面板上的参考点返回指示灯亮，否则，机床将出现报警。

**（3）从参考点返回 G29**

G29 指令使刀具以快速移动速度，从机床参考点经过 G28 指令设定的中间点，快速移动到 G29 指令设定的返回点，如图 3-27 所示，其程序段格式为：G29　X ＿ Y ＿ Z ＿；其中，X、Y、Z 值可以以绝对值（G90）的方式写入，也可以以增量方式（G91）写入。当然，在从参考点返回时，可以不用 G29 而用 G00 或 G01，但此时，不经过 G28 设置的中间点，而直接运动到返回点。

在铣削类数控机床上，G28、G29 后面可以跟 *X*、*Y*、*Z* 中的任一轴或任二轴的坐标，亦可三轴都跟，其意义与以上介绍的相同。

### 3.8.3　刀架相关点

从机械上说，所谓寻找机床参考点，就是使刀架相关点与机床参考点重合，从而使数控系统得知刀架相关点在机床坐标系中的坐标位置。所有刀具的长度补偿量均是刀尖相对该点长度尺寸，即为刀长。例如对车床类有 $X_{刀长}$、$Z_{刀长}$，对铣床类有 $Z_{刀长}$。可采用机内或机外刀具测量的方法测得每把刀具的补偿量。

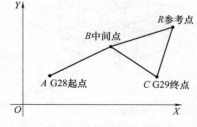

图 3-27　G28、G29 与
G00（G01）的关系
G28 的轨迹为 $A \to B \to R$
G29 的轨迹为 $R \to B \to C$
G00（G01）的轨迹为 $R \to C$

有些数控机床使用某把刀具作为基准刀具，其他刀具的长度补偿均以该刀具作为基准，对刀则直接用基准刀具完成。这实际上是把基准刀尖作为刀架相关点，其含义与上相同。但采用这种方式确，当基准刀具出现误差或损坏时，整个刀库的刀具要重新设置。

### 3.8.4　工件坐标系原点

在工件坐标系上，确定工件轮廓的编程和计算原点，称为工件坐标系原点，简称为工件原点，亦称编程零点。

在加工中，因其工件的装夹位置是相对于机床而固定的，所以工件坐标系在机床坐标系中位置也就确定了。

在镗铣类数控机床上，G92 指令与 G54～G59 指令都是用于设定工件加工坐标系的，但它们在使用中是有区别的，G92 指令是通过程序来设定工件加工坐标系的；G54～G59 指令是通过 CRT/MDI 在设置参数方式下设定工件加工坐标系的，工件坐标系一经设定，加工坐标原点在机床坐标系中的位置是不变的，它与刀具的当前位置无关，除非再通过 CRT/MDI 方式更改。G92 指令程序段只是设定加工坐标系，而不产生任何动作；G54～G59 指令程序段则可以和 G00、G01 指令组合在选定的加工坐标系中进行位移。

**（1）用 G92 确定工件坐标系**

在编程中，一般是选择工件或夹具上的某一点作为编程零点，并以这一点作为零点，建立一个坐标系，这个坐标系是通常所讲的工件坐标系。这个坐标系的原点与机床坐标系的原点（机床零点）之间的距离用 G92（EIA 代码中用 G50）指令进行设定，即确定工件坐标系原点距刀具现在位置多远的地方，也就是以程序的原点为准，确定刀具起始点的坐标值，并把这个设定值存于程序存储器中，作为零件所有加工尺寸的基准点。因此，在每个程序的开头都要设定工件坐标系，其标准编程格式如下：

G92 X ＿ Y ＿ Z ＿；

如图 3-28 所示为立式加工中心工件坐标系设定的例子。图中机床坐标系原点（机械原点）是指刀具退到机床坐标系最远的距离点，在机床出厂之前已经调好，并记录在机床说明书或编程手册之中，供用户编程时使用。

如图 3-29 所示给出了用 G92 确定工件坐标系的例子。

N1 G90；

N2 G92 X6.0 Y6.0 Z0；

……

N8 G00 X0 Y0；

N9 G92 X4.0 Y3.0；

……

N13 G00 X0 Y0；

N14 G92 X4.5 Y−1.2；

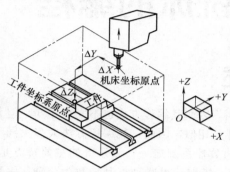

图 3-28　立式加工中心工件坐标系的建立

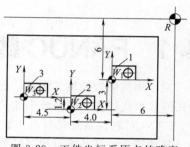

图 3-29　工件坐标系原点的确定

### （2）用 G54～G59 确定工件坐标系

如图 3-30 所示给出了用 G54～G59 确定工件坐标系的方法。

工件坐标系的设定可采用输入每个坐标系距机械原点的 $X$、$Y$、$Z$ 轴的距离（X、Y、Z）来实现。在图 3-28 中分别设定 G54 和 G59 时可用下列方法：

| G54 时 | G59 时 |
| --- | --- |
| $X-X_1$ | $X-X_2$ |
| $Y-Y_1$ | $Y-Y_2$ |
| $Z-Z_1$ | $Z-Z_2$ |

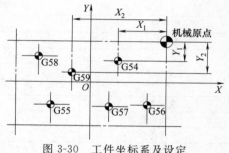

图 3-30　工件坐标系及设定

当工件坐标系设定后，如果在程序中写成：G90 G54 X30.0 Y40.0 时，机床就会向预先设定的 G54 坐标系中的 $A$ 点（30.0，40.0）处移动。同样，当写成 G90 G59 X30.0 Y30.0 时，机床就会向预先设定的 G59 坐标系中的 $B$ 点（30.0，30.0）处移动（图 3-31）。

另外，在用 G54～G59 方式时，通过 G92 指令编程后，也可建立一个新的工件加工坐标系。如图 3-32 所示，在 G54 方式时，当刀具定位于 $XOY$ 坐标平面中的（200，160）点时，执行程序段：G92　X100.0　Y100.0 就由向量 $A$ 偏移产生了一个新的工件坐标系 $X'O'Y'$ 坐标平面。

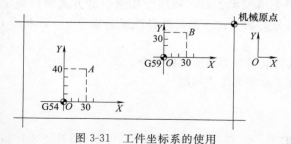

图 3-31　工件坐标系的使用

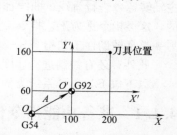

图 3-32　重新设定 $X'O'Y'$ 坐标平面

# 第4章

# FANUC系统数控铣床的编程

## 4.1　FANUC 数控编程概述

　　对于不同的数控加工设备，由于采用的数控系统不同，因而其编程方法也不完全相同，但其使用的数控代码在不同系统中除了少数应用不同外，大部分相似，因此，其编程方法大多大同小异。FANUC 数控系统是目前在数控铣床应用最为广泛的数控系统之一。该系统的主要特点是：轴控制功能强，其基本可控制轴数为 3 轴（$x$、$y$、$z$ 轴），扩展后可联动控制轴数为 4 轴；编程代码通用性强，编程方便，可靠性高。常用功能地址码及其含义见表 4-1。

表 4-1　常用功能地址码及其含义

| 功　　能 | 文　字　码 | 含　　义 |
|---|---|---|
| 程序号 | O：ISO/EIA | 表示程序代号（1～9999） |
| 程序段号 | N | 表示程序段代号（1～9999） |
| 准备功能 | G | 确定移动方式等准备功能 |
| 坐标字 | X、Y、Z、A、B、C | 坐标轴移动指令（±99999.999mm） |
| | R | 圆弧半径（±99999.999mm） |
| | I、J、k | 圆弧圆心坐标（±99999.999mm） |
| 进给功能 | F | 表示进给速度（1～1000mm/min） |
| 主轴功能 | S | 表示主轴转速（0～9999r/min） |
| 刀具功能 | T | 表示刀具号（0～99） |
| 辅助功能 | M | 切削液开、关控制等辅助功能（0～99） |
| 偏移号 | H | 表示偏移代号（0～99） |
| 暂停 | P、X | 表示暂停时间（0～99999.999s） |
| 子程序号及子程序调用次数 | P | 子程序的标定及子程序重复调用次数设定（1～9999） |
| 宏变量 | P、Q、R | 变量代号 |

　　与其他数控系统控制的数控机床加工一样，数控机床在加工过程中，用来驱动数控机床的起停、正反转，刀具走刀路线的方向，粗、精切削走刀次数的划分，必要的端点停留，换刀，确定主轴转速，进行直线、曲线加工等动作，都是事先由编程人员在程序中用指令的方式予以规定的，这类指令称为工艺指令。工艺指令大体上可分为两类：一类是准备性工艺指令——G 指令；另一类是辅助性工艺指令——M 指令。

　　此外，还有控制进给速度、主轴转速、刀具功能指令等其他功能指令。

　　以下以 FANUC 系统为例，介绍其在数控铣床编程的相关问题。

### 4.1.1　准备功能指令代码

　　准备功能 G 代码是建立坐标平面、坐标系偏置、刀具与工件相对运动轨迹（插补功能）以及刀具补偿等多种加工操作方式的指令。准备功能代码是用地址字 G 和后面的两位数字来表示的，范围由 G00～G99。它规定了该程序段指令的功能。常用 G 代码指令的功能如表 4-2 所示。

表 4-2　常用 G 代码指令的功能

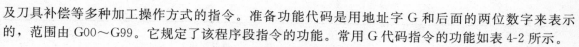

FANUC 0i-MA

| G 代码 | 组 | 功能 | | | |
|---|---|---|---|---|---|
| G00 | | 定位 | | | |
| G01 | 01 | 直线插补 | | | |
| G02 | | 圆弧插补/螺旋线插补 CW | | | |
| G03 | | 圆弧插补/螺旋线插补 CCW | | | |
| G04 | | 暂停,准确停止 | | | |
| G05.1 | | 预读控制(超前读多个程序段) | | | |
| G07.1(G107) | | 圆柱插补 | | | |
| G08 | 00 | 预读控制 | | | |
| G09 | | 准确停止 | | | |
| G10 | | 可编程数据输入 | | | |
| G11 | | 可编程数据输入方式取消 | | | |
| G15 | 17 | 极坐标指令消除 | | | |
| G16 | | 极坐标指令 | | | |
| G17 | | 选择 $xoy$ 平面 | | $x$ 轴或其平行轴 | |
| G18 | 02 | 选择 $zox$ 平面 | | $y$ 轴或其平行轴 | |
| G19 | | 选择 $yoz$ 平面 | | $z$ 轴或其平行轴 | |
| G20 | 06 | 英制输入 | | | |
| G21 | | 米制输入 | | | |
| G22 | 04 | 存储行程检测功能接通 | | | |
| G23 | | 存储行程检测功能断开 | | | |
| G27 | | 返回参考点检测 | | | |
| G28 | | 返回参考点 | | | |
| G29 | 00 | 从参考点返回 | | | |
| G30 | | 返回第 2、3、4 参考点 | | | |
| G31 | | 跳转功能 | | | |
| G33 | 01 | 螺纹切削 | | | |
| G37 | 00 | 自动刀具长度测量 | | | |
| G39 | | 拐角偏置圆弧插补 | | | |
| G40 | | 刀具半径补偿取消 | | | |
| G41 | 07 | 刀具半径补偿,左侧 | | | |
| G42 | | 刀具半径补偿,右侧 | | | |
| G40.1(G150) | | 法线方向控制取消方式 | | | |
| G41.1(G151) | 18 | 法线方向控制左侧接通 | | | |
| G42.1(G152) | | 法线方向控制右侧接通 | | | |
| G43 | 08 | 正向刀具长度补偿 | | | |
| G44 | | 负向刀具长度补偿 | | | |
| G45 | | 刀具位置偏置加 | | | |
| G46 | | 刀具位置偏置减 | | | |
| G47 | 00 | 刀具位置偏置加 2 倍 | | | |
| G48 | | 刀具位置偏置减 2 倍 | | | |
| G49 | 08 | 刀具长度补偿取消 | | | |
| G50 | 11 | 比例缩放取消 | | | |
| G51 | | 比例缩放有效 | | | |
| G50.1 | 22 | 可编程镜像取消 | | | |
| G51.1 | | 可编程镜像有效 | | | |
| G52 | 00 | 局部坐标系设定 | | | |
| G53 | | 选择机床坐标系 | | | |
| G54 | 14 | 选择工件坐标系1 | | | |

| G 代码 | 组 | 功能 |
|---|---|---|
| G54.1 | | 选择附加工件坐标系 |
| G55 | | 选择工件坐标系 2 |
| G56 | | 选择工件坐标系 3 |
| G57 | | 选择工件坐标系 4 |
| G58 | 00/01 | 选择工件坐标系 5 |
| G59 | | 选择工件坐标系 6 |
| G60 | | 一单方向定位 |
| G61 | 15 | 准确停止方式 |
| G62 | | 自动拐角倍率 |
| G63 | | 攻螺纹方式 |
| G64 | 00 | 切削方式 |
| G65 | | 宏程序调用 |
| G66 | 12 | 宏程序模态调用 |
| G67 | | 宏程序模态调用取消 |
| G68 | 16 | 坐标旋转有效 |
| G69 | | 坐标旋转取消 |
| G73 | 09 | 深孔钻循环 |
| G74 | | 左旋攻螺纹循环 |
| G76 | | 精镗循环 |
| G80 | | 固定循环取消/外部操作功能取消 |
| G81 | 03 | 钻孔循环,锪镗循环或外部操作功能 |
| G82 | | 钻孔循环或反镗循环 |
| G83 | | 深孔钻循环 |
| G84 | | 攻螺纹循环 |
| G85 | | 镗孔循环 |
| G86 | | 镗孔循环 |
| G87 | | 背孔循环 |
| G88 | | 锉孔循环 |
| G89 | | 镗孔循环 |
| G90 | | 绝对值编程 |
| G91 | | 增量值编程 |
| G92 | 00 | 设定工件坐标系或最大主轴速度箝制 |
| G92.1 | | 工件坐标系预置 |
| G94 | 05 | 每分钟进给 |
| G95 | | 每转进给 |
| G96 | 13 | 恒周速控制(切削速度) |
| G97 | | 恒周速控制取消(切削速度) |
| G98 | | 固定循环返回到初始点 |
| G99 | | 固定循环返回到 $R$ 点 |

## 4.1.2 辅助功能指令代码

辅助功能由地址字 M 和其后的两位数字组成,主要用于控制机床的各种辅助功能的开关动作以及零件程序的走向,如主轴的起停、切削液的开关等。

M 功能也有非模态功能和模态功能两种形式。

非模态 M 功能（当段有效代码）只在当前程序段中有效。

模态 M 功能（续效代码）是一组可相互注销的 M 功能。这些功能在被同一组的另一个功能注销前一直有效。

M 代码规定的功能对不同的机床制造厂来说是不完全相同的,可参考机床说明书。表 4-3 所示为常用 M 功能代码。

**表 4-3　常用 M 功能代码**

| 代码 | 模态 | 功能说明 | 代码 | 模态 | 功能说明 |
|------|------|----------|------|------|----------|
| M00 | 非模态 | 程序停止 | M03 | 模态 | 主轴正转起动 |
| M01 | 非模态 | 选择停止 | M04 | 模态 | 主轴反转起动 |
| M02 | 非模态 | 程序结束 | M05 | * 非模态 | 主轴停止转动 |
| M30 | 非模态 | 程序结束并返回程序起始点 | M06 | 非模态 | 换刀 |
| M98 | 非模态 | 调用子程序 | M07 | 模态 | 切削液打开 |
| M99 | 非模态 | 子程序结束 | M09 | * 模态 | 切削液停止 |

注：* 指缺省功能。

应该注意的是：

在一个程序段中只能指令一个 M 代码，如果在一个程序段中同时指令了两个或两个以上的 M 代码时，则只有最后一个 M 代码有效，其余的 M 代码均无效。常用的 M 指令代码有以下几个。

**(1) 停止指令 M00、M01**

M00 程序停止实际上是一个暂停指令，当执行有 M00 指令的程序段后，主轴停转、进给停止、切削液关、程序停止。它像执行单个程序段操作一样，把状态信息全部保存起来，利用 NC 命令启动，可使机床继续运转。如在 M00 状态下，按复位键，则程序将回到开始位置。

例如：

N10　G00　X100.0　Z200.0；

N20　M00；

N30　X50.0　Z110.0；

执行到 N20 程序段时，进入暂停状态，重新启动后将从 N30 程序段开始继续进行。如进行尺寸检验、排屑或插入必要的手工动作时，用此功能很方便。

M01 为选择停止指令。其作用和 M00 相似。在机床的操作面板上有一"任选停止"开关，当该开关打到"ON"位置时，程序中如遇到 M01 代码时，其执行过程与 M00 相同，当上述开关打到"OFF"位置时，数控系统对 M01 不予理睬。

**(2) 程序结束指令 M02、M30**

M02 和 M30 是程序结束指令，它们编在程序的最后一个程序段中（二者任选其一）。当程序运行到 M02、M30 指令时，机床的主轴、进给、冷却液全部停止，加工结束，并使系统复位。

M30 指令还兼有控制返回到零件程序头（%）的作用，所以使用 M30 的程序段结束后，若再次按循环启动键，将从程序的第一段重新执行，而使用 M02 的程序段结束后，若要重新执行该程序就得再进行调用。

M02、M30 为非模态后作用 M 功能。

**(3) 子程序调用及返回指令 M98、M99**

M98 用来调用子程序。

M99 指令表示子程序结束。执行 M99 使系统运行控制返回到主程序。

当程序中含有某些固定顺序或重复出现的区域时，这些固定顺序或区域可以作为子程序存入存储器以简化编程，一个子程序还可以调用另一个子程序，形成多重子程序的调用。例如华中 I 型数控系统最多可进行 8 重调用。

① 子程序的格式：

%××××——程序起始符：%符，%后跟程序号；

……——程序段：每段程序以"Enter"（回车键）结束；

M99——程序结束：M99。

在子程序开头，必须规定子程序号，以作为调用入口地址。在子程序的结尾用 M99，以控制执行完该子程序后返回主程序。

② 调用子程序的格式：

M98 P __ L __；

子程序调用指令中，P 后跟被调用的子程序号，L 后跟重复调用次数。当 L＝1 时可省略 L。

(4) **主轴控制指令 M03、M04、M05**

M03 启动主轴以程序中的主轴速度顺时针方向（从 z 轴正向向 z 轴负向看）旋转。如图 4-1 所示。

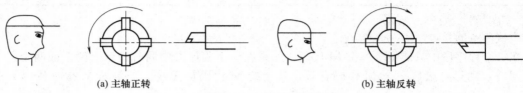

(a) 主轴正转　　　　　　　　　　　　　　　(b) 主轴反转

图 4-1　主轴正、反转

M04 启动主轴以程序中的主轴速度逆时针方向（从 z 轴正向向 z 轴负向看）旋转。

M05 使主轴停止旋转。

M03、M04 为模态、前作用 M 功能，M05 为非模态、后作用 M 功能，M05 为缺省功能。M03、M04、M05 可相互注销。

(5) **换刀指令 M06**

M06 功能用于加工中心上调用一个欲安装在主轴上的刀具，刀具将被自动地安装在主轴上。M06 为非模态后作用 M 功能。

(6) **切削液打开、停止指令 M07、M09**

M07 指令将打开切削液管道。

M09 指令将关闭切削液管道。

M07 为模态前作用 M 功能，M09 为模态后作用 M 功能，它为缺省功能。

## 4.1.3　F、S、T、H 指令

在数控编程时，有些指令必须配合 F、S、T、H 功能指令使用。

(1) F 指令

F 指令表示刀具中心运动时的进给速度，用字母 F 及其后面的若干位数字来表示，单位为 mm/min（米制）或 in/min（英制）。例如米制 F15，表示进给速度为 15mm/min。使用 F 指令时，应注意如下事项。

① 当编写程序时，第一次遇到直线（G01）、圆弧（G02/G03）插补指令时，必须编写进给率 F，如果没有编写 F 功能，CNC 采用 F0。当工作在快速定位（G00）方式时，机床将以通过机床轴参数设定的快速进给率移动，与 F 指令无关。

② F 指令为模态指令。实际进给率可以通过 CNC 操作面板上的进给倍率旋钮，在 0～120% 调整。

(2) S 指令

S 指令表示机床主轴的转速。用字母 S 及其后面的若干位数字来表示，单位为 r/min。例如 S250，表示主轴转速为 250r/min。其表示方法有以下 3 种。

① 转速。S 表示主轴转速，单位为 r/min，如 S1000 表示主轴转速为 1000r/min。

② 线速。在恒线速状态下，S 表示切削点的线速度，单位为 m/min，如 S60 表示切削点的线速度恒定为 60m/min。

③ 代码。用代码表示主轴速度时，S 后面的数字不直接表示转速或线速的数值，而只是主轴速度的代号，如某机床用 S00～S99 表示 100 种转速，S40 表示主轴转速为 1200r/min，S41 表示

主轴转速为 1230r/min，S00 表示主轴转速为 0r/min，S99 表示最高转速。

（3）T 指令

T 指令表示选刀功能。在进行多道工序加工时，必须选取合适的刀具。每把刀具应安排一个刀号，刀号在程序中指定。刀具功能用字母 T 及其后面的数字（最多 8 位）来表示，即 T00～T99，因此，最多可换 100 把刀，如 T06 表示第 6 号刀具。

（4）H 指令

H 指令表示刀具补偿号。它由字母 H 及其后面的两位数字表示。该两位数字为存放刀具补偿量的寄存器地址字，如 H18 表示刀具补偿量用第 18 号。

# 4.2 数控铣床加工坐标系设定指令

与其他数控机床设备一样，在工件的数控铣削编程过程中，因工件的装夹位置是相对于机床而固定的，为此要选择工件轮廓上的某一点作为编程和计算的原点（即编程零点），并以这一点作为零点建立一个加工坐标系，以作为零件所有加工尺寸的基准点。因此，就必须利用适当的指令用于设定工件加工坐标系的在机床坐标系中的位置。常用的用于设定加工坐标系的指令主要有以下几种。

## 4.2.1 G90、G91 指令

G90/G91 分别为绝对值编程/相对值编程指令。指令书写格式为：

G90（G91）G __ X __ Y __ Z __；

其中：G90 为绝对值编程，每个编程坐标轴上的编程值是相对于程序原点的；G91 为相对值编程，每个编程坐标轴上的编程值是相对于前一位置始点而言的。移动指令终点的坐标值 X、Y、Z 都是以始点为基准来计算，再根据终点相对于始点的方向判断正负，与坐标轴同向取正，反向取负。

G90、G91 为模态功能，G90 为缺省值。

例如图 4-2 所示中给出了刀具由原点→1→2→3 点移动时两种不同指令的区别。

G90 编程：

N01  G90 G01 X20.Y15.F0.3；

N02  X40.Y45.；

N03  X60.Y25.；

G91 编程：

N01  G91  G01  X20.Y15.F0.3；

N02  X20.Y30.；

N03  X20.Y－20.；

编程时选择合适的编程方式可使程序简化，减少不必要的数学计算。主要根据图样尺寸的标注方式来选择绝对指令方式和相对指令方式编程。当加工尺寸由一个固定基准给定时，采用绝对指令方式编程较为方便；当加工尺寸是以轮廓顶点之间的间距给出时，采用相对指令方式编程较为方便。

## 4.2.2 G92 指令

G92 为设定工件坐标系指令。指令书写格式为：

G92 X __ Y __ Z __ A __ B __ C __；

其中，$X$、$Y$、$Z$、$A$、$B$、$C$ 为坐标原点（程序原点）到刀具起点（对刀点）的有向距离。

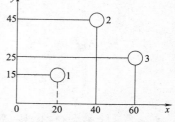

图 4-2  绝对值编程与相对值编程

G92 指令通过设定刀具起点相对于坐标原点的位置建立工件坐标系。此坐标系一旦建立起来，后续的绝对值指令坐标位置都是此工件坐标系中的坐标值。

G92 并不驱使机床刀具或工作台运动，数控系统通过 G92 命令确定刀具当前机床坐标位置相对于加工原点（编程起点）的距离关系，以求建立起工件坐标系。格式中的尺寸字 X、Y、Z 指定起刀点相对于工件原定的位置。

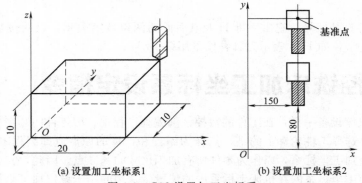

(a) 设置加工坐标系1    (b) 设置加工坐标系2

图 4-3    G92 设置加工坐标系

要建立如图 4-3 所示工件的坐标系，使用 G92 设定坐标系的程序。图 4-3（a）的程序为：G92　X20. Y10. Z10.；图 4-3（b）的程序为：G92 X150. Y180.；其确立的加工原点在距离刀具起始点 $z=150$，$y=180$ 的位置上。

应该注意的是：

① 执行此段程序只是建立在工件坐标系中刀具起点相对于程序原点的位置；刀具并不产生运动。

② 执行此程序段之前必须保证刀位点与程序起点（对刀点）符合。

③ G92 指令需要后续坐标值指定刀具当前焦（对刀点）在工件坐标系中的位置，因此必须单独一个程序段指定。G92 指令段一般放在一个零件程序的首段。

## 4.2.3　G53 指令

G53 为直接机床坐标系选择指令。指令书写格式为：

G53 X$\alpha$ Y$\beta$；

G53 是机床坐标系编程，该指令使刀具快速定位到机床坐标系中的指定位置上。在含有 G53 的程序段中，应采用绝对值编程，且 X、Y、Z 均为负值，如图 4-4 所示。

如 G53 G90 X－100. Y－100. Z－20.，则执行后刀具在机床坐标系中的位置如图 4-5 所示。

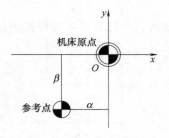

图 4-4　G53 指令含义

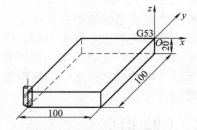

图 4-5　G53 选择机床坐标系

## 4.2.4　G54～G59 指令

除了使用 G92 建立工件坐标系外，还可用 G54～G59 指令来选择工件坐标系。指令书写格式为：

$$\begin{cases} G54 \\ G55 \\ G56 \\ G57 \\ G58 \\ G59 \end{cases}$$

与 G92 指令不同的是，G54～G59 是在 6 个预定的工件坐标系中选择当前工件坐标系，这 6 个预定工件坐标系的坐标原点在机床坐标系中的值（工件零点偏置值）可用 MDI 方式输入，系统自动记忆，见图 4-6。其中，G54——工件坐标系 1；G55——工件坐标系 2；G56——工件坐标系 3；G57——工件坐标系 4；G58——工件坐标系 5；G59——工件坐标系 6。

工件坐标系一旦选定，后续程序段中的绝对坐标值均为相对此工件坐标系原点的值。G54～G59 和 G92 均为模态功能，可相互注销，G54 为缺省值。

如图 4-7 所示的使用工件坐标系的程序：

N01 G54 G00 G90 X30. Y40. ;
N02 G59 ;
N03    G00 X30. Y30. ;

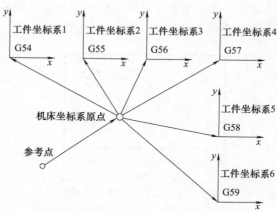

图 4-6　工件坐标系选择（G54～G59）

刀具从当前点移动到 A 点
建立新的工件坐标系
刀具从 A 点移动到 B 点
……

执行 N01 句时，系统会先选定 G54 坐标系作为当前工件坐标系，然后再执行 G00 移动到该坐标系中的 A 点；执行 N02 句时，系统又会选择 G59 坐标系作为当前工件坐标系；执行 N03 句时，机床就会移动到刚指定的 G59 坐标系中的 B 点。

对于完成如图 4-8 所示零件的钻孔加工，使用 G54～G59 工件坐标系编程可简化程序，减少坐标换算。

在使用 G54～G59 工件坐标系时，就不再用 G92 指令；若再用 G92 指令时，原来的坐标系和

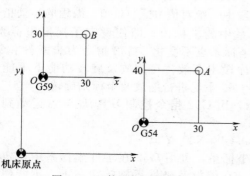

图 4-7　工件坐标系的使用

工件坐标系将平移，产生一个新的工件坐标系。

如图 4-9 所示：

N10 G54    G00    X200.0    Y160.0 ;　　刀具在 A 点定位
N20 G92 X100.0 Y100.0 ;　　零点 O 移至 O' 点

执行 N10 程序段时，刀具在 G54 工件坐标系的（200.0，160.0）位置，N20 程序段后，变为工件坐标系 $X'$、$Y'$，刀具在（100，100）的位置。

应该注意的有如下几点。

① G54 与 G55～G59 的区别。G54～G59 设置工件坐标系的方法是一样的，但在实际情况下，机床厂家为了用户的不同需要，在使用中有以下区别：利用 G54 设置机床原点的情况下，

进行回参考点操作时机床坐标值显示为 G54 的设定值，且符号均为正；利用 G55～G59 设置工件坐标系的情况下，进行回参考点操作时机床坐标值显示零值。

② G92 与 G54～G59 的区别。G92 指令与 G54～G59 指令都是用于设定工件坐标系的，但在使用中是有区别的。G92 指令是通过程序来设定、选用工件坐标系的，它所设定的工件坐标系原点与当前刀具所在的位置有关，这一加工原点在机床坐标系中的位置是随当前刀具位置的不同而改变的。

③ G54～G59 的修改。G54～G59 指令是通过 MDI 在设置参数方式下设定工件坐标系的，一旦设定，加工原点在机床坐标系中的位置是不变的，它与刀具的当前位置无关，除非再通过 MDI 方式修改。

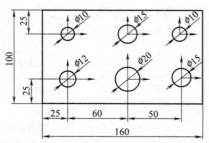

图 4-8　零件上 G54～G59 工件坐标系的建立

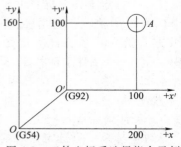

图 4-9　工件坐标系选择指令示例

## 4.2.5　G52 指令

G52 为局部坐标系设定指令。指令书写格式为：

G52　X ___ Y ___ Z ___；

其中，X、Y、Z 为局部坐标系原点在工件坐标系中的坐标值。

G52 指令能在所有的工件坐标系（G54～G59）内形成子坐标系，即设定局部坐标系。含

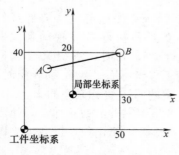

图 4-10　局部坐标系设定

有 G52 指令的程序段中，绝对值方式（G90）编程的移动指令就是在该局部坐标系中的坐标值。即使设定了局部坐标系，工件坐标系和机床坐标系也不变化。G52 指令为非模态指令，仅在其被规定的程序段中有效。在缩放及旋转功能下不能使用 G52 指令，但在 G52 下能进行缩放及坐标系旋转。

如图 4-10 所示，用 G52 指令控制刀具从 A 点运动到 B 点。程序为：

G52　X50.Y40.G00 X30.Y20.；

若要变更局部坐标系，可用 G52 在工件坐标系中设定新的局部坐标系原点。在缩放及坐标系旋转状态下，不能使用 G52 指令，但在 G52 下能进

行缩放及坐标系旋转。

## 4.2.6　G17～G19 指令

G17、G18、G19 为平面选择功能指令。平面选择 G17、G18、G19 指令分别用来指定程序段中刀具的插补和半径补偿平面。指令书写格式为：

$$\begin{cases} G17 \\ G18 \\ G19 \end{cases}$$

其中，G17：选择 $xOy$ 平面；G18：选择 $zOx$ 平面；G19：选择 $yOz$ 平面，如图 4-11 所示。

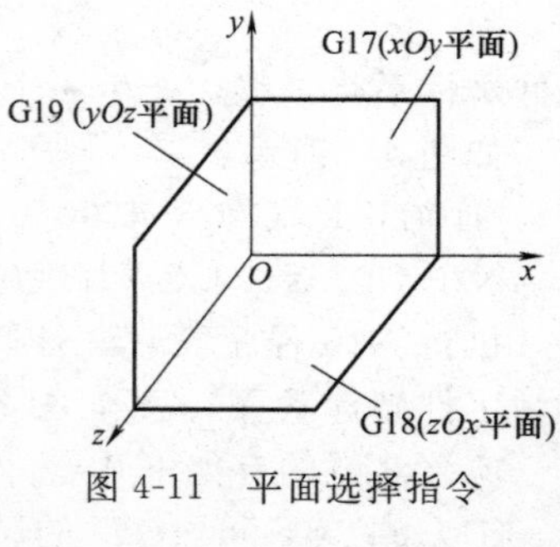

图 4-11　平面选择指令

# 4.3 一般通用功能指令

## 4.3.1 G00 指令

G00为快速点定位指令，G00指令能使刀具以点定位控制方式从刀具所在点快速运动到下一个目标位置，用于刀具进行加工以前的空行程移动或加工完成的快速退刀。它只是快速定位，而无运动轨迹要求，且无切削加工过程，不需特别规定进给速度。指令书写格式：

G00 X __ Y __ Z __；

需要说明的有以下几点。

① X、Y、Z的值是快速点定位的终点坐标值，可以用绝对值，也可以用增量值。

② 建议不在G00指令后面同时指定3个坐标轴，先移动$z$轴，然后再移动$x$、$y$轴。

③ 指令是快速定位，移动速度大小取决于机床数控系统预先设定的参数，运动中有加减速过程。

④ 不运动的坐标可以省略，省略的坐标轴不作任何运动。

⑤ 当机床执行包含有G00指令的程序段时，机床各坐标轴分别按各自的快速移动速度移动到定位点，所以在执行G00指令时，刀具的运动轨迹不一定是直线，有时可能是折线，由数控系统定。编程人员应了解所使用的数控系统的刀具移动轨迹情况，以避免加工中可能出现的与工件夹具的干涉。

如图4-12所示，从$A$点到$B$点快速移动的程序段为

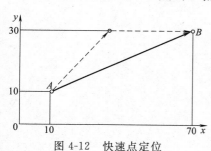

图4-12 快速点定位

绝对值方式编程：G00 X70.Y30.；

增量值方式编程：G91 G00 X60.Y20.；

指令执行开始后，刀具沿着各个坐标方向同时按参数设定的速度移动，最后减速到达终点，如图4-12所示实线路径所示。同时在各坐标方向上有可能不是同时到达终点。刀具移动轨迹是几条线段的组合，不是一条直线。例如在FANUC系统中，运动总是先沿45°角的直线移动，最后再在某一轴单向移动至目标点位置，如图4-12虚线路径所示。

## 4.3.2 G01 指令

G01为直线插补指令，G01命令刀具以指定的速度直线运动到指定的坐标位置，是进行切削运动的两种主要方式之一。指令书写格式：

G01 X __ Y __ Z __ F __；

其中，X、Y、Z的值是直线插补的终点坐标值，F为进给速度。

需要说明的有以下几点。

① G01和F都是模态指令。

② 不运动的坐标可以省略。

③ G01指令后面的坐标值，取绝对值还是取增量值由系统当时的状态是G90状态还是G91状态决定。

④ 在使用G01指令时必须指定F指令，如果在G01程序段之前的程序段中无F指令，同时在当前包含有G01指令的程序段中又没有F指令，则机床不运动，并且数控系统会发出报警。

如图 4-13 所示，刀具以 250mm/min 的速度从起点直线插补运动到终点的指令格式为：

绝对值方式编程：G90 G01 X220.Y110.F250；

增量值方式编程：G91 G01 X200.Y100.F250；

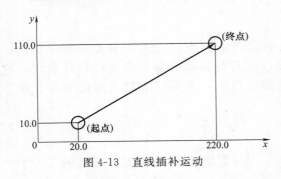

图 4-13 直线插补运动

### 4.3.3 G02、G03 指令

G02、G03 为圆弧插补指令命令。该指令命令数控机床以指定的速度在各坐标平面内执行圆弧运动，将工件切削出圆弧轮廓。其中 G02 为顺时针圆弧插补；G03 为逆时针圆弧插补。

#### (1) 顺、逆方向判别规则

如图 4-14 所示，沿垂直于圆弧所在平面的坐标轴的正方向往负方向观察，来判别圆弧的顺、逆时针方向。

格式由指定圆弧中心的方式不同分为：

$xOy$ 平面，G17 X \_\_ Y \_\_ $\begin{pmatrix} R\ \_\_ \\ I\ \_\_\quad J\ \_\_ \end{pmatrix}$ F \_\_；

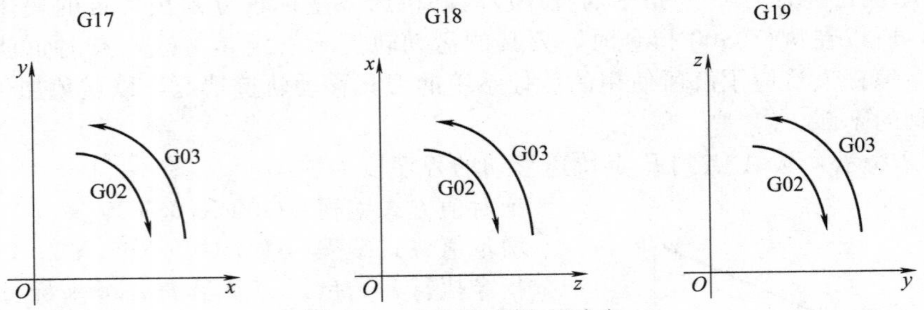

G17         G18         G19

图 4-14 G02 和 G03 的确定

$zOx$ 平面，G18 X \_\_ Z \_ $\begin{pmatrix} R\ \_\_ \\ I\ \_\_\quad K\ \_\_ \end{pmatrix}$ F \_\_；

$yOz$ 平面，G19 Y \_ Z \_ $\begin{pmatrix} R\ \_\_ \\ J\ \_\_\quad K\ \_\_ \end{pmatrix}$ F \_\_；

#### (2) 说明

① X、Y、Z 指的是圆弧插补的终点位置；在绝对坐标下，是指 X、Y、Z 中的两个坐标在工件坐标系中的终点位置；在相对坐标下，是指 X、Y、Z 中的两个坐标从起点到终点的增量距离。

② 指定圆弧中心 I、J、K 或 R 的含义分别为：

I：从起点到圆心的矢量在 $x$ 方向的分量；

J：从起点到圆心的矢量在 $y$ 方向的分量；

K：从起点到圆心的矢量在 $z$ 方向的分量；

R：圆弧半径。

上式中 I、J、K 为圆心相对于起点的增量坐标，即圆心坐标减去圆弧起点坐标的值。

#### (3) 示例

以下以几个实例对上述指令的应用作进行说明。

① 格式中用 I、J、K 指定圆弧中心。在如图 4-15 所示的例子中，刀具的起始点在 $A$ 点，圆弧半径为 $R$30mm，圆弧中心的坐标为（10，10）。

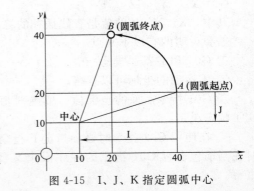

图 4-15 I、J、K 指定圆弧中心

绝对坐标编程：G90 G03 X20. Y40. I-30. J-10. F100；

增量坐标编程：G91 G03  X－20. Y20.  I－30. J－10. F100；

其中，I－30. J－10. 是圆心相对于圆弧起点 A 点的增量坐标。从上面的例子可以看出，在切削圆弧时，无论是在绝对坐标还是在增量坐标下，I、J 的数值都使用增量值。K 的使用方法和 I、J 使用方法相同。

② 格式中用圆弧半径 R 指定圆弧中心。当进行圆弧插补时，I、J、K 指令可以直接用半径指令 R 来代替。如图 4-16（a）所示，用半径 R 带有符号的数值来表示。

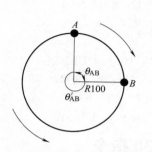 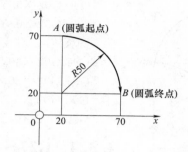

(a) 用圆弧半径R指定圆弧中心      (b) 加工实例

图 4-16　R 指定圆弧中心

圆弧的圆心角 $\theta_{AB}\leqslant180°$，R 为正，R100；

$\theta_{AB}'>180°$，R 为负，R－100。

其指令格式及使用方法用下面的例子来说明。

在图 4-16（b）中，要加工一个从 A 点到 B 点的圆弧，其中圆弧半径用 R 指令来指定，程序如下。

绝对坐标编程：G90 G02 X70. Y20. R50. F100；

增量坐标编程：G91 G02 X50. Y－50. R50. F100；

其中，R50. 为圆弧半径。

③ 整圆插补时使用 I、J、K 指定圆弧中心。进行整圆插补时，圆弧起点就是终点，编程时必须使用 I、J、K 指令来指定圆弧中心。如果使用半径 R 指令进行整圆插补，则系统认为是 0°圆弧，刀具将不做任何运动。

如图 4-17 所示，A 点开始顺时针整圆切削：

G90 G02 X30. Y0. I－30. J0. F100；

G91 G02 X0. Y0. I－30. J0. F100；

从 B 点开始逆时针整圆切削：

G90 G03 X0. Y－30. I0. J30. F100；

G91 G03 X0. Y0. I0. J30. F100；

如果上面的程序段将 I、J 写成 R30. 时，那么刀具将不做任何切削运动。

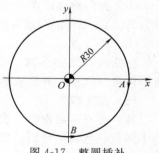

图 4-17　整圆插补

**（4）注意事项**

① 在圆弧插补时，必须有平面选择指令。

② 在使用圆弧插补指令时必须指定进给设定 F。

③ I、J、K 的数值永远是增量值。

④ 圆弧插补指令编程时，可以直接编过象限圆、整圆等，数控系统会在过象限时自动进行间隙补偿，如参数区未输入间隙补偿或参考区的间隙补偿与机床实际方向间隙相差悬殊，都会在工件上留下明显的切痕。

⑤ 整圆切削时，不能用 R 来指定圆心，只能用 I、J、K 来指定。

⑥ 如果在同一个程序段中同时指定了 I、J、K 和 R，只有 R 有效，I、J、K 指令被忽略。

⑦ 在进行圆弧插补编程时，X0.、Y0.、Z0. 和 I0.、J0.、K0. 均可省略。

圆弧插补示例，如图 4-18 所示，加工 a、b 两段圆弧。

圆弧 a：

G91 G02 X30. Y30. I30. J0. F300；

G91 G02 X30. Y30. R30 F300；

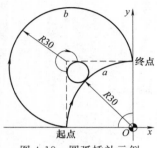

图 4-18　圆弧插补示例

G90 G02 X0. Y30. I30. J0. F300；

G90 G02 X0. Y30. R30 F300；

圆弧 b：

G91 G02 X30. Y30. I0. J30. F300；

G91 G02 X30. Y30. R−30. F300；

G90 G02 X0. Y30. I0. J30. F300；

G90 G02 X0. Y30. R−30. F300；

## 4.3.4　G27～G30 指令

G27～G30 为返回指令，各指令的应用主要有以下方面。

**(1) G27 指令**

G27 为返回参考点校验指令。根据 G27 指令，刀具以参数所设定的速度快速进给，并在指令规定的位置（坐标值为 X、Y、Z 点）上定位。若所到达的位置是机床零点，则返回参考点的各轴指示灯亮。如果指示灯不亮，则说明程序中所给的指令有错误或机床定位误差过大。指令书写格式：

G27 X __ Y __ Z __；

应该注意的是，执行 G27 指令的前提是机床在通电后必须返回过一次参考点（手动返回或 G28 指令返回）。使用 G27 指令时，必须先取消刀具长度和半径补偿，否则会发生不正确的动作。由于返回参考点不是每个加工周期都需要执行，所以可作为选择程序段。G27 程序段执行后，如不希望继续执行下一程序段（使机械系统停止）时，则必须在该程序段后增加 M00 或 M01，或在单个程序段中运行 M00 或 M01。

**(2) G28 指令**

G28 为自动返回参考点指令。执行 G28 指令，使各轴快速移动，分别经过指定的（坐标值为 X、Y、Z）中间点返回到参考点定位。指令书写格式：

G28 X __ Y __ Z __；

在使用 G28 指令时，必须先取消刀具半径补偿，而不必先取消刀具长度补偿，因为 G28 指令包含刀具长度补偿取消、主轴停止、切削液关闭等功能，故 G28 指令一般用于自动换刀。

**(3) G29 指令**

从参考点返回指令。执行 G29 指令时，首先使被指令的各轴快速移动到前面 G28 所指令的中间点，然后再移到被指令的（坐标值为 X、Y、Z 的返回点）位置上定位。如 G29 指令的前面未指令中间点，则执行 G29 指令时，被指令的各轴经程序零点，再移到 G29 指令的返回点上定位。指令书写格式：

G29　X __ Y __ Z __；

**(4) G30 指令**

G30 为第二参考点返回指令，该功能与 G28 指令相似，不同之处是刀具自动返回第二参考点，第二参考点的位置是由参数来设定的，而 G30 指令必须在执行返回第一参考点后才有效。如 G30 指令后面直接跟 G29 指令，则刀具将经由 G30 指定的（坐标值为 X、Y、Z）中间

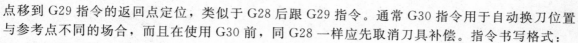

点移到 G29 指令的返回点定位，类似于 G28 后跟 G29 指令。通常 G30 指令用于自动换刀位置与参考点不同的场合，而且在使用 G30 前，同 G28 一样应先取消刀具补偿。指令书写格式：

G30 X __ Y __ Z __;

**（5）实例应用**

该指令的应用实例如图 4-19 所示。

① 当采用绝对值指令 G90 时：

G90 G28　X130.0　Y70.0;

M06;

G29 X180.0 Y30.0;

② 当采用增量值指令 G91 时

G91 G28　X100.0 Y20.0;

M06;

G29 X50.0 Y−40.0;

当前点 $A→B→R$

换刀

参考点 $R→B→C$

如程序中无 G28 指令时，则程序段 G90 G29 X180.0 Y130.0 的进给路线为 $A→O→C$。

通常 G28 和 G29 指令应配合使用，使机床换刀后直接返回加工点 $C$，而不必计算中间点 $B$ 与参考点 $R$ 之间的实际距离。

### 4.3.5　G04 指令

G04 为暂停指令。G04 指令刀具暂时停止进给，直到经过指令的暂停时间，再继续执行下一程序段。地址 P 或 X 指令暂停的时间，其中地址 X 后可以是带小数点的数，单位为 s，如暂停 5s 可写

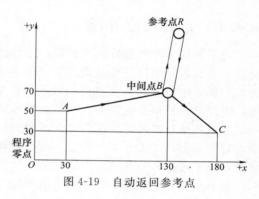

图 4-19　自动返回参考点

为 G04 X5.0;地址 P 不允许用小数点输入，只能用整数，单位为 ms，如暂停 5s 可写为 G04 P5000。此功能常用于切槽或钻到孔底等情况。指令书写格式：

$$G04 \begin{cases} X \underline{\quad} \\ P \underline{\quad} \end{cases}$$

应该说明的有如下几点。

① G04 为非模态指令。

② G04 的程序段里不能有其他指令。

③ 暂停指令用在下述情况。

a. 镗孔完毕后要退刀时，为了避免在已加工孔面上留下退刀螺旋状刀痕而提高内表面粗糙度，影响孔面质量，一般应使主轴停止转动，并暂停 1～3s，待主轴完全停转后再退出镗刀。

b. 对锪不通孔作深度控制时，在刀具进给到规定的深度后，最好用暂停指令停止进刀 1～2s，待主轴转 1 转以上后退刀，以使孔底平整。

c. 在棱角加工时，为了保证棱角尖锐，使用暂停指令。

d. 丝锥攻螺纹时，如果刀具夹头本身带有自动正、反转机构，则用暂停指令，以暂停时间代替指定的进给距离，待攻螺纹完毕丝锥退出工件后，再恢复机床的动作指令。

### 4.3.6　G20、G21 指令

G20、G21 为英制、米制输入指令。G20、G21 是个信息指令，一单独程序段设定，为模态指令，分别指令程序中输入数据为英制或米制。指令书写格式：

$$\begin{cases} G20 \\ G21 \end{cases}$$

# 4.4　刀具补偿功能

数控机床在切削过程中不可避免地存在刀具磨损问题，譬如钻头长度变短，铣刀半径变小等，这时加工出的工件尺寸也随之变化。如果系统功能中有刀具补偿功能，可在操作面板上输入相应的修正值，使加工出的工件尺寸仍然符合图样要求，否则就得重新编写数控加工程序。有了刀具尺寸补偿功能后，使数控编程大为简便，在编程时可以完全不考虑刀具中心轨迹计算，直接按零件轮廓编程。启动机床加工前，只需输入使用刀具的参数，数控系统会自动计算出刀具中心的运动轨迹坐标，为编程人员减轻了劳动强度。另外，试切和加工中工件尺寸与图样要求不符时，可借助相应的补偿加工出合格的零件。刀具尺寸补偿通常有三种：刀具位置补偿、刀具长度尺寸补偿、刀具半径尺寸补偿。在数控铣床上用到的刀具补偿为后两种。

## 4.4.1　刀具长度补偿

为了简化零件的数控加工编程，使数控程序与刀具形状和刀具尺寸尽量无关。现代数控系统除了具有刀具半径补偿功能外，还具有刀具长度补偿（Tool Length Compensation）功能。刀具长度补偿使刀具垂直于进给平面（比如 *XY* 平面，由 G17 指定）偏移一个刀具长度修正值，因此在数控编程过程中，一般无需考虑刀具长度。

刀具长度补偿要视情况而定。一般而言，刀具长度补偿对于二坐标和三坐标联动数控加工是有效的，但对于刀具摆动的四、五坐标联动数控加工，刀具长度补偿则无效，在进行刀位计算时可以不考虑刀具长度，但后置处理计算过程中必须考虑刀具长度。

刀具长度补偿在发生作用前，必须先进行刀具参数的设置。设置的方法有机内试切法、机内对刀法、机外对刀法和编程法。

有的数控系统补偿的是刀具的实际长度与标准刀具的差，如图 4-20(a) 所示。有的数控系统补偿的是刀具相对于相关点的长度，如图 4-20(b)、(c) 所示。其中 4-20(c) 是球形刀的情况。

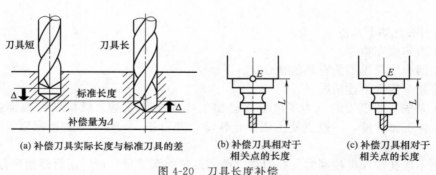

(a) 补偿刀具实际长度与标准刀具的差　　(b) 补偿刀具相对于相关点的长度　　(c) 补偿刀具相对于相关点的长度

图 4-20　刀具长度补偿

### (1) 刀具长度补偿的建立

刀具长度补偿的指令格式为：

$$\begin{cases} G43 \\ G44 \end{cases} Z\_\_ H\_\_; \quad 或 \begin{cases} G43 \\ G44 \end{cases} H\_\_;$$

根据上述指令，把 Z 轴移动指令的终点位置加上（G43）或减去（G44）补偿存储器设定的补偿值便可实现刀具长度的补偿。由于把编程时设定的刀具长度的值和实际加工所使用的刀具长度值的差设定在补偿存储器中，无需变更程序便可以对刀具长度值的差进行补偿，这里的补偿又称为偏移，即进行补偿，以下皆同。

由 G43、G44 指令指明补偿方向，由 H 代码指定设定在补偿存储器中的补偿量。

**（2）补偿方向**

G43 表示刀具长度正补偿或离开工件补偿；G44 表示刀具长度负补偿或趋向工件补偿。如图 4-21 所示。

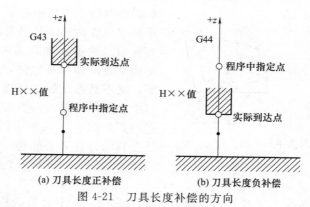

(a) 刀具长度正补偿　　　　(b) 刀具长度负补偿

图 4-21　刀具长度补偿的方向

无论是绝对值指令还是增量值指令，在 G43 时程序中 Z 轴移动指令终点的坐标（设定在补偿存储器中）中加上用 H 代码指定的补偿量，其最终计算结果的坐标值为终点。Z 轴的移动被省略时，可认为是下述的指令，补偿值的符号为"＋"时，G43 时是在正方向移动一个补偿量，G44 是在负方向移动一个补偿量。

$$\left. \begin{matrix} G43 \\ G44 \end{matrix} \right\} \ Z0 \ H \underline{\quad} ;$$

补偿值的符号为负时，分别变为反方向。G43、G44 为模态 G 代码，直到同一组的其他 G 代码出现之前均有效。

**（3）指定补偿量**

由 H 代码指定补偿号。程序中 Z 轴的指令值减去或加上与指定补偿号相对应（设定在补偿量存储器中）的补偿量。

补偿量与补偿号相对应，由 CRT/MDI 操作面板预先输入在存储器中。与补偿号 00 即 H00 相对应的补偿量，始终意味着零。不能设定与 H00 相对应的补偿量。

**（4）取消刀具长度补偿**

指令 G49 或者 H00 取消补偿。一旦设定了 G49 或者 H00，立刻取消补偿。

变更补偿号及补偿量时，仅变更新的补偿量，并不把新的补偿量加到旧的补偿量上。

H01……；补偿量 20.0

H02……；补偿量 30.0

G90 G43　Z100.0　H01；Z 方向移到 120.0

G90 G43　Z100.0　H02；Z 方向移到 130.0

## 4.4.2　刀具半径补偿

CNC 系统一般都具有刀具半径补偿功能。在现代 CNC 系统中，有的已具备三维刀具半径补偿功能。对于 4 轴、5 轴联动数控加工，还不具备刀具半径补偿功能，必须在刀位计算时考虑刀具半径。

**（1）二维刀具半径补偿 C（G40～G42）**

二维刀具半径补偿仅在指定的二维进给平面内进行，进给平面由 G17（X-Y 平面）、G18（Y-Z 平面）和 G19（Z-X 平面）指定，刀具半径或刀尖半径值则通过调用相应的刀具半径补

偿寄存器
号码（用 H 或 D 指定）来取得。

1）刀具半径补偿的目的

在数控铣床上进行轮廓的铣削加工时，由于刀具半径的存在，刀具中心（刀心）轨迹和工件轮廓不重合。如果数控系统不具备刀具半径自动补偿功能，则只能按刀心轨迹进行编程，即在编程时给出刀具中心运动轨迹，如图 4-22 所示的点划线轨迹，其计算相当复杂，尤其当刀具磨损、重磨或换新刀而使刀具直径变化时，必须重新计算刀心轨迹，修改程序，这样既繁琐，又不易保证加工精度。当数控系统具备刀具半径补偿功能时，数控编程只需按工件轮廓进行，如图 4-22 所示中的粗实线轨迹，数控系统会自动计算刀心轨迹，使刀具偏离工件轮廓一个半径值，即进行刀具半径补偿。

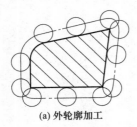

(a) 外轮廓加工

(b) 内轮廓加工

图 4-22　刀具半径补偿

2）刀具半径补偿功能的应用

① 刀具因磨损、重磨、换新刀而引起刀具直径改变后，不必修改程序，只需在刀具参数设置中输入变化后刀具直径。如图 4-23 所示，1 为未磨损刀具，2 为磨损后刀具，两者值不同，只需将刀具参数表中的刀具半径 $r_1$ 改为 $r_2$，即可适用同一程序。

② 用同一程序、同一尺寸的刀具，利用刀具半径补偿，可进行粗精加工。如图 4-24 所示，刀具半径 $r$，精加工余量 $\Delta$。粗加工时，输入刀具直径 $D=2(r+\Delta)$，则加工出细点画线轮廓；精加工时，用同一程序，同一刀具，但输入刀具直径 $D=2r$，则加工出实线轮廓。

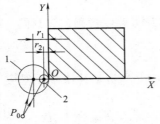

图 4-23　刀具直径变化，加工程序不变
1—未损刀具；2—磨损后刀具

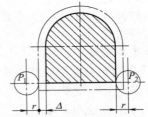

图 4-24　利用刀具半径补偿进行粗精加工
$P_1$—粗加工刀心位置；$P_2$—精加工刀心位量

3）刀具半径补偿的方法

铣削加工刀具半径补偿分为刀具半径左补偿（Cutter Radius Compensation Left）（用 G41 定义）和刀具半径右补偿（Cutter Radius Compensation Right）（用 G42 定义），使用非零的 D ♯♯ 代码选择正确的刀具半径补偿寄存器号。根据 ISO 标准，当刀具中心轨迹沿前进方向位于零件轮廓右边时称为刀具半径右补偿，反之称为刀具半径左补偿，如图 4-25 所示；当不需要进行刀具半径补偿时，则用 G40 取消刀具半径补偿。根据参数的设定，可用 D 代码指令刀具半径补偿号。G40、G41、G42 后边一般只能跟 G00、G01，而不能跟 G03、G02 等。补偿方向由刀具半径补偿的 G 代码（G41，G42）和补偿量的符号决定，见表 4-4。

(a) 刀具半径左补偿

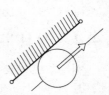

(b) 刀具半径右补偿

图 4-25　刀具半径补偿指令

① 刀具半径补偿建立。刀具由起刀点（Start Point）（位于零件轮廓及零件毛坯之外，距离加工零件轮廓切入点较近）以进给速度接近工件，刀具

半径补偿方向由 G41（左补偿）或 G42（右补偿）确定，如图 4-26 所示。

表 4-4　补偿量符号

| G 代码 | 补偿量符号 + | − |
|---|---|---|
| G41 | 补偿左侧 | 补偿右侧 |
| G42 | 补偿右侧 | 补偿左侧 |

在图 4-26 中，建立刀具半径左补偿的有关指令如下。

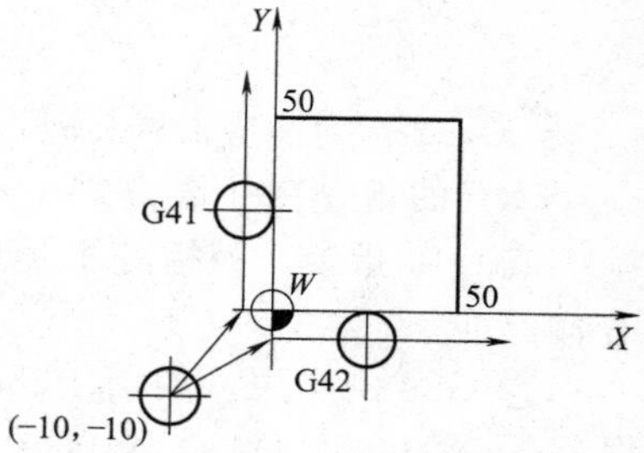

N10 G90 G92 X−10. Y−10.0 Z0；定义程序原点，起刀点
　　　　　　　　　　　　　坐标为（−10，−10）

N20 S900 M03；　　　　　启动主轴

N30 G17 G01 G41 X0 Y0 D01；建立刀具半径左补偿，
　　　　　　　　　　　　　刀具半径补偿寄存器
　　　　　　　　　　　　　号为 D01

N40 Y50.0；　　　　　　　定义首段零件轮廓

图 4-26　建立刀具半径补偿

其中 D01 为调用 D01 号刀具半径补偿寄存器中存放的刀具半径值。建立刀具半径右补偿的有关指令如下：

N30 G17 G01 G42 X0 Y0 D01：

N40 X50.0；

② 刀具半径补偿取消。刀具撤离工件，回到退刀点，取消刀具半径补偿。与建立刀具半径补偿过程类似，退刀点也应位于零件轮廓之外，退出点距离加工零件轮廓较近，可与起刀点相同，也可以不相同。如图 4-26 所示，假如退刀点与起刀点相同的话，其刀具半径补偿取消过程的命令如下。

N100 G01 X0 Y0；　　　　　　　　　　加工到工件原点

N110 G01 G40 X−10.0 Y−10.0；　　　　取消刀具半径补偿，退回到起刀点

N110 也可以这样写：N110 G01 G41 X−10.0 Y−10.0 D00；或

N110 G01 G42 X−10.0 Y−10.0 D00；　　D00 中的补偿量永远为 0。

**(2) 刀具半径补偿 B**（G39～G42）

给出刀具半径值，使其对刀具进行半径值的补偿，尤其是对于尖角用圆弧过渡。该偏置指令用自动输入或手动数据输入的 G 功能进行。但是，补偿量——刀具半径值，预先由手动输入与 H 或 D 代码相对应的数据存储器中。由 D 代码指定与偏置量相对应的偏置存储器号码。D 代码为模态。

① 刀具半径补偿功能。与该偏置补偿有关的 G 功能见表 4-5。

表 4-5　关于 G 功能的刀具半径补偿

| G 代 码 | 组 别 | 功 能 |
|---|---|---|
| G39 | 00 | 拐角补偿圆弧插补 |
| G40 | 07 | 取消刀具半径补偿 |
| G41 | 07 | 刀具半径补偿左 |
| G42 | 07 | 刀具半径补偿右 |

一旦运行指令 G41、G42，则变为补偿方式。若运行指令 G40，则变为取消方式。在刚接通电源时，变为取消方式。由于不是模态 G 代码（G39），因此刀具半径补偿方式无变化。

② 拐角补偿圆弧插补（G39）。用 G01、G02 或者 G03 的状态指定，根据以下指令，可以把拐角中的刀具半径作为半径补偿进行圆弧插补。

G39 X __ Y __；或 G39 I __ J __；

如图 4-27 所示，从终点看（X，Y）的方向与（X，Y）成直角，在左侧（G41）或右侧（G42）作成新的矢量。刀具从旧矢量的始点沿圆弧移向新的矢量的始点。

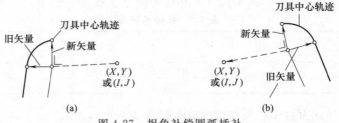

图 4-27  拐角补偿圆弧插补

$(X, Y)$ 为适应 G90 或 G91，用绝对值或增量值表示；$(I, J)$ 始终用增量值表示。

G39 的指令在补偿方式中，仅在 G41 或 G42 已指令时才给出，圆弧顺时针或逆时针由 G41 或 G42 指令。该指令不是模态的，01 组的 G 功能不会由于该指令而遭到破坏，可继续存储。

③ G39 的应用。如图 4-28 所示零件廓形 $ABC$ 的加工程序为：

| | | | | | |
|---|---|---|---|---|---|
| G90 | G00 | G41 | X100.0 | Y50.0 | H01； |
| G01 | | | X200.0 | Y100.0 | F150； |
| G39 | | | X300.0 | Y50.0； | |
| G01 | | | X300.0 | Y50.0： | |

$O \to A$，偏移 $R_1$
$A \to B$，偏移 $R_2$
拐角偏移 $R_3$
$B \to C$

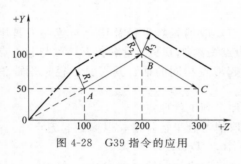

图 4-28  G39 指令的应用

**（3）补偿量（D 代码）**

补偿量由 CRT/MDI 操作面板设定，与程序中指定的 D 代码后面的数字（补偿号）相对应。与补偿号 00，即 D00 相对应的补偿量，始终意味着等于 0。可以设定与其他补偿号相对应的补偿量。

**（4）补偿的一般注意事项**

① 用 H 或 D 代码指定补偿量的号码，如果是从开始取消补偿方式移到刀具半径补偿方式以前，H 或 D 代码在任何地方指令都可以。若进行一次指令后，只要在中途不变更补偿量，则不需要重新指定。

② 从取消补偿方式移向刀具半径补偿方式时的移动指令，必须是点位（G00）或者是直线（G01）插补，不能用圆弧（G02、G03）插补。

③ 从刀具半径补偿方式移向取消补偿方式时的移动指令，必须是点位（G00）或者是直线（G01）插补，不能用圆弧（G02、G03）插补。

④ 从左向右或者从右向左切换补偿方向时，通常要经过取消补偿方式。

⑤ 补偿量的变更通常是在取消补偿方式换刀时进行的。

⑥ 若在刀具半径补偿中进行刀具长度补偿，刀具半径的补偿量也被变更了。

# 4.5  固定循环

在数控加工中，有些典型的加工工序是由刀具固定的动作完成的。如在加工中心上钻孔，一般需要快速接近工件、慢速（切削速度）钻孔、快速回退等固定动作，将这些典型的、固定的几个连续动作用一条 G 指令来代表，只需用单一程序段的指令即可完成加工，这样的指令称为固定循环指令。图 4-29 给出了固定循环动作的组成。

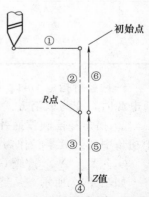

图 4-29  固定循环动作的组成

表 4-6 给出了固定循环动作的说明。

表 4-6　固定循环动作说明

| 动　作 | 说　明 | 备　注 |
|---|---|---|
| ① | $X$、$Y$ 坐标快速定位 | 在图 4-29 中③段的进给率由 F 决定,⑤段的进给率按固定循环方式的规定决定 |
| ② | 快进到 R 点 | |
| ③ | 孔加工 | |
| ④ | 孔底动作 | 在固定循环中,刀具偏置 G45～G48 无效。刀具长度补偿 G43、G44、G49 有效,它们在动作②中执行 |
| ⑤ | 返回到 R 点 | |
| ⑥ | 返回到初始点 | |

为进一步提高编程工作效率,尤其是发挥一次装卡多工序加工的优势,数控铣床(尤其是加工中心)的数控系统一般均设计有固定循环功能。

## 4.5.1　固定循环指令格式

因为固定循环指令多用于孔加工,因此,又被称为"钻孔循环"。表 4-7 给出了常用的孔加工指令。

表 4-7　孔加工指令

| G 代码 | 孔加工行程($-Z$) | 孔底动作 | 返回行程($+Z$) | 用途 |
|---|---|---|---|---|
| G73 | 断续进给 | — | 快速进给 | 高速深孔往复排屑钻 |
| G74 | 切削进给 | 主轴正转 | 切削进给 | 攻左螺纹 |
| G76 | 切削进给 | 主轴准停刀具移位 | 快速进给 | 精镗 |
| G80 | — | — | — | 取消指令 |
| G81 | 切削进给 | — | 快速进给 | 钻孔 |
| G82 | 切削进给 | 暂停 | 快速进给 | 钻孔 |
| G83 | 断续进给 | — | 快速进给 | 深孔排屑钻 |
| G84 | 切削进给 | 主轴反转 | 切削进给 | 攻右螺纹 |
| G85 | 切削进给 | — | 切削进给 | 镗削 |
| G86 | 切削进给 | 主轴停转 | 切削进给 | 镗削 |
| G87 | 切削进给 | 刀具移位主轴起动 | 快速进给 | 背镗 |
| G88 | 切削进给 | 暂停、主轴停转 | 手动操作后快速返回 | 镗削 |
| G89 | 切削进给 | 暂停 | 切削进给 | 镗削 |

### (1) 固定循环的代码组成

组成一个固定循环,要用到以下三组 G 代码。

① 数据格式代码:G90/G91。

② 返回点代码:G98(返回初始点)/G99(返回 R 点)。

③ 孔加工方式代码:G73～G89。

在使用固定循环编程时一定要在前面程序段中指定 M03 (或 M04),使主轴启动。

### (2) 固定循环指令组的书写格式

表 4-8 给出了固定循环指令组的书写格式。

表 4-8　固定循环指令组的书写格式

| 书写格式 | G××X＿ Y＿ Z＿ R＿ Q＿P＿ F＿K＿; | |
|---|---|---|
| | G90 | G91 |
| G×× | G73～G89 | |
| X、Y | 孔在 $X$、$Y$ 平面的坐标位置,相对于编程坐标系统的坐标原点 | 孔在 $X$、$Y$ 平面的坐标位置,相对于前一点的增量值 |
| Z | 孔底坐标值,是孔底的 $Z$ 坐标值 | 孔底相对于 $R$ 点的增量值 |
| R | $R$ 点的 $Z$ 坐标值 | $R$ 点相对于起始点的增量值 |
| Q | 在 G73、G83 中用来指定每次进给的深度;在 G76、G87 中指定刀具的退刀量 | |

| 书写格式 | G×××__Y__Z__R__Q__P__F__K__; | |
|---|---|---|
| | G90 | G91 |
| P | 指定暂定的时间,最小单位为1ms | |
| F | 进给速度 | |
| K | 指定固定循环的重复次数,如果不指定K,则只进行一次循环。K=0时,机床不动作,有的系统也用L表示 | |
| | G73～G89是模态指令,因此,多孔加工时该指令只需指定一次,以后的程序段只给孔的位置即可 | |
| 说明 | 固定循环中的参数(Z、R、Q、P、F)是模态的,所以当变更固定循环时,可用的参数可以继续使用,不需重设。但中间如果隔有G80或01组G指定,则参数均被取消,但是,01组的G指令不受固定循环的影响 | |

## 4.5.2 固定循环指令的分类及其使用

为适应不同的钻、镗孔用途,固定循环有不同的加工指令,固定循环指令的种类及其使用主要有以下几方面。

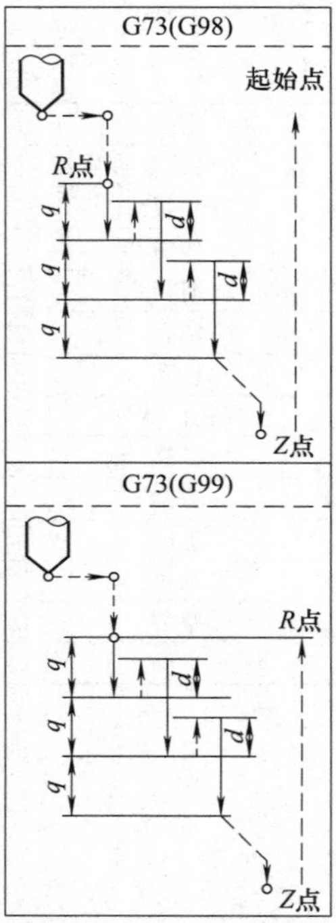

图 4-30 G73 循环

**(1) 高速深孔往复排屑钻**

G73 为高速深孔往复排屑钻指令,该加工指令的书写格式:

G73 X__Y__Z__R__Q__F__;

动作示意图如图 4-30 所示。图中 --→ 表示快速进给, —→ 表示切削进给。

退刀量 $d$ 是用参数(No.5114)设定。设定一个小的退刀量,在钻深孔时使钻头作间歇进给,便于排屑,退刀是以快速进给速度执行。

**(2) 攻左旋螺纹**

G74 实现攻左旋螺纹加工指令,该指令的书写格式:

G74 X__Y__Z__R__F__P__;

动作示意图如图 4-31 所示。在孔底位置主轴正转执行攻左旋螺纹。

应该注意的是:在 G74 指定攻左旋螺纹时,进给率调整无效。即使用进给暂停,在返回动作结束之前,循环不会停止。

**(3) 精镗**

G76 为精镗加工指令,实现该指令的书写格式:

G76 X__Y__Z__R__Q__P__F__;

动作示意见图 4-32。主轴在孔底位置准停,刀具让刀快速退回。

应该注意的是:平移量用 Q 指定。Q 值是正值。如果指定负值则负号无效。平移方向可用参数 RD1(No.5101♯4)、RD2(No.5101♯5)设定如下方向之一。

G17(XY 平面):+X、-X、+Y、-Y

G18(ZX 平面):+Z、-Z、+X、-X

G19(YZ 平面):+Y、-Y、+Z、-Z

**(4) 钻孔(G81)**

实现钻孔 G81 加工指令的书写格式:

G81 X__Y__Z__R__F__;

动作示意见图 4-33。G81 指令 X、Y 轴定位,快速进给到 R 点。接着 R 点到 Z 点进行孔加工。孔加工完,则刀具快速进给退到 R 点或返回到起始点。

**(5) 钻孔(G82)**

实现钻孔(G82)加工指令的书写格式:

G82 X__Y__Z__R__P__F__;

动作示意见图 4-34。与 G81 相同，只是刀具在孔底位置执行暂停及光切后退回，以改善孔底的表面粗糙度和精度。

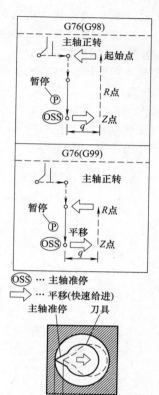

图 4-32　G76 循环

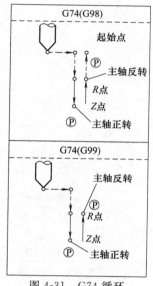

图 4-31　G74 循环

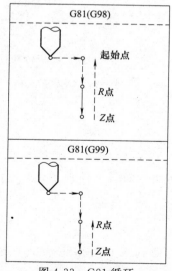

图 4-33　G81 循环

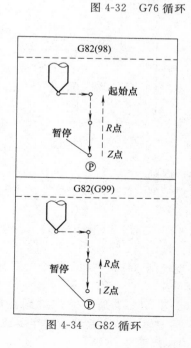

图 4-34　G82 循环

## (6) 深孔排屑钻 （G83）

实现深孔排屑钻加工指令的书写格式：

G83 X __ Y __ Z __ Q __ R __ F __ ;

动作示意图见图 4-35。Q 是每次切削量，用增量值指定。在第二次及以后切入执行时，在切入到 *d* 的位置，快速进给转换成切削进给。指定的 Q 值是正值。如果指令负值，则负号无效。*d* 值用参数（No. 5115）设定。

**（7）攻右旋螺纹（G84）**

实现攻右旋螺纹加工指令的书写格式：

G84 X __ Y __ Z __ R __ F __ P __ ;

动作示意图 4-36。在孔底位置主轴反转退刀。

应该注意的是：在 G84 指定的攻螺纹循环中，进给率调整无效，即使使用进给暂停，在返回动作结束之前，循环不会停止。

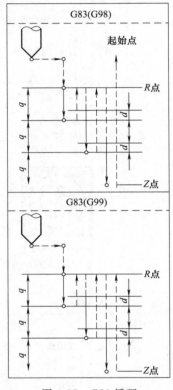

图 4-35　G83 循环

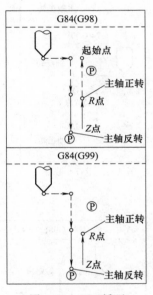

图 4-36　G84 循环

**（8）镗削（G85）**

实现镗削（G85）加工指令的书写格式：

G85 X __ Y __ Z __ R __ F __ ;

与 G81 类似，但返回行程中，从 *Z* 点到 *R* 点为切削进给，如图 4-37 所示。

**（9）镗削（G86）**

实现镗削（G86）加工指令的书写格式：

G86 X __ Y __ Z __ R __ F __ ;

G86 与 G81 类似，但进给到孔底后，主轴停转，返回到 *R* 点（G99 方式）或初始点（G98）后主轴再重新起动。动作示意见图 4-38。

**（10）背镗（G87）**

实现背镗（G87）加工指令的书写格式：

G87 X __ Y __ Z __ R __ Q __ F __ ;

动作示意见图 4-39。刀具沿 *X* 及 *Y* 轴定位后，主轴准停。主轴让刀以快速进给率在孔底位置定位（*R* 点），主轴正转。沿 *Z* 轴的方向到 *Z* 点进行加工。在这个位置，主轴再度准停，刀具退出。刀具返回到起始点后进刀。主轴正转，刀具执行下一个程序段。该让刀量及方向与 G76 相同（G76 和 G87 的方向设定相同）。

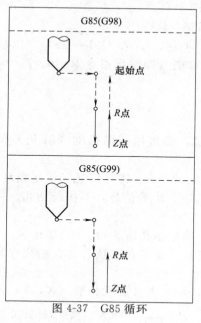

图 4-37　G85 循环

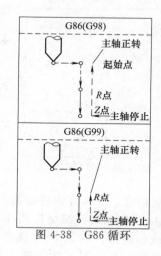

图 4-38　G86 循环

**(11) 镗削 （G88）**

实现镗削（G88）加工指令的书写格式：

G88 X＿ Y＿ Z＿ R＿ P＿ F＿；

动作示意见图 4-40。G88 指令 *X*、*Y* 轴定位后，以快速进给移动到 *R* 点。接着由 *R* 点进行钻孔加工。钻孔加工完，则暂停后停止主轴，以手动方式由 *Z* 点向 *R* 点退出刀具。由 *R* 点向起始点，主轴正转快速进给返回。

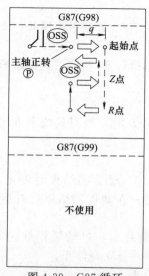

图 4-39　G87 循环

⟹—平移

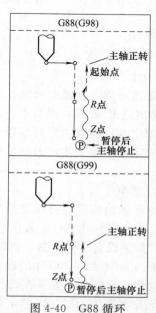

图 4-40　G88 循环

〰〰—手动进给

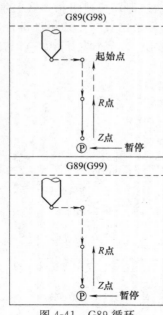

图 4-41　G89 循环

**（12）镗削（G89）**

实现镗削（G89）加工指令的书写格式：

G89 X__ Y__ Z__ R__ P__ F__；

G89 与 G85 类似，从 Z 点到 R 点为切削进给，但在孔底时有暂停动作，动作示意见图 4-41。

**（13）孔的固定循环取消（G80）**

取消固定循环（G73、G74、G76、G81～G89），以后执行其他指令，R 点、Z 点也取消（即增量指令 R＝0、Z＝0），其他孔加工信息也全部取消。

### 4.5.3　注意事项

① 在固定循环指定前，必须用辅助机能（M 码）使主轴旋转。

② 如果程序段包含 X、Y、Z、R 等信息，固定循环钻孔。如果程序段不包含 X、Y、Z、R 等信息，不执行钻孔。但是当指定 G04X；不钻孔。

③ 在钻孔的程序段，指定钻孔信息 Q、P，即在 X、Y、Z、R 等信息的程序段中指定它。如果在不执行钻孔的程序段中指定这些信息，不保存为模态信息。

④ 当主轴旋转控制使用在固定循环（G74、G84、G86）时，在孔位置（X，Y）间距很短时或起始点位置到 R 点位置很短时，在进行孔加工时，主轴可能没有达到正常转速，必须在每个钻孔动作间插入一个暂停指令（G04）使时间延长。此时，不用 K 指定重复次数，如图 4-42 所示。

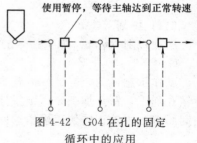

图 4-42　G04 在孔的固定循环中的应用

⑤ 如前述，固定循环也可用 G00～G03（01 组 G 代码）取消。如果在同一程序段指定 G 为 G00～G03 时，执行取消。（♯表示 0～3，××表示固定循环码）。

G♯G×× X__ Y__ Z__ R__ Q__ F__ P__ K__；（执行固定循环）

G××G♯ X__ Y__ Z__ R__ Q__ F__ P__ K__；（X、Y、Z 按 G♯移动，R、P、Q 被忽视，F 被记忆）

⑥ 固定循环指令和辅助功能在同一程序段中，在定位前执行 M 功能。进给次数指定（K）时，只在初次送出 M 码，以后不送出。

⑦ 在固定循环模式中刀具半径补偿无效。

⑧ 在固定循环模式指定刀具长度补偿（G43、G44、G49）时，当刀具位于 R 点时（动作 2）生效。

⑨ 作注意事项。

a. 在单步进给模式执行固定循环时，在图 4-29 的动作①、②、⑥结束时停止。所以钻 1 个孔必须启动 3 次。在动作①及②结束时，进给暂停灯会亮。在动作⑥结束后有重复次数时，进给暂停，如果没有重复次数，进给停止。

b. 在固定循环 G74、G84 的动作③至⑤之间使用进给暂停时，进给暂停灯立刻会亮，继续运行到动作⑥后停止。如果在动作⑥时再度使用进给暂停，会立刻停止。

c. 在固定循环 G74、G84 的动作中，进给倍率调整假设为 100%。

⑩ 固定循环中重复次数的使用方法。在固定循环指令最后，用 K 地址指定重复次数。在

增量方式（G91）对，如果有孔距相同的若干相同孔，采用重复次数来编程是方便的。在编程时要采用 G91、G99 方式。例如：当指令为 G91 G81 X50.0 Z－20.0 R－10.0 K6 F200；时，其运动轨迹如图 4-43 所示。如果是在绝对值方式中，则不能钻出六个孔，仅仅在第一孔处往复钻六次，结果是一个孔。

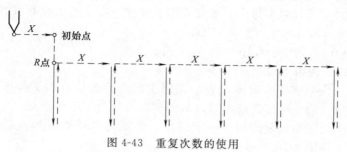

图 4-43　重复次数的使用

# 4.6　子程序

程序分为主程序和子程序。在正常情况下，数控机床是按主程序的指令工作的。在程序中把某些固定顺序或重复出现的程序单独抽出来，编成一个程序供调用，这个程序就是常说的子程序。子程序的有效使用可以简化主程序的编制并缩短检查时间。

当一次装夹加工多个零件或一个零件有重复加工部分时，可以把这个图形编成一个子程序存储在存储器中，使用时反复调用。当程序段中有调用子程序的指令时，数控机床就按子程序进行工作。当遇到子程序返回到主程序的指令时，机床才返回主程序，继续按主程序的指令进行工作。子程序的调用与返回如图 4-44 所示。

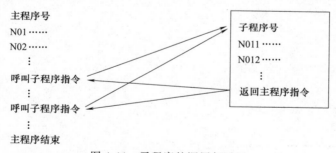

图 4-44　子程序的调用与返回

## 4.6.1　M98 指令

子程序具有以下特征：程序号 O 开始，以 M99 结束。子程序可以被主程序调用，同时子程序也可以调用另一个子程字，其编程方式如图 4-45 所示。子程序调用另一个子程序的编程方式，称为子程序的嵌套。在编程中使用较多的是二重嵌套，也有用多重嵌套的。不同的数控系统所规定的嵌套次数是不同的。

### （1）子程序调用

在 FANUC-0 系统中，子程序的调用可通过辅助功能代码 M98 指令进行，且在调用格式中将子程序的程序号地址改为 P，其常用的子程序调用格式有两种。

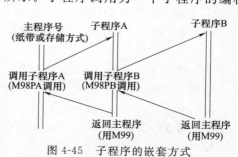

图 4-45　子程序的嵌套方式

格式一：M98 P×××× L××××；

如：M98 P200 L3；表示调用子程序 0200 有 3 次。

如：M98 P100；表示调用子程序 0100 只 1 次。

其中：地址 P 后面的四位数字为子程序序号，地址 L 的数字表示重复调用的次数，子程序号及调用次数前的 0 可省略不写。如果只调用子程序一次，则地址 L 及其后的数字可省略。

格式二：M98 P××××××××；

如：M98 P050010；调用子程序 0010 有 5 次。

如：M98 P0510；调用子程序 0510 只 1 次。

地址 P 后面的八位数字中，前四位表示调用次数，后四位表示子程序序号，采用此种调用格式时，调用次数前的 0 可以省略不写，但子程序号前的 0 不可省略。

主程序可以多次调用和重复调用某一子程序，重复调用时要用 L 及后面的数字指示调用次数，重复调用方式如图 4-46 所示。

**(2) 使用子程序实例**

如图 4-47 所示，加工两个工件，Z 轴开始点为工件上方 100mm 处，切深为 10mm，切削进给速度表示为 F100，程序如下。

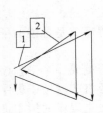
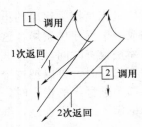

图 4-46　子程序重复调用

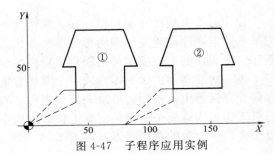

图 4-47　子程序应用实例

主程序：

O0003；

G90 G54 G00 X0 Y0 S1000 M03；

Z100.0；

M98 P100；……………………①

G90 G00 X80.0；

M98 P100；……………………②

G90 G00 X0 Y0；

M30；

子程序：

O100；

G91 G00 Z−95.0；

G41 X40.0 Y20.0 D01；

G01 Z−15.0 F100；

Y30.0；

X−10.0；

X10.0 Y30.0；

X40.0；

X10.0 Y−30.0；

X−10.0；

X－20.0；

X－50.0；

G00 Z110.0；

G40 X－30.0 Y－30.0；

M99；

## 4.6.2 注意事项

① 注意变换主、子程序间的模式代码，如 M 代码、F 代码等。从主程序调用子程序及子程序返回主程序的时候，属于同一组别的模态 G 代码的变化与主、子程序无关，如图 4-48 所示程序。

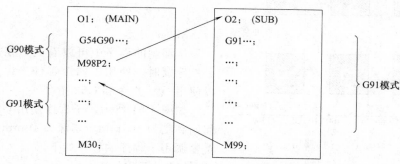

图 4-48 注意变换主、子程序间的模式代码

② 在半径补偿模式中的程序不能分支。如图 4-49 所示。

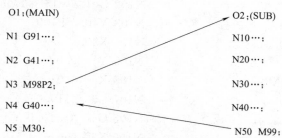

图 4-49 半径补偿模式中的程序不能分支

上面的程序中，两个连续的程序段 N3 M98 P2 和 O2；（SUB）被执行，除非有特殊的考虑，否则要尽量避免这样的程序。

③ 在子程序中常使用 G91 模式，因为使用 G90 模式将会使刀具在同一位置加工，要想在不同的位置加工相同的形状，只能一次改变工作坐标系再调用子程序。这样程序编制比较复杂。

如图 4-50 所示，子程序使用 G90 模式，加工①、②两个外轮廓的程序如下。

O1；（MAIN）

S1000 M03；

G90 G54 G00 X0 Y0；

Z100.0；

M98 P10； …………………①

G90 G55 G00 X0 Y0；

Z100.0；

M98 P10； …………………②

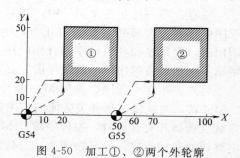

图 4-50 加工①、②两个外轮廓

M30;
O10；（SUB）
G90 G00 Z5.0；
G41 X20.0 Y10.0 D01；
G01 Z－10.0 F200；
Y50.0 F100；
X50.0；

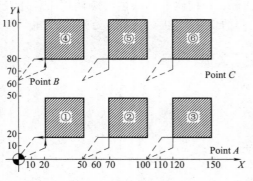

图 4-51　子程序的使用

O1；（MAIN）
N1 S1000 M03；
N2 G90 G54 G00 G17 X0 Y0；
N3 Z100.0；
N4 M98P100L3；
N5 G90 G00 X0 Y60.0；
N6 M98P100L3；
N7 G90 G00 X0 Y0 M05；
N8 M30；

Y20.0；
X10.0；
G00 Z100.0；
G40 X0 Y0；
M99；

从编制的程序中可以看到，在加工①、②两个外轮廓时，使用了两个工件坐标系，当然也可以使用 G92 指令和 G52 指令。

如图 4-51 所示，子程序使用 G91 模式，Z 轴起始高度为 100mm，切深为 10mm，使用 L 命令重复调用子程序的程序如下。

O100；（SUB）
N100 G91 Z－95.0；
N101 G41 X20.0 Y10.0 D01；
N102 G01 Z－15.0 F200；
N103 Y40.0 F100；
N104 X30.0；
N105 Y－30.0；
N106 X－40.0；
N107 G00 Z110.0；
N108 G40 X－10.0 Y－20.0；
N109 X50.0；
N110 M99；

④ 在调用子程序的程序段（M98 P ＿ L ＿）内，可以同时有坐标移动，如：

X ＿ Y ＿ M98P ＿；与 M98P ＿ X ＿ Y ＿；的意义相同

在这种情况下，先执行 X、Y 坐标移动，之后再执行调用子程序命令 M98。

⑤ 在子程序返回主程序时，可使用 P 指令使子程序不一定返回调用子程序的位置，而是返回由 P 指定的程序段。但是，这种方法返回主程序比常用的方法时间更长，如图 4-52 所示的程序。

注意：第一，在这个例子中，如果主程序中没有 N70 程序段，则会报警；第二，如果主程序中序号为 N70 的程序段有几个，则子程序返回第一个 N70 程序段；第三，在多重子程序调用时，主程序和各子程序中有相同序号的程序段存在，则 P 指令控制子程序返回其主程序中第一次出现该程序段号的程序段，其程序如图 4-53 所示。

另外，当在主程序中使用 M99 指令时，程序将会返回主程序头。例如，在主程序中加入“/M99；”，当跳段选择开关关闭时，主程序执行 M99 并返回程序头重新开始工作并循环下去。当跳段选择开关有效时，主程序跳过 M99 语句执行下边程序。在有些情况下，可以用 M99 指定跳转的目标程序段，其格式为"/M99 P ＿"，执行该指令程序不是跳转到程序头，而是跳转到 P 后所指定的行号，其程序如图 4-54 所示。

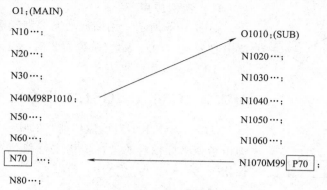

图 4-52　子程序使用 P 指令返回

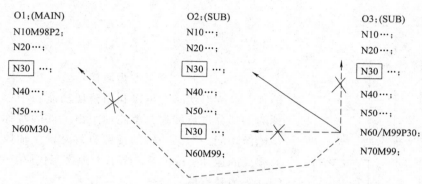

图 4-53　子程序使用 P 指令返回的注意事项 1

# 4.7　比例及镜像功能

在编程时，对于一些具有比例特性及对称形的加工件，适当地运用比例及镜像功能、同时子程序的运用能简化程序内容，快捷的完成程序的编制工作。

## 4.7.1　G50、G51 指令

G50、G51 为缩放功能指令，其中，G51 为建立缩放功能命令，G50 为取消缩放功能。

**(1) 格式**

该指令的书写格式为：

G51　X＿　Y＿　Z＿；

M98 P＿；

G50；

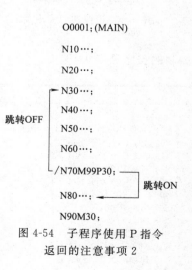

图 4-54　子程序使用 P 指令
返回的注意事项 2

其中：X、Y、Z 为缩放中心的坐标值，缺省为工件原点；可以是 X、Y、Z 中的任意两个，它们由当前平面选择指令 G17、G18、G19 中的一个确定；P 为缩放倍数，小于 1 时为缩小，大于 1 时为放大。

G51 既可指定平面缩放也可指定空间缩放。在 G51 后运动指令的坐标值以 X、Y、Z 为缩放中心，按 P 规定的缩放比例进行计算。在有刀具补偿的情况下，先进行缩放，然后才进行

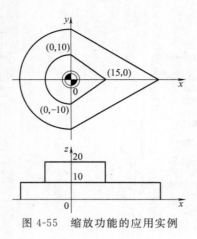

图 4-55　缩放功能的应用实例

G51.1 X ＿ Y ＿ Z ＿ A ＿ ;

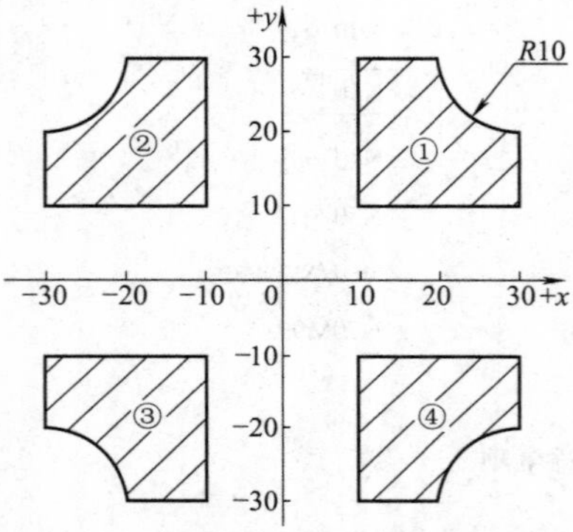

图 4-56　镜像功能应用实例

编制的程序见表 4-10。

刀具半径补偿和刀具长度补偿。

### （2）实例应用

如图 4-55 所示，用缩放功能编制轮廓的加工程序，其缩放中心为（0，0），缩放系数为 2 倍，设刀具起点距工件上表面为 100mm。程序见表 4-9。

## 4.7.2　G50.1、G51.1 指令

G50.1、G51.1 为镜像功能，其中，G51.1 为建立镜像，即由指令坐标轴后的坐标值指定镜像位置；G50.1 为取消镜像指令。

### （1）格式

该指令的书写格式为：

M98 P ＿ ;
G50.1 X ＿ Y ＿ Z ＿ A ＿ ;

其中，X、Y、Z、A 为镜像位置。当工件相对于某一轴具有对称形状时，可以利用镜像功能和子程序，只对工件的一部分进行编程，就能加工出工件的对称部分，这就是镜像功能。当某一轴的镜像有效时，该轴执行与编程方向相反的运动。G50.1、G51.1 为模态代码，可相互注销。G50.1 为缺省值。

### （2）实例应用

如图 4-56 所示轮廓的加工程序，可使用镜像功能编制。设刀具起点距工件上表面 100mm，背吃刀量为 5mm。

表 4-9　缩放功能实例程序

| 程　序 | 程序说明 |
|---|---|
| O001;<br>N01 G92　X−50.　Y−40. Z100.;<br>N02 G91 G17 M03 S600;<br>N03 G43 G00 254. H01 F300<br>N04 M98 P100;<br>N05 G43 G00 Z54. H02 F300;<br>N06 G51 X0. Y0. P2;<br>N07 M98 P100;<br>N08 G50;<br>N09 G49 Z46.;<br>N10 M05;<br>N11 M30;<br>O100;<br>N100 G42 G00　X0. Y−10. D01　F100;<br>N120　Z10.;<br>N150 G02　X0. Y10. I10. J10.;<br>N160 G01 X15. Y0.;<br>N170 X0. Y−10.;<br>N180 Z54.;<br>N200 G40 G00　X−50. Y−40.;<br>N210 M99; | 主程序<br>建立工件坐标系<br><br>长度补偿 H01 确定原始工件轮廓的深度<br>调用子程序，小尺寸轮廓<br>H02＝−10 确定加工放大后的工件轮廓深度<br>缩放中心(0,0),缩放系数 2<br>调用子程序,加工大尺寸轮廓<br>取消缩放<br>取消长度补偿<br>主轴停转<br>主程序结束<br>子程序<br>快速移动到 $xOy$ 平面的加工起点,建立半径补偿<br>z 轴快速向下移动<br><br><br><br>提刀<br>返回工件中心,并取消半径补偿<br>予程序结束,返回主程序 |

**表 4-10　镜像功能实例程序**

| 程　　序 | 程 序 说 明 |
| --- | --- |
| O8041； | 主程序 |
| N01 G17 G00 M03； | 确定加工平面 |
| N02 G98 P100； | 加工① |
| N03 G24 X0.； | y 轴镜像，镜像位置为 x＝0 |
| N04 G98 P100； | 加工② |
| N05 G50.1 X0.； | 取消 y 轴镜像 |
| N06 G24 X0. Y0.； | x 轴、y 轴镜像，镜像位置为(0,O) |
| N07 G98 P100； | 加工③ |
| N08 G50.1 X0. Y0.； | 取消 x 轴、y 轴镜像 |
| N09 G24 Y0.； | x 轴镜像，镜像位置为 y＝0 |
| N10 G98 P100； | 加工④ |
| N11 G50.1 Y0； | 取消 x 轴镜像 |
| N12 M05； | 主轴停转 |
| N13 M30； | 主程序结束 |
| O100； | 子程序 |
| N200 G41 G00 X10.0 Y4.0 D01； | |
| N210 Y1.0； | |
| N220　Z－98.0； | |
| N230 G01 Z－7.0 F100； | |
| N240 Y25.0； | |
| N250 X10.0； | |
| N260 G03 X10.0 Y－10.0 I10.0； | |
| N270 G01 Y－10.0； | |
| N280　X－25.0； | |
| N290 G00 Z105.； | |
| N300 G40　X－5.0　Y－10.0； | |
| N310　M99； | 子程序结束，返回主程序 |

# 4.8　坐标系旋转功能

坐标系旋转指令（G68、G69）可使编程图形按照指定旋转中心及旋转方向旋转一定的角度。其中：G68 为建立旋转坐标系指令；G69 为取消旋转指令。

**（1）格式**

该指令的书写格式为：

G17 G68　X＿ Y＿ Z＿ P＿；

M98 P＿；

G69；

其中：X、Y、Z 为旋转中心的坐标值，缺省为工件原点；可以是 X、Y、Z 中的任意两个，它们由当前平面选择指令 G17、G18、G19 中的一个确定。

P 为旋转角度（°），0°≤P≤360°。

**（2）实例应用**

如图 4-57 所示轮廓的加工程序可使用旋转功能编制，设刀具起点距工件上表面 50mm，背吃刀量为 5mm。编制的程序见表 4-11。

149

**表 4-11　旋转功能应用实例程序**

| 程　序 | 程序说明 |
| --- | --- |
| O0002; | 主程序 |
| N01 G92 X0. Y0. Z50; | 定义坐标系 |
| N02 G90 G17 M03 S600; | 主轴正转,转速 600r/min |
| N03 G43 Z-5. H02; | 在 z 方向定位背吃刀量,建立刀补 |
| N04 M98 P200; | 加工① |
| N05 G68 X0. Y0. P45; | 旋转 45° |
| N06 M98 P200; | 加工② |
| N07 G68 X0. Y0. P90; | 旋转 90° |
| N08 M98 P200; | 加工③ |
| N09 G68 X0. Y0. P135; | 旋转 135° |
| N10 M98 P200; | 加工④ |
| N11 G68 X0. Y0. P180; | 旋转 180° |
| N12 M98 P200; | 加工⑤ |
| N13 G68 X0. Y0. P225; | 旋转 225° |
| N14 M98 P200; | 加工⑥ |
| N15 G68 X0. Y0. P270; | 旋转 270° |
| N16 M98 P200; | 加工⑦ |
| N17 G68 X0. Y0. P315; | 旋转 315° |
| N18 M98 P200; | 加工⑧ |
| N19 G49 Z50. ; | 返回刀具起点,取消刀具长度补偿 |
| N20 G69 M05; | 取消旋转 |
| N21 M30; | 主程序结束 |
| O200; | 子程序(①的加工程序) |
| N100 G41 G01 X20. Y-5. D02 F300; | 建立刀具半径补偿 |
| N105 Y0. ; | |
| N110 G02 X40. I10. ; | |
| N120 X30. 1-5. ; | |
| N130 G03 X20. 15. ; | |
| N140 G00 Y-6. ; | |
| N145 G40 X0. Y0. ; | 取消刀具补偿 |
| N150 M99; | 子程序结束,返回主程序 |

**(3) 坐标系旋转功能与刀具半径补偿功能的关系**

旋转平面一定要包含在刀具半径补偿平面内。以图 4-58 为例:

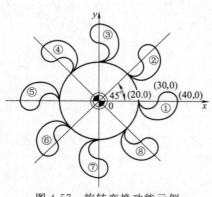

图 4-57　旋转变换功能示例

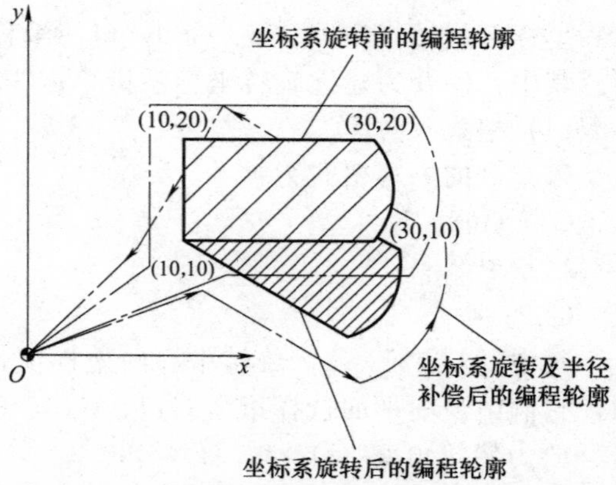

N01 G92 X0. Y0. ;

（右图）

坐标系旋转前的编程轮廓
(10,20)　(30,20)
(30,10)
(10,10)
坐标系旋转及半径补偿后的编程轮廓
坐标系旋转后的编程轮廓

图 4-58　坐标旋转与刀具半径补偿

N02 G68 G90 X10. Y10. R−30. ;

N03 G90 G42 G00 X10. Y10. F100 H01;

N04 G91   X20. ;

N05 G03 Y10. I−10. J5. ;

N06 G01 X−20. ;

N07 Y−10. ;

N08 G40 G90 X0. Y0. ;

N09 G69   M30;

当选用半径为 $R$ 5mm 的立铣刀时，设置 H01=5。

**(4) 与缩放编程方式的关系**

在缩放模式时，再执行坐标旋转指令，旋转中心坐标也执行比例操作，但旋转角度不受影响，这时各指令的排列顺序如下：

G51……

G68……

G41/G42……

G40……

G69……

G50……

# 数控铣床操作基础

## 5.1 操作面板

　　由于数控铣床采用的系统不同，控制面板的外形及各按键的布局也有所不同，如有些数控铣床的控制开关、按键是用英文表示，有些是用中文表示，有些则用图形符号表示，但基本上各控制开关、按键等都具有相同的功能，其操作方式也大同小异。

### 5.1.1 数控铣床控制面板

　　操作面板可分为上下两个部分，其中上部为 CRT/MDI 操作面板或称为编辑键盘，根据所用数控系统的不同，其结构形式也有所不同，如图 5-1 所示为配有 FANUC 0-MD 数控系统的外形。

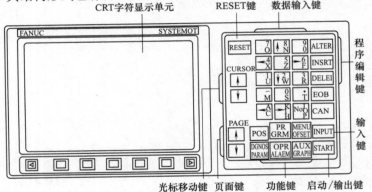

图 5-1　CRT/MDI 操作面板

　　机床的类型不同，机床操作面板上各开关的功能及排列顺序也有所差异。下部 XK5025 型数控立式升降台铣床的机械操作面板（也称控制面板）的外形，如图 5-2 所示。

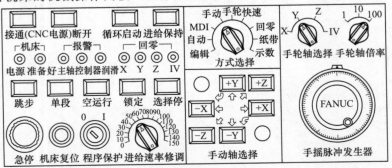

图 5-2　机床操作面板

## 5.1.2　数控铣床的基本操作

数控铣床的各类操作主要是通过 CRT/MDI 操作面板及机床控制面板上的各类键（按钮）来实现的。

表 5-1 给出了 CRT/MDI 操作面板功能键的用途，CRT/MDI 操作面板上其他键的用途如表 5-2 所示。

表 5-1　CRT/MDI 操作面板功能键的用途

| 主功能 | 键符号 | 用途 |
|---|---|---|
| 位置显示 | POS | 在 CRT 上显示机床现在的位置 |
| 程序 | PRGRM | 在编辑方式，编辑和显示内存中的程序；在 MDI 方式，输入和显示 MDI 数据 |
| 偏置量设定与显示 | OFSET | 刀具偏置量数值和宏程序变量的设定与显示 |
| 自诊断参数 | DGNOS/PRARM | 运动参数的设定、显示及诊断数据的显示 |
| 报警号显示 | OPR ALARM | 按此键显示报警号 |
| 图形显示 | GRAPH | 图形轨迹的显示 |

表 5-2　CRT/MDI 操作面板其他键的用途

| 号码 | 名称 | 用途 |
|---|---|---|
| (1) | 复位键（RESFT） | 用于解除报警，CNC 复位 |
| (2) | 启动键（START） | MDI 或自动方式运转时的循环启动运转，使用方法因机床不同而异 |
| (3) | 地址/数字键 | 字母、数字等文字的输入 |
| (4) | 符号键（/，♯，EOB） | 在编程时用于输入符号，特别用于每个程序段的结束符 |
| (5) | 删除键（DEIET） | 在编程时用于删除已输入的字及在 CNC 中存在的程序 |
| (6) | 输入键（INPUT） | 按地址键或数值键后，地址或数值进入键输入缓冲器并显示在 CRT 上，若将缓冲器的信息设置到偏置寄存器中，按 INPUT 键。此键与软键中的 INPUT 键等价 |
| (7) | 取消键（CAN） | 消除键输入缓冲器中的文字或符号。例如，键输入缓冲显示 N0001 时，若按 CAN 键，N0001 就被消除 |
| (8) | 光标移动键（CURSOR） | 有两种光标移动键：↓使光标顺方向移动；↑使光标反方向移动 |
| (9) | 翻页键（PAGE） | 有两种翻页键：↓为顺方向翻页；↑为反方向翻页 |
| (10) | 软键 | 软键按照用途可以给出各种功能。软键能给出什么样的功能，在 CRT 画面的最下方显示 |
| (11) | 输出启动键（OUTPUT START） | 按下此键，CNC 开始输出内存中的参数或程序到外部设备 |

其中机床操作面板上操作键（按钮）的功能见表 5-3，手动操作见表 5-4。

表 5-3　操作键（按钮）的功能

| 键（按钮）名称 | 用途 | 键（按钮）名称 | 用途 |
|---|---|---|---|
| 循环启动 | 自动运转的启动，在自动运转中，自动运转指示灯亮 | 返回参考点 | 返回参考点 |
| 进给选择 | 自动运转时刀具减速停止 | 快速进给倍率 | 选择快速进给倍率的倍率量 |
| 方式选择 | 选择操作种类 | 步进进给量 | 选择步进一次的移动量 |
| 快速进给 | 刀具快速进给 | 紧急停止 | 使机床紧急停止，断开机床主电源 |
| JOG 步进进给 | 手动连续进给，步进进给 | 锁住机床 | 选择机床锁住，断开进给控制信号 |
| 手轮 | 手轮进给 | 进给速度倍率 | 选择自动运转中，手动运转中进给速度的倍率量 |
| 单程序段 | 每次执行自动运转的一个程序段 | 选择手轮轴 | 选择手轮移动的轴 |
| 跳过任选程序段开关 | 跳过任选程序段 | JOG 进给速度 | 选择手动连续进给速度 |
| 空运转 | 空运转 | 选择手轮倍率 | 选择手动手轮进给中，一个刻度移动量的倍率 |

表 5-4　手动操作

| 项　目 | 方式选择及进给率修调 | 操作说明 |
|---|---|---|
| 手动参考点返回(单轴) | ZEM | 按"点动轴选择",选择一个轴 |
| 手动连续进给 | JOG 方式,由进给速度修调旋钮选择点动速度 | 按"点动轴选择"中的"＋X、－X、＋Y、－Y、＋Z 或－Z"键 |
| 手摇脉冲发生器的手动进给 | HANDLE 方式,选择进给轴 X、Y 或 Z;由手脉倍率旋钮调节脉冲当量 | 旋转手摇脉冲发生器(注意旋向与 X、Y、Z 轴的移动方向) |
| 主轴手动操作 | HANDLE、手动、点动方式 | 按 CW 或 CCW 或 STOP 键 |
| 冷却泵启停 | 任何方式 | 按 COOL 的 ON 或 OFF 键 |

# 5.2　数控铣床的操作步骤与方法

对于不同型号的数控铣床,由于机床的结构以及操作面板、数控系统的差别,操作方法会有所不同,但其操作内容与操作的步骤和方法基本上是相同的。一般数控铣床可按以下步骤与方法进行操作。

**(1) 电源的接通**

① 首先检查机床的初始状态,控制柜的前、后门是否关好。

② 接通机床侧面的电源开关,面板上的"电源"指示灯亮。

③ 确定电源接通后,按下操作面板上的"机床复位"按钮,系统自检后 CRT 上出现位置显示画面,"准备好"指示灯亮。

应该注意的是:在出现位置显示画面和报警画面之前,不要触摸 CRT/MDI 操作面板上的键,以防发生意外。

④ 确认风扇电动机转动正常后,整个开机过程结束。

**(2) 电源的关断**

① 确认操作面板上的"循环启动"指示灯是否关闭。

② 确认机床的运动全部停止,按下操作面板上的"断开"按钮数秒,"准备好"指示灯灭,CNC 系统电源被切断。

③ 切断机床侧面的电源开关。

**(3) 手动运转**

手动运转主要有手动返回参考点及手动连续进给、步进(STEP)方式进给等多种运行操作方式。应该注意的是:采用手动操作运转只能实现单轴运动;把方式选择开关变为"JOG"位置后,先前选择的轴并不移动,需要重新选择移动轴。各类手动操作的步骤主要有以下内容。

① 手动返回参考点。手动返回参考点的操作步骤与要点主要有以下几点。

a. 将方式选择开关置于"JOG"的位置。

b. 使返回参考点的开关置于"ON"状态。

c. 使各轴向参考点方向 JOG 进给,返回参考点之后指示灯亮。

② 手动连续进给。手动连续进给的操作步骤与要点主要有以下几点。

a. 将方式选择开关置于"JOG"的位置。

b. 选择移动轴,机床在所选择的轴方向上移动。

c. 选择 JOG 进给速度,见表 5-5。

表 5-5　JOG 进给速度

| 旋转开关位置 | 0 | 1 | 2 | 3 | 4 | 5 | 6 | 7 | 8 | 9 | 10 | 11 | 12 | 13 | 14 | 15 |
|---|---|---|---|---|---|---|---|---|---|---|---|---|---|---|---|---|
| 进给速度 /mm·min$^{-1}$ | 0 | 2.0 | 3.2 | 5.0 | 7.9 | 12.6 | 20 | 32 | 50 | 79 | 126 | 200 | 320 | 500 | 790 | 1260 |

d. 按"快速进给"按钮，刀具按选择的坐标轴方向快速进给。

③ 步进（STEP）方式进给。步进（STEP）方式进给的操作步骤与要点主要有以下几点。

a. 将方式选择开关置于"STEP"的位置。

b. 按表 5-6 选择移动量，然后选择移动轴。

表 5-6  移动、选择开关与步进进给量的关系

| 输入倍率 | | ×1 | ×10 | ×100 | ×1000 |
|---|---|---|---|---|---|
| 步进进给量 | 公制输入/mm | 0.001 | 0.01 | 0.1 | 1 |
| | 英制输入/in | 0.0001 | 0.001 | 0.01 | 0.1 |

c. 每按下一次轴选择开关，仅在指定轴方向上移动其规定的移动量，关断之后，再次接通时，又移动规定的移动量。

d. 移动速度按表 5-5 所示的 JOG 进给速度选择。

e. 若按"快速进给"按钮，则变为快速进给，快速进给倍率有效。

④ 手动手轮进给。转动手摇脉冲发生器，可使机床微量进给。其操作步骤与要点主要有以下几点。

a. 使方式选择开关置于"HANDLE"的位置。

b. 选择手摇脉冲发生器移动的轴。

c. 转动手摇脉冲发生器，实现手动手轮进给。

应该注意的是：利用手摇脉冲发生器以 5r/s 以下的速度旋转，超过了该速度，即使手摇脉冲发生器停止转动，机床也不能立刻停止，造成刻度和移动量不符；如果选择 ×100 的倍率，手摇脉冲发生器转动过快，刀具以接近于快速进给的速度移动，突然停止时，机床会受到振动；设定了手轮进给的自动加速时间常数，手摇脉冲发生器的移动也具备了自动加减速，这样会减轻对机床的振动。

**（4）自动运转**

自动运转主要有"存储器"及"MDI"等方式，自动运转的操作步骤与要点主要有以下方面的内容。

① "存储器"方式下的自动运转。"存储器"方式下的自动运转操作步骤与要点主要有以下几点。

a. 预先将程序存入存储器中。

b. 选择要运转的程序。

c. 将方式选择开关置于"AUTO"的位置。

d. 按"循环启动"键，开始自动运转，"循环启动"灯亮。

② "MDI"方式下的自动运转。该方式适于由 CRT/MD1 操作面板输入一个程序段，然后自动执行。其操作步骤与要点主要有以下几点。

a. 将方式选择开关置于"MDI"的位置。

b. 按主功能的"PRGRM"键。

c. 按"PAGE"键，使画面的左上角显示 MDI，如图 5-3 所示。

d. 由地址键、数字键输入指令或数据，按"INPUT"键确认。

e. 按"START"键或操作面板上的"循环启动"键执行。

③ 开始执行自动运转。自动运转后，按以下方式执行程序，其操作步骤与要点主要有以下几点。

a. 从被指定的程序中，读取一个程序段的指令。

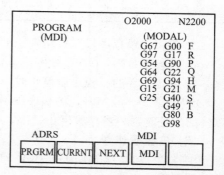

图 5-3  MDI 方式显示画面

b. 解释已读取的程序段指令。

c. 开始执行指令。

d. 读取下一个程序段的指令。

e. 读出下一个程序段的指令，变为立刻执行的状态，该过程也称为缓冲。

f. 前一程序段执行结束，因为被缓冲了，所以要立刻执行下一个程序段。以后重复执行，直到自动执行结束。

④ 自动运转停止。使自动运转停止的方法，包括预先在程序中想要停止的地方输入停止指令和按操作面板上的按钮使其停止。其操作步骤与要点主要有以下几点。

a. 执行程序停止（M00）指令之后，自动运转停止。与单程序段停止相同，到此为止的模态信息全部被保存，按"循环启动"键，使其再开始自动运转。

b. 任选停止（M01）与M00相同，执行含有M01指令的程序段之后，自动运转停止。但仅限于机床操作面板上的"任选停止"开关接通的场合。

c. 程序结束（M02，M30）自动运转停止，呈复位状态。

d. 进给保持程序运转中，按机床操作面板上的进给保持按钮，可使自动运转暂时停止。

⑤ 复位。由CRT/MDI的复位按钮、外部复位信号可使自动运转停止，呈复位状态。若在移动中复位，机床减速后停止。

**(5) 试运转**

① 机床锁住。若接通机床锁住开关，机床停止移动，但位置坐标的显示和机床移动时一样。此外，M功能、S功能、T功能也可以执行。此开关用于程序的检测。

② Z轴指令取消。若接通Z轴指令取消开关，手动、自动运转中的Z轴停止移动，且位置显示与其轴实际移动一样被更新。

③ 辅助功能锁住。机床操作面板的辅助功能"锁住"开关一接通，M代码、S代码、T代码的指令被锁住不能执行，M00、M01、M02、M30、M98、M99可以正常执行。其与机床锁住一样用于程序检测。

④ 进给速度倍率。用进给速度倍率开关，选择程序指定的进给速度百分数，以改变进给速度（倍率），按照刻度可实现0～150%的倍率修调。

⑤ 快速进给倍率可以将以下的快速进给速度变为100%、50%、25%或F0值（由机床决定）。

a. 由G00指令的快速进给。

b. 固定循环中的快速进给。

c. 指令G27、G28时的快速进给。

d. 手动快速进给。

⑥ 空运转中，不考虑程序指定的进给速度，而用表5-7所给速度。

表5-7　空运转的进给速度

| 快速进给按钮 ON/OFF | 程序指令 | | 快速进给按钮 ON/OFF | 程序指令 | |
|---|---|---|---|---|---|
| | 快速进给时 | 切削进给时 | | 快速进给时 | 切削进给时 |
| 快速进给按钮 ON | 快速进给 | JOG进给最高速度 | 快速进给按钮 OFF | JOG进给 | JOG进给速度 |

⑦ 若将"单程序段"按钮置于ON，执行一个程序段后，机床停止。

a. 用指令G28、G29、G30时，即使在中间点，也进行单程序段停止。

b. 固定循环的单程序段停止时，"进给保持"灯亮。

c. M98P××；M99；的程序段不能单程序停止。但是，M98、M99的程序中有O、N、P以外的地址时，单程序段停止。

**(6) 安全操作**

① 紧急停止（EMERGENCY STOP）。若按机床操作面板上的"紧急停止"按钮，机床移动瞬间停止。

② 刀具超程报警。若刀具超越机床限位开关规定的行程范围时，则机床显示报警，刀具减速停止。此时用手动将刀具移向安全的方向，然后按"复位"按钮解除报警。

**（7）程序的存储、编辑**

通过程序的存储、编辑操作，可以实现通过键盘存储程序，对程序号进行检索，对程序进行删除、插入、变更、删除字等各种编辑操作。其操作与要点主要有以下方面的内容。

① 由键盘存储。通过键盘存储程序的操作步骤与要点主要有以下方面的内容。

a. 选择 EDIT 方式。

b. 按"PRGRM"键。

c. 键入地址 0 及要存储的程序号。

d. 按"INSRT"键，用此操作可以存储程序号，以下在每个字的后面键入程序，用"IN-SRT"键存储。

② 检索程序号。检索程序号的操作步骤与要点主要有以下方面的内容。

a. 选择 EDIT 或 AUTO 方式。

b. 按"PRGRM"键，键入地址 0 和要检索的程序号。

c. 按"CURSOR↓"键，检索结束时，在 CRT 画面的右上方，显示已检索的程序号。

③ 删除程序。删除程序的操作步骤与要点主要有以下方面的内容。

a. 选择 EDIT 方式。

b. 按"PRGRM"键，键入地址 0 和要删除的程序号。

c. 按"DELET"键，可以删除程序号所制定的程序。

④ 字的插入、变更、删除。字的插入、变更、删除的操作步骤与要点主要有以下方面的内容。

a. 选择 EDIT 方式。

b. 按"PRGRM"键，选择要编辑的程序。

c. 检索要变更的字。

d. 进行字的插入、变更、删除等编辑操作。

**（8）数据的显示与设定**

① 偏置量设置。设置偏置量的操作步骤与要点主要有以下方面的内容。

a. 按"OFFSET"主功能键。

b. 按"PAGE"键，显示所需要的页面，如图 5-4 所示。

c. 使光标移向需要变更的偏置号位置。

d. 由数据输入键输入补偿量。

e. 按"INPUT"键，确认并显示补偿值。

② 参数设置。由 CRT/MDI 设定参数的操作步骤与要点主要有以下方面的内容。

a. 按"PRAM"键和按"PAGE"键显示设定参数画面（也可以通过软键"参数"显示），如图 5-5 和图 5-6 所示。

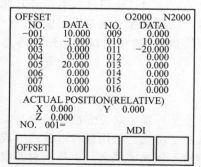

图 5-4 偏置量显示画面

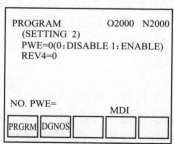

图 5-5 参数设定画面

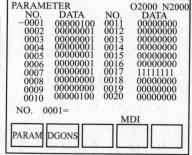

图 5-6 参数画面

b. 选择 MDI 方式，移动光标键至要变更的参数位置。

c. 由数据输入键输入参数值，按"INPUT"键，确认并显示参数值。

d. 所有参数的设定及确认结束后，变为设定画面，使 PWE 设定为零。

(9) **图形显示**

① 程序存储器使用量显示。程序存储器使用量显示的操作步骤如下。

a. 选择 EDIT 方式。

b. 按"PRGRM"键，键入地址 P。

c. 按"INPUT"键和"PRGRM"键，显示程序存储器使用量的信息。

② 现在位置的显示。按"POS"键和"PAGE"键，可显示工件坐标系的位置（软键 ABS）、相对坐标系的位置（软键 REL）、实际速度显示等三种状态，如图 5-7 所示。

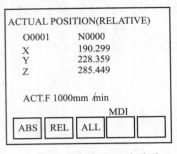

图 5-7 现在位置显示画面

# 5.3 对刀

对刀点与换刀点的确定，是数控加工工艺分析的重要内容之一。对刀点是数控加工时刀具相对零件运动的起点，又称起刀点，也就是程序运行的起点。对刀点选定后，便确定了机床坐标系和零件坐标系之间的相互位置关系。因此，正确、合理的对刀是保证数控铣削工件质量的基础。

刀具在机床上的位置是由刀位点的位置来表示的。不同的刀具，刀位点不同。对平头立铣刀、端铣刀类刀具，刀位点为它们的底面中心；对钻头，刀位点为钻尖；对球头铣刀，刀位点为球心；对车刀、镗刀类刀具，刀位点为其刀尖。对刀点找正的准确度直接影响加工精度，对刀时，应使刀位点与对刀点一致。

对刀点选择的原则，主要是考虑对刀点在机床上对刀方便、便于观察和检测，编程时便于数学处理和有利于简化编程。对刀点可选在零件或夹具上。为提高零件的加工精度，减少对刀误差，对刀点应尽量选在零件的设计基准或工艺基准上。如以孔定位的零件，应将孔的中心作为对刀点。对车削加工，则通常将对刀点设在工件外端面的中心上。

一般来说，加工中心对刀点应选在工件坐标系原点上，这样有利于保证对刀精度，减少对刀误差。也可以将对刀点或对刀基准点设在夹具定位元件上，这样可直接以定位元件为对刀基准对刀，有利于保证批量加工时工件坐标系位置的准确性。

对数控车床、镗铣床、加工中心等多刀加工数控机床，在加工过程中需要进行换刀，故编程时应考虑不同工序之间的换刀位置（即换刀点）。为避免换刀时刀具与工件及夹具发生干涉，换刀点应设在工件的外部。对加工中心而言，换刀点往往是固定的点。

为确定工件在机床坐标系中的位置，在加工初始，需要对刀，在刀具使用过程中，若刀具损坏需要更新，也可采用对刀的方法测量新刀具的主要参数值，以便掌握与原刀具的偏差，然后通过修改刀补值确保其正常加工。此外，通过对刀还可测量刀具切削刃的角度和形状等参数，有利于提高加工质量。

## 5.3.1 对刀的方法

对刀的准确程度将直接影响加工精度，因此，对刀操作一定要仔细，对刀方法一定要与零件加工精度要求、所使用的加工设备性能等相适应。对刀方法除了传统的采用杠杆百分表（或千分表）对刀、采用试切法等方法外，目前，对刀通常是利用对刀仪来实现的，常见的对刀仪产品有：机外对刀仪、对刀器及找正器等。对刀仪主要用于测量刀具的长度、直径和刀具形状、角度，准确记录预执行的刀具的主要参数。

对刀时一般以机床主轴轴线与端面的交点（主轴中心）为刀位点，因此，无论采用哪种工具对刀，结果都是使机床主轴轴线与端面的交点与对刀点重合，利用机床的坐标显示确定对刀点在机床坐标系中的位置，从而确定工件坐标系在机床坐标系中的位置。常用对刀方式的具体操作步骤及方法主要有以下方面。

**(1) 采用杠杆百分表**（或千分表）**对刀**

图 5-8 给出了采用杠杆百分表（或千分表）对刀的操作示意图，当零件加工精度要求高时，可采用千分表找正对刀，使刀位点与对刀点一致（一致性好，即对刀精度高）。

尽管用这种方法对刀，每次需要的时间长，效率较低。但由于操作简单，且不受对刀设备的影响，因此在普通数控铣床，或在受对刀工具或对刀设备影响时仍广泛应用，操作步骤如下。

① 用磁性表座将杠杆百分表粘在机床主轴端面上并利用手动输入 "S50 M03"，主轴低速正转。

② 手动操作使旋转的表头按 $x$、$y$、$z$ 的顺序逐渐靠近孔壁（或圆柱面）。

③ 移动 $z$ 轴，使表头压住被测表面，指针转动约 0.1mm。

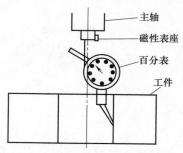

图 5-8 采用杠杆百分表
（或千分表）对刀

④ 逐步降低手动脉冲发生器的 x、y 移动量，使表头旋转一周时，其指针的跳动量在允许的对刀误差内，如 0.02mm，此时可认为主轴的旋转中心与被测孔中心重合。

⑤ 记下此时机床坐标系中的 $x$、$y$ 坐标值。此 $x$、$y$ 坐标值即为 G54 指令建立工件坐标系时的偏置值。若用 G92 指令建立工件坐标系，保持 $x$、$y$ 坐标不变，刀具沿 $z$ 轴移动到某一位置，则指令形式为：G92 X0 Y0。这种操作方法比较麻烦，效率较低，但对刀精度较高，对被测孔的精度要求也较高，最好是经过铰或镗加工的孔，仅粗加工后的孔不宜采用这种方法。

**(2) 采用试切**（或碰刀）**方式对刀**

如果对刀精度要求不高，为方便操作，可以采用加工时所使用的刀具直接进行碰刀（或试切）对刀，如图 5-9 所示，其操作步骤如下。

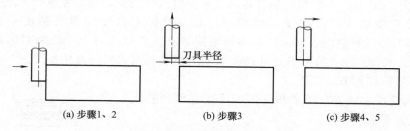

(a) 步骤1、2　　　　　　(b) 步骤3　　　　　　(c) 步骤4、5

图 5-9 试切对刀的步骤

① 将所用铣刀装到主轴上并使主轴中速旋转。

② 手动移动铣刀沿 $X$（或 $Y$）方向靠近被测边，直到铣刀周刃轻微接触到工件表面，听到刀刃与工件的摩擦声但没有切屑。

③ 保持 $X$、$Y$ 坐标不变，将铣刀沿 $+Z$ 向退离工件。

④ 将机床相对坐标 $X$（或 $Y$）置零，并沿 $X$（或 $Y$）向工件方向移动刀具半径的距离。

⑤ 将此时机床坐标系下的 $X$（或 $Y$）值输入系统偏置寄存器中，该值就是被测边的 $X$（或 $Y$）坐标。

⑥ 改变方向重复以上操作，可得被测边的 $Y$（或 $X$）坐标。这种方法比较简单，但会在

工件表面留下痕迹，且对刀精度不够高。为避免损伤工件表面，可以在刀具和工件之间加入塞尺进行对刀，这时应将塞尺的厚度减去。以此类推，还可以采用标准心轴和块规来对刀，如图5-10所示。

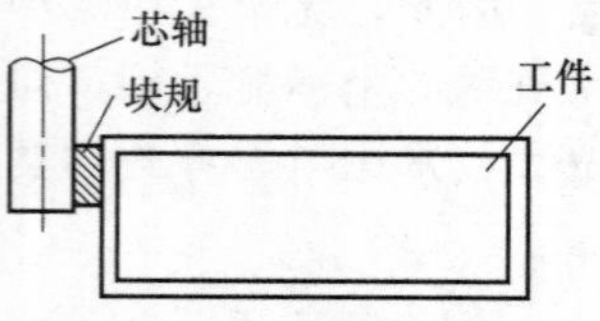

图 5-10　采用标准心轴和块规来对刀

**（3）采用寻边器对刀**

寻边器主要用于确定工件坐标系原点在机床坐标系中的 $X$、$Y$ 零点偏置值，也可测量工件的简单尺寸。它有偏心式［见图5-11（a）］、回转式［见图5-11（b）］和光电式［见图5-11（c）］等类型。

(a) 偏心式　　(b) 回转式　　(c) 光电式

图 5-11　寻边器

偏心式、回转式寻边器为机械式构造，机床主轴中心距被测表面的距离为测量圆柱的半径值。

光电式寻边器的测头一般为直径10mm的钢球，用弹簧拉紧在光电式寻边器的测杆上，碰到工件时可以退让，并将电路导通，发出光信号。通过光电式寻边器的指示和机床坐标位置可得到被测表面的坐标位置，利用测头的对称性还可以测量一些简单的尺寸。

采用寻边器对刀的操作步骤与采用刀具对刀相似，只是将刀具换成了寻边器，移动距离是寻边器触头的半径。这种方法简便，对刀精度较高。

**（4）采用对刀器对刀**

在现代加工中心上对刀器与找正器常常集成在一起。对刀器主要用于加工中心的刀具 $Z$ 向对刀，故又称为 $Z$ 轴对刀器。刀具 $Z$ 向对刀数据与刀具在刀柄上的装夹长度及工件坐标系的 $Z$ 向零点位置有关，它确定工件坐标系的零点在机床坐标系中的位置。

$Z$ 轴对刀器主要用于确定工件坐标系原点在机床坐标系的 $Z$ 轴坐标，或者说是确定刀具在机床坐标系中的高度。$Z$ 轴对刀器有光电式和指针式等类型，通过光电指示或指针，判断刀具与对刀器是否接触，对刀精度一般较高，对刀器标定高度的重复精度一般为 $0.001 \sim 0.002$mm。对刀器带有磁性表座，可以牢固地附着在工件或夹具上。$Z$ 轴对刀器高度一般为50mm或100mm。图5-12给出了光电式 $Z$ 轴对刀器精确对刀时的使用情况。

$Z$ 轴对刀器的使用方法如下。

① 将刀具装在主轴上，将 $Z$ 轴对刀器吸附在已经装夹好的工件或夹具平面上。

② 快速移动工作台和主轴，让刀具端面靠近 $Z$ 轴对刀器上表面。

③ 改用步进或电子手轮微调操作，让刀具端面慢慢接触到 $Z$ 轴对刀器上表面，直到 $Z$ 轴对刀器发光或指针指示到零位。

④ 记下机械坐标系中的 $Z$ 值数据。

⑤ 在当前刀具情况下，工件或夹具平面在机床坐标系中的 $Z$ 坐标值为此数据值再减去 $Z$ 轴对刀器的高度。

⑥ 若工件坐标系 $Z$ 坐标零点设定在工件或夹具的对刀

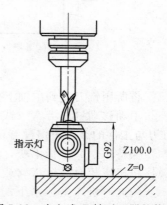

指示灯

G92　　Z100.0

Z=0

图 5-12　光电式 $Z$ 轴对刀器的使用

平面上，则此值即为工件坐标系 Z 坐标零点在机床坐标系中的位置，也就是 Z 坐标零点偏置值。

**（5）采用机械式对刀仪对刀**

机械式对刀仪如图 5-13 所示。测量前先用标准验棒对千分尺进行校准，然后将刀具装在刀柄上，刀柄插入测量仪中，用量块和千分尺读出刀具长度值，为保证测量精度，将几次测量的数据平均值作为测量结果。刀具半径的测量和长度测量类似。

**（6）采用综合对刀仪对刀**

综合对刀仪可用来测量刀具的长度、直径和刀具形状、角度。

① 对刀仪的结构。常见的综合对刀仪结构如图 5-14 所示，主要由以下三个部分组成。

a. 刀柄定位机构。对刀仪的刀柄定位机构与标准刀柄相对应，它是测量的基准，所以要有较高的精度，一般都要和机床主

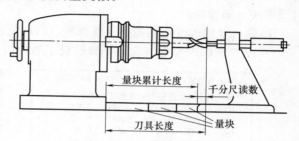

图 5-13　机械式对刀仪

轴定位基准的要求接近，这样才能使测量数据接近在机床上使用的实际情况。定位机构包括一个回转精度很高、与刀柄锥面接触面很好、带拉紧刀柄机构的对刀仪主轴。该主轴的轴向尺寸基准面与机床主轴相同，主轴能高速回转便于找出刀具上刀齿的最高点，对刀仪主轴中心线对测量轴 Z、X 向有很高的平行和垂直度要求。

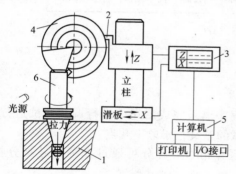

图 5-14　综合对刀仪
1—刀柄定位机构；2—测头；3—数显装置；
4—光屏；5—测量数据处理装置；
6—刀柄定位套

b. 测头与测量机构。测头有接触式和非接触式两种。接触式测头主要有百分表或扭簧仪，通过其直接接触刀刃的主要测点（最高点和最大外径点），这种测量方法精度可达 0.002～0.001mm 左右，它比较直观，但容易损伤表头和切削刃刃部。非接触式测头主要用光学的方法，把刀尖投影到光屏上进行测量。测量机构提供刀刃的切削点处的 Z 轴和 X 轴（半径）尺寸值，即刀具的轴向尺寸和径向尺寸，其测量精度在 0.005mm 左右，这种测量不太直观，但可以综合检查切削刃质量。

c. 测量数据处理装置。此装置可以把刀具的测量值自动打印，或与上一级管理计算机联网，进行柔性加工，实现自动修正和补偿。

② 使用对刀仪进行测量的方法。使用对刀仪进行测量可按以下方法进行操作。

a. 使用前要用标准对刀轴校准。每台对刀仪都随机带有一件标准的对刀芯轴。每次使用前要对 Z 轴和 X 轴尺寸进行校准和标定。

b. 使用标准对刀芯轴从参考点移动到工件零点时，读机床坐标系下的 X、Y、Z 坐标，把 X、Y 值输入到工件坐标系参数 G54 中，把 Z 值叠加芯轴长度后，输入到 G54 中。

c. 其他刀具在对刀仪上测量的刀具长度值，补偿到对应的刀具长度补偿号中。

静态测量的刀具尺寸和实际加工出的尺寸之间有一差值。静态测量的刀具尺寸应大于加工后孔的实际尺寸，因此，对刀时有一个修正量，需要操作者根据经验来预选，一般要偏大 0.01～0.05mm。

# 5.3.2　刀具参数表设置

刀具参数主要是刀具补偿数据的设定，可通过操作面板的 OFFSET SETTING 功能项进

行。其操作大致如下。

① 置工作方式开关于 MDI 手动数据输入方式。

② 按下数控操作面板上的"OFFSET SETTING"功能按键后，CRT 屏幕显示如图 5-15 所示。

③ 按光标移动键，让光标停在要修改设定的数据位置上（图中 NO. 为刀具补偿地址号，若同时设置几何补偿和磨损补偿值，则刀补是它们的矢量和），当欲设定的数据不在当前页面时，可按页面键翻页。

④ 输入要修改设定的数据（注意相应的取值范围与数据位数）。

⑤ 按"INPUT"输入键，则修改设定后的数据即存储到相应的地址寄存器内。

```
OFFSET(刀补)              O1130 M00260
NO. 几何(H)  磨损(H)  几何(D)  磨损(D)
001           0.000    0.000    0.000
002  -1.000   0.000    6.000    0.000
003   0.000   0.000    0.000    0.000
004  20.000   0.000    0.000    0.000
005   0.000   0.000    0.000    0.000
006   0.000   0.000    0.000    0.000

测量刀长位置(相对)

X   0.000          Y   0.000

Z   0.000
>-
MDI ******            16：03：04
[刀补]  [设定]  [坐标系]  [ ]  [操作]
```

```
工作坐标系                O1130 M00260
(G54)
NO.   DATA        NO.   DATA
00  X  0.000      02  X 213.000
(ELT) Y  0.000    (G55) Y 231.424
      Z  0.000          Z 508.500

                       余移动量

01  X -412.997    03  X  0.000
(G54) Y -91.202   (G56) Y  0.000
      Z -20.702          Z  0.000

>-                50  T0000
MDI ******            16：03：10
[刀补]  [设定]  [坐标系]  [ ]  [操作]
```

图 5-15  CRT 屏幕显示内容

# 5.4  程序的调试与运行

为保证程序的编制正确性以及铣削的安全可靠，程序输入完成后还应进行调试和试运行。程序正常加工运行前，应进行空运行调试。空运行调试的意义在于以下几点

① 用于检验程序中有无语法错误。程序中的问题有相当一部分可通过报警番号来分析判断。

② 用于检验程序行走轨迹是否符合要求。从图形跟踪可察看大致轨迹形状，若要进一步检查尺寸精度，则需要结合单段执行按键以察看分析各节点的坐标数据。

③ 用于检验工件的装夹位置是否合理。这主要是从工作台的行程控制上是否超界，行走轨迹中是否会产生各部件间的位置干涉重叠现象等来判断。

④ 用于通过调试而合理地安排一些工艺指令，以优化和方便实际加工操作。

(1) 空运行操作的方法

将光标移至主程序开始处，或在编辑挡方式下按复位（RESET）键使光标复位到程序头部，再置工作方式为"自动"挡，按下手动操作面板上的"空运行"开关至灯亮后，再按"循环启动"按钮，机床即开始以快进速度执行程序，由数控装置进行运算后送到伺服机构驱动机械工作台实施移动。空运行时将无视程序中的进给速度而以快进的速度移动，并可通过"快速倍率"旋钮来调整。有图形监控功能时，若需要观察图形轨迹，可按数控操作面板上的"GRAPH"功能键切换到图形显示页面。

不论是数控铣床还是加工中心，校验程序时均可利用"机械锁定""Z 轴锁定"等开关按键的功能。机械锁定时数控装置内部在按正常的程序进程模拟插补运算，屏幕上刀具中心的位置坐标值同样也在不停地变动，但从数控装置往机械轴方向的控制信息通路被锁住，所以此时

机械部件并没有产生实质性的移动。若同时按下"机械锁定"和"空运行"按钮，则可以暂时不用考虑出现机械轴超程及部件间的干涉等问题，同时又可快速地检验程序编写合理与否，及时地发现并修改错误，从而缩短程序调试的时间。

以上操作中，若出现报警信息都可通过按"RESET（复位）"键来解除。若出现超程报警，应先将工作方式开关置"手动"或"手轮"挡，再按压相反方向的轴移动方向按键，当轴移至有效行程范围内后，按"RESET（复位）"按键解除报警。若在自动运行方式下出现超程，解除报警后，程序将无法继续运行。

(2) 正常加工运行

当程序调试运行通过，工件装夹、对刀操作等准备工作完成后，即可开始正常加工。

正常加工的操作方法和空运行类似，只是应先按压"空运行"按键至灯熄，以退出空运行状态。按"循环启动"键开始加工运行，按"进给保持"键即处于暂停状态，再按"循环启动"键即可继续加工运行。

# 用FANUC系统的数控铣床铣削零件

## 6.1 平面零件的数控铣削

在各个方向上都为直线的面，称为平面。平面铣削是铣削加工中最基本的加工内容。零件上的平面，按其与基准面之间的位置关系可分为平行面、垂直面及斜面等种类。运用数控铣床对平面、垂直面、斜面、阶梯面进行铣削加工，尺寸公差等级能达到 IT7 级，形位公差等级达 IT8 级，表面粗糙度 $Ra$ 值达 $0.8\mu m$ 的要求。

### 6.1.1 平面铣削的方式与特点

平面铣削是控制工件高度的加工，可以在立式或卧式铣床上进行。在铣床上铣平面时，有用铣刀的周边刃齿进行的周边铣削和用铣刀端面齿刃进行端面铣削两种基本方式，如图 6-1 所示。

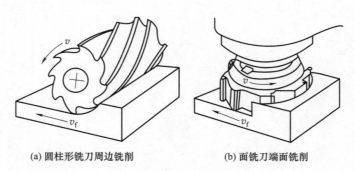

(a) 圆柱形铣刀周边铣削                    (b) 面铣刀端面铣削

图 6-1 平面铣削

**(1) 圆柱铣刀铣削的方法与特点**

用圆柱铣刀铣平面时，有顺铣和逆铣两种方法。

当圆柱铣刀刀尖和已加工平面，在切点 $A$ 处的切削速度方向与工件的进给方向一致的铣削称为顺铣，如图 6-2（a）所示。顺铣时，刀齿由 $B$ 点切入工件到 $A$ 点离开工件，并且刀齿一开始就从较厚的地方切入，切屑由厚逐渐变薄地切下来，不会产生滑动。

当圆柱铣刀刀尖和已加工平面，在切点 $A$ 处的切削速度方向与工件的进给方向相反的铣削称为逆铣，如图 6-2（b）所示。逆铣时，刀齿由 $A$ 点接触工件到 $B$ 点离开工件，切屑由薄变厚地被切下。刀齿在 $A$ 点接触后不会马上切入，而是在已加工表面上滑动一小段距离后才能真正切入工件。

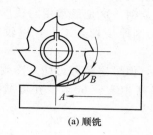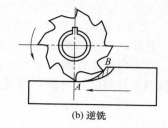

(a) 顺铣　　　　　　　　　　(b) 逆铣

图 6-2　圆柱铣削

① 顺铣的特点

a. 顺铣时，刀齿切入工件没有滑动现象，切削面上没有前一刀齿切削时因摩擦造成的硬化层，刀齿容易切入；后刀面与工件也无挤压摩擦，加工精度高，铣刀耐用度可比逆铣提高 2～3 倍。

b. 顺铣时，垂直进给力 $F_{fN}$ 的方向始终向下，将工件压向工作台面，有利于工件的定位与夹紧，铣削时比较平稳，适宜加工薄而长的零件。

c. 顺铣时，进给力 $F_f$ 的方向与进给方向相同。若 $F_f$ 大于工作台摩擦阻力时，丝杠与螺母之间存在间隙，铣削中会使工作台产生窜动，使铣刀的刀齿受冲击而损坏。因此，采用顺铣时，必须消除丝杠与螺母之间的间隙。

d. 顺铣时，刀齿由较厚的地方切入，因此，不宜加工如铸、锻件等有硬度的毛坯工件。

② 逆铣的特点

a. 逆铣时，刀齿在切入前的滑动过程中，刀刃将受到强烈挤压与摩擦，加速了后刀面的磨损，降低了铣刀的耐用度，恶化加工表面的表面粗糙度，并造成严重的硬化层。

b. 逆铣时垂直进给力 $F_{fN}$ 的方向向上，有把工件连同工作台向上抬的趋势，容易使工作台产生跳动，不宜加工薄而长的工件。

c. 逆铣时进给力 $F_f$ 的方向始终与进给方向相反，使传动系统总是互相贴紧，丝杠与螺母的间隙对逆铣没有影响，工作台不会窜动。

根据顺铣与逆铣的特点，由于丝杠与螺母的间隙对逆铣没有影响，在实际工作中，逆铣法常被广泛应用。但在精铣时，因切削力小，不会拉动工作台，而且还可减小加工表面的表面粗糙度值，所以也可采用顺铣的方法。

**（2）面铣刀铣削的方法与特点**

用面铣刀铣削平面时，按铣刀轴线与工件之间的相对位置以及铣刀切入、切出的情况，端铣平面可分为对称铣削、不对称顺铣与不对称逆铣三种方式。

① 对称铣削。端铣平面时，铣刀轴线位于工件宽度的对称线上。如图 6-3（a）所示，刀齿切入与切出时的切削厚度相同且不为零，这种铣削称为对称铣削。

对称铣削时，纵向进给力 $F_f$ 前半边与进给方向相反，相当于逆铣；后半边 $F_f$ 力则与进给方向相同，相当于顺铣。由于 $F_f$ 力的不断变化，特别是在参加切削的刀齿数少时，会使工作台产生窜动。横向进给力 $F_e$ 的方向在铣削中始终顺着铣削方向不变，但其大小会随刀齿切入工件的位置而变化。如采用对称铣削很窄的工件时，$F_e$ 的数值就很大，如果参加铣削的齿数较少，会产生强烈振动，甚至会使工件发生弯曲变形。所以，只有工件宽度接近铣刀直径时才采用对称铣削。

② 不对称逆铣。端铣平面时，当铣刀以较小的切削厚度（不为零）切入工件，以较大的切削厚度切出工件时，称这种铣削为不对称逆铣，如图 6-3（b）所示。

不对称逆铣时，刀齿切入没有滑动，因此，也没有圆柱铣刀进行逆铣时所产生的各种不良现象。而且采用不对称逆铣，可以调节切入与切出的切削厚度。切入厚度小，可以减小冲击，有利于提高铣刀的耐用度，适合铣削碳钢和一般合金钢。这是最常用的铣削方式。

③ 不对称顺铣。端铣平面时，当铣刀以较大切削厚度切入工件，以较小的切削厚度切出工件的端铣，称为不对称顺铣，如图6-3（c）所示。

不对称顺铣时，刀齿切入工件时虽有一定冲击，但可避免刀刃切入冷硬层。在铣削冷硬性材料或不锈钢、耐热钢等材料时，可使切削速度提高40%～60%，并可减少硬质合金的热裂磨损。

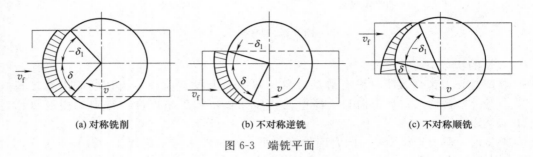

(a) 对称铣削　　　　　　　　(b) 不对称逆铣　　　　　　　　(c) 不对称顺铣

图 6-3　端铣平面

### （3）周铣平面与端铣平面的分析比较

铣削单一平面时，周边铣削与端面铣削是可以分开的，但在铣台阶和沟槽时，周边铣削与端面铣削则往往同时存在。以下给出了铣削单一平面时，周边铣削与端面铣削铣削特点的比较分析，以便于铣削加工时合理使用。

① 一般面铣刀的刀杆短，装夹刚度好，同时参加铣削的刀齿数多，工作平稳、振动小。而圆柱铣刀刀杆较长，其轴径较小，容易使刀杆产生弯曲变形，同时参加铣削的刀齿数较少，切削力波动大，故容易引起振动。

② 端面铣削平面时，其刀齿的主、副刀刃同时参加工作，主刀刃切去大部分余量，副刀刃起修光已加工表面的作用，加工后的表面粗糙度值比较小；齿刃负荷分配合理，刀具寿命长。而周边铣削只有圆周上的主刀刃工作，不但无法切除已加工表面的残留面积，而且装刀后的径向跳动也会反映到工件表面上，使已加工表面比较粗糙。

③ 面铣刀便于镶装硬质合金刀片进行高速铣削或阶梯铣削，生产效率高，铣削质量也好。而圆柱铣刀镶装硬质合金刀片比较困难。

④ 面铣刀刀盘直径大，最大可达1m左右，在铣削宽度较大的工件时，能一次铣出整个表面，不用接刀铣削；而用圆柱铣刀铣削宽度较大的平面时，一般要接刀铣削，故会在已加工表面上留有接刀痕迹。

⑤ 刀可采用大刃倾角（可达60°～70°），以充分发挥大刃倾角在切削过程中的作用，这对铣削不锈钢、耐热合金等难加工材料有一定帮助。

端铣的生产效率和加工质量都比周边铣削要高。因此，在铣平面时，一般采用端铣。但在铣削不锈钢等韧性材料时，常采用大螺旋角的圆柱铣刀进行周边铣削。

## 6.1.2　工件的装夹

### （1）用平口虎钳装夹工件

为了提高刚度，在铣削平面、垂直面和平行面时，一般都采用非回转式的机床用平口虎钳装夹工件。把机床用平口虎钳装到工件台上时，钳口与主轴的方向应根据工件长度来决定，对于长的工件，钳口应与主轴垂直，在立式铣床上应与进给方向一致；对于短的工件，钳口与进给方向垂直较好。在粗铣和半精铣时，应使铣削力指向固定钳口，因为固定钳口比较牢固。在铣床上铣平面时，对钳口与主轴的平行度和垂直度的要求不高，一般目测检查就可以。在铣削沟槽等工件

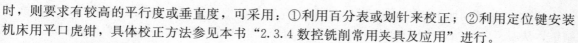

时，则要求有较高的平行度或垂直度，可采用：①利用百分表或划针来校正；②利用定位键安装机床用平口虎钳，具体校正方法参见本书"2.3.4 数控铣削常用夹具及应用"进行。

**（2）用压板装夹工件**

用压板装夹工件是铣床上常用的一种方法，尤其在卧式数控铣床上，多用于端铣刀铣削。在铣床上用压板装夹工件，所用的工具比较简单，主要有压板、垫铁、T 形螺栓（或 T 形螺母）及螺母等，为了满足不同形状工件的装夹需要，压板的形状也有很多种。使用压板时的注意事项参见本书"2.3.4 数控铣削常用夹具及应用"。

**（3）用专用夹具装夹工件**

除上述所述的虎钳及压板装夹外，铣削加工中，对于形状复杂或畸形工件，往往设计专用夹具进行装夹。

## 6.1.3　大平面的数控铣削加工

如图 6-4（a）所示大平面零件，采用 45 钢制成，该零件要求对 400mm×300mm 的大平面进行铣削，加工后要求表面表面粗糙度为 $Ra3.2\mu m$，其余未注表面表面粗糙度为 $Ra6.3\mu m$。如图 6-4（b）所示为所用的毛坯图，加工后要求全部表面表面粗糙度为 $Ra6.3\mu m$。

**（1）工艺分析与工艺设计**

根据零件结构，可作以下工艺分析与工艺设计。

① 图样分析。如图 6-4（a）所示零件形状简单，零件的尺寸精度、表面粗糙度要求均不高。采用数控铣削很容易满足加工要求。

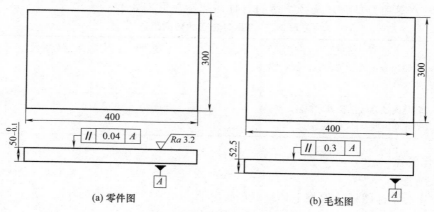

图 6-4　大平面零件及毛坯图

② 工装。本零件需以四个侧面定位，通过固定在工作台上的两组垂直放置的定位块进行定位，对角处可利用弯板将其固定在工作台上。

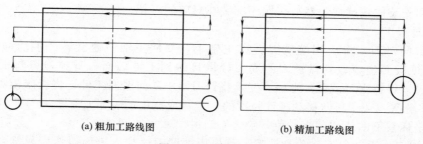

图 6-5　加工路线图

③ 加工路线。加工路线根据"基面先行，先粗后精"的原则，先加工基面 $A$，先粗铣后精铣，从右下角开始，头尾双向加工，然后再精加工上表面，精铣路线采取单向进刀加工，图 6-5（a）为粗加工路线图，图 6-5（b）为精加工路线图。

④ 工具、量具、刀具。根据零件图样要求，完成该工件的铣削，需要如表 6-1 所示的工具、量具、刀具。

表 6-1  工具、量具、刀具清单

| 序号 | 工具、量具、刀具名称与规格 | | | 单位 | 数量 |
| | 名称 | 规格 | 精度 | | |
|---|---|---|---|---|---|
| 1 | $Z$ 轴设定器 | 50 | 0.01 | 个 | 1 |
| 2 | 游标卡尺 | $0\sim150$ | 0.02 | 把 | 1 |
| 3 | 游标深度尺 | $0\sim200$ | 0.02 | 把 | 1 |
| 4 | 百分表及表座 | $0\sim10$ | 0.01 | 套 | 1 |
| 5 | 端铣刀 | $\phi63$ | | 把 | 1 |
| 6 | 端铣刀 | $\phi125$ | | 把 | 1 |
| 7 | 表面粗糙度样板 | N0～N1 | 12 级 | 副 | 1 |
| 8 | 平行垫铁 | | | 副 | 若干 |
| 9 | 压板及弯板 | | | 套 | 4 |
| 10 | 橡皮榔头 | | | 个 | 1 |
| 11 | T 形螺栓及螺母 | | | 套 | 4 |
| 12 | 呆扳手 | | | 把 | 若干 |
| 13 | 防护眼镜 | | | 副 | |

### （2）确定切削用量

确定加工方案和刀具后，选择合适的刀具切削参数见表 6-2。

表 6-2  刀具与合理的切削用量

| 刀具号 | 刀具规格 | 工序内容 | $f/(mm/min)$ | $ap/mm$ | $n/(r/min)$ |
|---|---|---|---|---|---|
| T01 | 可转位硬质合金端铣刀，直径 $\phi63$，镶有 8 片八角形刀片 | 粗铣 | 60 | 2 | 100 |
| T02 | 可转位硬质合金端铣刀，直径 $\phi125$，镶有 8 片四角形刀片 | 精铣 | 80 | 0.5 | 150 |

### （3）操作要点

① 加工准备

a. 认真分析零件图样，检查毛坯坯料的尺寸。

b. 开机，机床回参考点。

c. 输入程序并检查该程序。

d. 安装夹具，夹紧工件。

e. 准备刀具。本工件加工共使用了两把刀具，均为可转位硬质合金端铣刀，检查各刀片的牢固程度和安装的正确性，然后按顺序安装在对应的刀架上。

② 操作过程

a. $X$、$Y$ 向对刀。将所用端铣刀转在主轴上，并使主轴中速旋转。手动移动铣刀沿 $X$（或 $Y$）向靠近被测边，直到盘铣刀的周刃轻微接触到工件表面，听到刀刃与工件的摩擦声（但没有切屑）；保持 $X$（或 $Y$）坐标不变，将铣刀沿＋$Z$ 向退离工件；将机床相对坐标 $X$（或 $Y$）置零，并沿 $X$（或 $Y$）向移动工件长度的一半（或宽度的一半）加上刀具半径的距离；记录此时机床坐标系下的 $X$（或 $Y$）值，输入 G54 中。

b. $Z$ 向对刀。手动向下移动盘铣刀，首先用端铣刀试切上表面，然后测量余量（程序假定是 2 mm），将铣刀的底刃与试切后的毛坯上表面轻微接触，记录此时机床坐标下的 $Z$ 值。

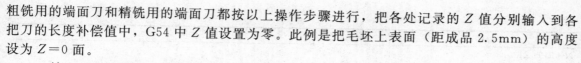

粗铣用的端面刀和精铣用的端面刀都按以上操作步骤进行,把各处记录的 $Z$ 值分别输入到各把刀的长度补偿值中,G54 中 $Z$ 值设置为零。此例是把毛坯上表面(距成品 2.5mm)的高度设为 $Z=0$ 面。

  c. 输入刀具补偿值。将步骤 b 中 $Z$ 向对刀时测得的刀具长度补偿值,分别输入到对应的刀具长度补偿单元中(本例不必应用刀具半径补偿)。

  d. 程序调试。把工件坐标系的 $Z$ 值朝正方向平移 50mm,方法是在工件坐标系参数 G54 输入 50,按下启动键,适当降低进给速度,检查刀具运动是否正确。

  e. 工件加工。把工件坐标系的 $Z$ 值恢复原值,将进给速度调到低挡,按下启动键。机床加工时,适当调整主轴转速和进给速度,保证加工正常。

  f. 工件测量。程序执行完毕后,返回到设定高度,机床自动停止。除测量尺寸外,必须用百分表检查工件上表面的平面度是否在要求的范围内。

  g. 结束加工。松开夹具,卸下工件,清理机床。

**(4) 注意事项**

  ① 刀具半径补偿方面,在大平面加工过程中,如果是一个敞开边界的大平面铣削,就没必要加入刀具的半径补偿功能,可以直接用刀具的中心按图样尺寸编写程序。但是,要注意图样上标注尺寸与编程时刀具轨迹之间还有一个刀具半径差,要避免发生碰撞。

  ② 行切编程方面,在行切过程中,粗加工时为提高工作效率,采取双向工作进给;精加工时为提高零件的表面质量,采取单向工作进给。

  ③ 刀具和夹具方面,刀片装夹后要进行对比检验,对比和调换前的刀片尺寸,可直接在机床上测量,也可以到对刀仪上测量。

  ④ 压板和垫块的力作用点要合适,避免工件在加工过程中弯曲。

**(5) 程序编制**

  编制大平面的数控铣削程序时,粗铣行切计算的第一个下刀点坐标是 (250, −118.5),下刀后运行到对面的 (−250, −118.5),依工件宽度及刀具直径值进行 $Y$ 向进刀、$X$ 向双向铣削;精铣计算行切时第一个下刀点坐标是 (270, −105),下刀后运行到对面的 (−270, −105),根据宽度及刀具直径值进行 $Y$ 向进刀、$X$ 向单向铣削。

  选择零件中心为坐标系原点,选择毛坯上平面为工件坐标系的 $Z=0$ 面,选择距离工件表面 20mm 处为安全平面,机床坐标系设在 G54 上。

  编制的数控铣削图 6-4 (a) 所示大平面的程序如表 6-3 所示。

表 6-3 大平面数控铣削程序

| 程序 | 程序说明 |
| --- | --- |
| O5001; | 程序号 |
| N10 G40 G49 G80; | 注销刀具半径补偿和固定循环功能,主轴安装 $\phi63$ 端铣刀,准备粗铣上平面 |
| N12 S100 M3; | 主轴以 100r/min 速度正转 |
| N14 G91 G28 Z0; | $Z$ 位于参考点 |
| N16 G00 X250 Y−118.5; | 快速到右下角位 |
| N18 G90 G54 G00 Z20; | G54 内包含机床零点和工件零点的距离,到工件上表面 20mm |
| N20 G90 G43 G01 Z−2 H01 F60; | 直线插补下刀 2mm |
| N22 G9 1X−500; | −$X$ 向铣削,第一行切削 |
| N24 Y63; | +$Y$ 向进刀 |
| N26 X500; | +$X$ 向铣削,第二行切削 |
| N28 Y63; | +$Y$ 向进刀 |
| N30 X−500; | −$X$ 向铣削,第三行切削 |
| N32 Y63; | +$Y$ 向进刀 |
| N34 X500; | +$X$ 向铣削,第四行切削 |
| N36 Y63; | +$Y$ 向进刀 |
| N38 X−500; | −$X$ 向铣削,第五行切削 |

续表

| 程序 | 程序说明 |
|---|---|
| N40 G00 Z100； | |
| N42 G49 G00 Z0； | 取消刀具长度补偿 |
| N44 M05； | |
| N46 M00； | 手动换 φ125 的端铣刀 |
| N48 S150 M03； | |
| N50 G90 G54 G00 X270 Y−105 Z20； | 快速到右下角位 |
| N52 G43 G01 Z−2.5 H02 F80； | 直线插补下刀 0.5mm |
| N54 G91 X−540； | −X 向第一行铣削 |
| N56 Y−110； | −Y 向退刀 |
| N58 X540； | +X 向退刀 |
| N60 Y215； | +Y 向进刀 |
| N62 X−540； | −X 向第二行铣削 |
| N64 Y−215； | −Y 向退刀 |
| N66 X540； | +X 向退刀 |
| N68 Y320； | +Y 向进刀 |
| N70 X−540； | −X 向第三行铣削 |
| N72 G90 G00 Z50； | 提刀到 Z50 |
| N74 G53 G00 X0 Y0； | 工件零偏功能注销 |
| N76 G49 G00 Z0； | 注销刀具偏置 |
| N78 G91 G28 X0 Y0 | 返回参考点； |
| N80 M05； | 主轴停 |
| N82 M30； | 程序停止并返回 |

# 6.2　轮廓零件的数控铣削

轮廓零件表面多由直线和圆弧或各种曲线构成，运用数控铣床对轮廓零件进行铣削加工，容易获得所要求的尺寸精度及形状位置精度。

## 6.2.1　轮廓加工的进给路线

在轮廓加工中，进给路线对零件的加工精度和表面质量有直接的影响，以下针对轮廓铣削方式中常见的几种轮廓形状来介绍进给路线的确定。

### (1) 顺铣和逆铣的选择

铣削有顺铣和逆铣两种方式。顺铣指铣刀的切削速度方向与工件的进给运动方向相同时的铣削。逆铣指铣刀的切削速度方向与工件的进给运动方向相反时的铣削。当工件表面无硬皮、机床进给机构无间隙时，应选择顺铣加工方式，因为采用顺铣，零件加工表面质量好，刀齿磨损小。精铣时，尤其是零件材料为铝镁合金、钛合金或耐热合金时，应尽量采用顺铣。当工件表面有硬皮、机床进给机构有间隙时，应选择逆铣加工方式，因为逆铣时，刀齿是从已加工表面切入，不会崩刀，机床进给机构的间隙不会引起振动和爬行。

### (2) 铣削外轮廓的进给路线

铣削零件外轮廓表面时，一般采用立铣刀侧刃切削。刀具切入零件时，应避免沿零件外轮廓的法向切入，以避免在切入处产生刀具的刻痕。应沿切削起始点延长线 [见图 6-6 (a)] 或切线 [见图 6-6 (b)] 方向逐渐切入工件，保证零件曲线的平滑过渡。同样，在切离工件时，也应避免在切削终点处直接抬刀，要沿着切削终点的延长线或切线方向逐渐切离工件。

### (3) 铣削内轮廓的进给路线

铣削封闭的内轮廓表面时，与铣削外轮廓一样，刀具同样不能沿零件外轮廓的法向切入和

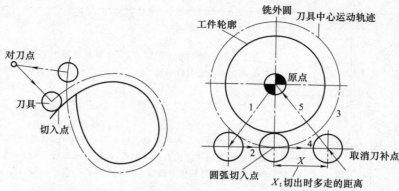

(a) 刀具在切削起始点延长线切入和切出　　(b) 刀具在切削切线方向切入和切出

图 6-6　刀具切入和切出外轮廓的进给路线

切出。此时，刀具可以沿一过渡圆弧切入和切出工件轮廓。如图 6-7 所示为铣削内圆的进给路线。图中 $R_1$ 为零件圆弧轮廓半径，$R_2$ 为过渡圆弧半径。

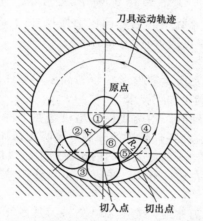

图 6-7　刀具切入和切出内轮廓的进给路线

## 6.2.2　常见轮廓的加工方案

表 6-4 给出了常见轮廓的加工方案。

表 6-4　常见轮廓的加工方案

| 类别 | 零件简图 | 加工示意图 | 加工方案说明 |
|---|---|---|---|
| 筋板类 | | | 加工此类零件可用面铣刀或立铣刀。它的特点是刀具一次进给即可完成一层的切削，加工中只需控制零件的高度。一般精加工前要留有一定的余量，最后进行精加工，达到所需的尺寸精度及表面粗糙度<br>　一般精加工余量为 0.05～0.1mm。加工中注意顺、逆铣的应用 |
| 外廓类 | | | 加工此类零件要用立铣刀。此类零件的特点是台阶处没有精度要求，只要求侧面尺寸，在半精加工中，侧面要留有精加工余量。余量的大小及精加工的尺寸可用改变刀具半径补偿的方法调节。为保证顺铣，主轴顺时针旋转时，刀具要沿工件外廓顺时针进给 |

| 类别 | 零件简图 | 加工示意图 | 加工方案说明 |
|---|---|---|---|
| 内廓类 | | | 　加工内廓侧壁与加工外廓类似,也要留有精加工余量。为保证顺铣,刀具要沿内廓表面逆时针运动 |
| 倒角类 | | | 　倒角是一种常见的加工内容。为保证倒角边的光整性,倒角刀具的小端刀尖要在工件外。一般在刀具斜边上取一参考点,该点距刀具底边为1mm,以通过该点的假想立铣刀进行编程,让假想铣刀的刀尖下降到工件表面下倒角宽度外;按零件侧面及假想刀具半径编程 |

## 6.2.3　内轮廓的数控铣削加工

　　如图 6-8 (a) 所示凹模零件,采用 45 钢制成,该零件要求在立式数控铣床上进行内轮廓的铣削加工,加工后要求表面表面粗糙度为 $Ra3.2\mu m$,其余未注表面表面粗糙度为 $Ra6.3\mu m$。如图 6-8 (b) 所示为所用的毛坯图,毛坯尺寸为 175mm×135mm×6mm 板料,加工后要求全部表面的表面粗糙度为 $Ra6.3\mu m$。

**(1) 工艺分析与工艺设计**

　　① 图样分析。如图 6-8 (a) 所示零件形状较为简单,零件的尺寸精度、表面粗糙度要求均不高。采用数控铣削很容易满足加工要求。

　　② 工装。加工本零件内轮廓时,用两块标准垫块垫在工件下表面,使用机用台虎钳夹持工件侧面。但需注意垫起位置应在零件轮廓的外侧,要防止在加工过程中妨碍刀具切削。

　　③ 加工路线。根据零件结构,确定工件的内轮廓加工路线如下。

　　a. 钻削工艺孔。在距毛坯左边 67mm,底边 66mm 处,采用直径 $\phi20$ 的麻花钻加工一个预制工艺孔。

　　b. 粗加工轮廓。粗加工走刀路线,先用 $\phi20$ 立铣刀从预制孔处软切入,逆铣,对轮廓顺时针加工,使用延长线办法从直边软切出。Z 方向分两次进刀执行轮廓加工程序,每次在 Z 方向进刀 7.5mm,保证内轮廓精加工余量为 0.5mm。

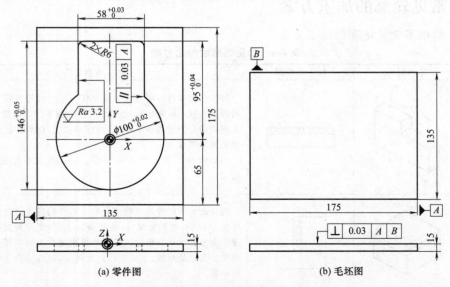

(a) 零件图　　　　　　　　　　(b) 毛坯图

图 6-8　凹模零件及毛坯图

c. 精加工轮廓。精加工走刀路线，使用 $\phi 20$ 立铣刀从制孔处软切入，顺铣，对轮廓沿逆时针加工，使用延长线办法从直边软切出。

d. 工具、量具、刀具。根据零件图样要求，完成该工件的铣削，需要如表 6-5 所示的工具、量具、刀具。

表 6-5　工具、量具、刀具清单

| 序号 | 名称 | 规格 | 精度 | 单位 | 数量 |
|---|---|---|---|---|---|
| | 工具、量具、刀具名称与规格 | | 图号 | | |
| 1 | Z轴设定器 | 50 | 0.01 | 个 | 1 |
| 2 | 游标卡尺 | 0~200 | 0.02 | 把 | 1 |
| 3 | 百分表及表座 | 0~10 | 0.01 | 套 | 1 |
| 4 | 麻花钻 | $\phi 20$ | | 个 | 1 |
| 5 | 立铣刀 | $\phi 20$（四齿）、$\phi 20$（三齿） | | 把 | 各1 |
| 6 | 内径百分表 | 100~125 | | 套 | 1 |
| 7 | 表面粗糙度样板 | N0~N1 | 12级 | 副 | 1 |
| 8 | 平行垫铁 | | | 副 | 若干 |
| 9 | 压板 | | | 套 | 4 |
| 10 | 橡皮榔头 | | | 个 | 1 |
| 11 | 呆扳手 | | | 把 | 若干 |

### (2) 确定切削用量

确定加工方案和刀具后，选择合适的刀具切削参数见表 6-6。

表 6-6　刀具与合理的切削用量

| 刀具号 | 刀具规格 | 工序内容 | $f/(\text{m/min})$ | $ap/\text{mm}$ | $n/(\text{r/min})$ |
|---|---|---|---|---|---|
| T01 | $\phi 20$ 麻花钻 | 加工工艺预制孔 | 20 | 10 | 65 |
| T02 | 直径为 $\phi 20$ 的三刃立铣刀 | 轮廓的粗加工留出 0.2mm 的加工余量 | 50 | 10 | 300 |
| T03 | 直径为 $\phi 20$ 的直柄四刃立铣刀 | 轮廓的精加工 | 80 | | 500 |

### (3) 操作要点

① 加工准备

a. 认真分析零件图样，检查毛坯坯料的尺寸。

b. 开机，机床回参考点。

c. 输入程序并检查该程序。

d. 安装夹具，夹紧工件。

e. 安装刀具。采用压板法之前，必须找正零件毛坯，零件的底面上要垫一个标准块，在加工零件内外轮廓时，不至于铣到工作台。

② 操作过程

a. $X$、$Y$ 向对刀。将所用任何一把立铣刀装到主轴上，并使主轴中速旋转。手动移动铣刀沿 $X$（或 $Y$）方向靠近毛坯左边，直至立铣刀的周刃轻微接触到工件表面，听到刀刃与工件的摩擦声（但没有切屑），保持 $X$（或 $Y$）坐标不变，将铣刀沿 $+Z$ 向退离工件；利用 MDI 功能使工作台左移一定距离（本例为 67mm＋刀具半径），然后将工件坐标 $X$ 置零。同理可完成 $Y$ 轴对刀。记录此时机床坐标系下的 $X$（或 $Y$）值。

b. $Z$ 向对刀。手动向下移动立铣刀，使铣刀的底刃与工件的上表面轻微接触，记录此时机床坐标系下的 $Z$ 值。把两把刀各自的 $Z$ 值分别输入到对应的长度补偿单元 H02、H03 中。G54 中 $Z$ 值置为零。

c. 输入刀具补偿。在步骤 b 的 $Z$ 向对刀时已经完成刀具长度补偿数值的输入。然后需要输入刀具的半径补偿值。粗加工选用 $\phi 20$ 立铣刀时，D02 为 10.2mm，精加工选用 $\phi 20$ 立铣刀，D03 为 10mm。校对刀具补偿号、补偿值，先将刀具补偿值设为比程序要求设定值大

0.5mm，以保证首次切削时不过切。

d. 程序调试。把工件坐标系的 $Z$ 值正方向平移 50mm，方法是在工件坐标系参数 G54 中输入 50，按下启动键，适当降低进给速度，检查刀具运动是否正确。

e. 工件加工。把工件坐标系的 $Z$ 值恢复原值，将进给速度置于低挡，按下启动键。机床加工时适当调整主轴转速和进给速度，保证加工正常。

f. 尺寸测量。程序执行完毕后，返回到设定高度，机床自动停止。用 $R$ 规测量零件的圆弧是否在要求的范围之内。

g. 结束加工。松开夹具，卸下工件，清理机床。

**(4) 注意事项**

① 使用刀具半径补偿时，应避免过切现象。使用刀具半径补偿和去除刀具半径补偿时，刀具必须在所补偿的平面内移动，且移动距离应大于刀具半径补偿值。加工半径小于刀具半径的内圆弧时，进行半径补偿将产生过切削，只有过渡圆角 $R$ 大于等于刀半径 $R$ + 精加工余量的情况下才能正常切削；铣削槽底小于刀具半径时将产生过切削。

② 在通常情况下，铣刀不用来直接铣孔，防止刀具崩刃。对于没有型腔的内轮廓的加工，不可以用铣刀直接向下铣削，在没有特殊要求的情况下，一般先加工预制工艺孔。

③ 要注意刀具半径的影响，在 $X$、$Y$ 向对刀时要根据具体情况加上或减去对刀使用的刀具半径。

**(5) 程序编制**

编制该零件的数控铣削程序时，工件坐标系原点定在距毛坯左边 67.5mm、距底边 65mm 处，其 $Z=0$ 面定在毛坯上表面，机床坐标系设在 G54 上。

编制的数控铣削如图 6-8（a）所示凹模内轮廓的程序如表 6-7 所示。

表 6-7　凹模内轮廓数控铣削程序

| 程序 | 程序说明 |
|---|---|
| O5004； | 程序号 |
| N10 G90 G21 G40 G49 G80； | 采用绝对尺寸指令，公制，注销刀具半径补偿和固定循环功能。主轴安装 T01 号刀具，钻 $\phi20$ 预制工艺孔 |
| N11 M03 S65； | 主轴以 65r/min 正转 |
| N12 G00 G54 X0 Y0； | 建立工件坐标系，快速定位至工件中心位置 |
| N14 G43 H01 Z100； | 1 号刀具长度补偿，快速定位至工件上方 100mm 处 |
| N16 Z50 M08； | 快速定位至工件上方 50mm 处，切削液开 |
| N18 G00 X0 Y50； | 快速定位至 X0Y50 位置 |
| N20 Z5； | $Z$ 轴移动到 5mm 处 |
| N22 G01 Z−10 F20.0； | $Z$ 轴以 30mm/min 的速度钻 $\phi50$ 的预制孔 |
| N24 Z5 F300； | 以工进速度 300mm/min 退刀 |
| N26 G00 Z200 M09； | 切削液关，$Z$ 向退刀 |
| N28 M05； | 主轴停 |
| N30 M00； | 程序暂停，手动换 02 号 $\phi20$ 立铣刀 |
| N32 G90 G21 G40 G49 G80； | 采用绝对尺寸指令，公制，注销刀具半径补偿和固定循环功能。主轴安装 T02 号刀具，粗铣轮廓 |
| N34 G00 G90 G54 X0 Y0 M03 S300； | |
| N36 G43 H02 Z100； | 2 号刀具长度补偿，快速定位至工件上方 100mm 处 |
| N38 Z5 M08； | |
| N40 G01 Z−7.5 F50； | $Z$ 向下刀至工件上表面下方 7.5mm 处 |
| N42 G01 G42 X−29 D02； | 2 号刀具半径补偿，D02=10.5mm，直线进给至 X−29 位置 |
| N44 G01 Y95； | 铣削内轮廓 |
| N46 G01 X29； | |
| N48 G01 Y40.731； | |
| N50 G02 X−29 Y40.731 R−50； | |
| N52 G01 X0； | |

| 程序 | 程序说明 |
| --- | --- |
| N54 G40 Y0; | |
| N56 G01 Z−15 F50; | Z 向下刀至工件下方 6.2mm 处 |
| N58 G01 G42 X−29 D02; | 刀具半径补偿有效,补偿号 D02 为 6.2mm |
| N60 G01 Y95; | 顺时直线插补,对轮廓顺铣粗加工 |
| N62 X29; | 直线插补 X29 位置 |
| N64 Y40.731; | Y 向插补 |
| N66 G02 X−29 Y40.731 R−50; | 顺时针插补 R50 的内圆弧面 |
| N68 G01 X0; | X 向退刀 |
| N70 G40 Y0; | 取消刀具半径补偿 |
| N72 G00 G90 Z150 M09; | 快速退刀至 Z150,切削液关 |
| N74 M05; | |
| N76 M00; | 程序暂停,手动换 T03 号 $\phi$20 立铣刀 |
| N78 G90 G21 G40 G49 G80; | 采用绝对尺寸指令,公制,注销刀具半径补偿和固定循环功能 |
| N80 G00 G90 G54 X0 Y0 S500 M03; | |
| N82 G43 G00 Z100 H03; | H03 包含 3 号刀具的长度补偿值 |
| N84 Z5; | Z 轴进刀至工件上方 5mm 处 |
| N86 G01 Z−15.2 F80; | 刀具比实际值深 0.2mm |
| N88 G01 G41 X29 D03; | 刀具半径补偿有效,补偿号 D03 为 10mm,对轮廓精加工 |
| N90 G01 Y89; | 直线插补至 Y89 处 |
| N92 G03 X23 Y95 R6; | 逆时针圆弧插补 R6 圆弧 |
| N94 G01 X−23; | 直线插补至 X−23 处 |
| N96 G03 X−29 Y89 R6; | 逆时针插补左 R6 圆弧 |
| N98 G01 Y40.731; | 直线插补至 Y40.731 处 |
| N100 G03 X29 Y40.731 R−50; | 逆时针圆弧插补,对轮廓顺铣精加工 |
| N102 G01 X0; | |
| N104 G40 Y0; | |
| N106 G00 Z150 M09; | |
| N108 M05; | |
| N110 M30; | 程序结束并返回 |

# 6.3 孔系件的数控铣削

孔系件的数控铣削是加工中心最基本的加工内容之一。运用加工中心对孔系件进行铣削加工,容易获得较高的尺寸精度及形状位置精度。

## 6.3.1 孔加工方法的选择

在加工中心上加工内孔的方法主要有:钻孔、扩孔、铰孔、镗孔和攻螺纹等,选择孔加工方法应根据被加工孔的加工要求、尺寸、具体生产条件、批量的大小及毛坯上有无预制孔等情况合理选用,图 6-9 给出了数控铣削内孔的加工工艺方案。

**(1) 孔加工方法的选择原则**

① 加工精度为 IT9 级的孔,当孔径小于 10mm 时,可采用钻→铰方案;当孔径小于 30mm 时,可采用钻→扩方案;当孔径大于 30mm 时,可采用钻→镗方案。工件材料为淬火钢以外的各种金属。

② 加工精度为 IT8 级的孔,当孔径小于 20mm 时,可采用钻→铰方案;当孔径大于 20mm 时,可采用钻→扩→铰方案,此方案适用于加工淬火钢以外的各种金属,但孔径应在 20～80mm 之间,此外也可采用最终工序为精镗的方案。

③ 加工精度为 IT7 级的孔,当孔径小于 12mm 时,可采用钻→粗铰→精铰方案;当孔径

在 12～60mm 之间时，可采用钻→扩→粗铰→精铰方案。若毛坯上已铸出或锻出孔，可采用粗镗→半精镗→方案。

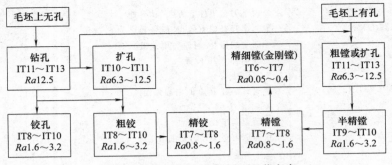

图 6-9　数控铣削内孔的加工工艺方案

应当注意的是：最终工序为铰孔适用于未淬火钢或铸铁，对有色金属铰出的孔表面粗糙度值较大，常用精细镗孔替代铰孔。

④ 加工精度为 IT6 级的孔，最终工序可采用精细镗，工件材料为非淬火钢。

**(2) 内孔表面加工方法选择实例**

如图 6-10 所示零件，要加工内孔 $\phi40H7$、阶梯孔 $\phi13$ 和 $\phi22$ 等三种不同规格和精度要求的孔，零件材料为 HT200。

$\phi40$ 内孔的尺寸公差为 H7，表面粗糙度要求较高，为 $Ra1.6\mu m$，根据如图 6-9 所示孔加工工艺方案，可选择钻孔→粗镗（或扩孔）→半精镗→精镗方案。

阶梯孔 $\phi13$ 和 $\phi22$ 没有尺寸公差要求，可按自由尺寸公差 IT11～IT12 处理，表面粗糙度要求不高，为 $Ra12.5\mu m$，因而可选择钻孔→锪孔方案。

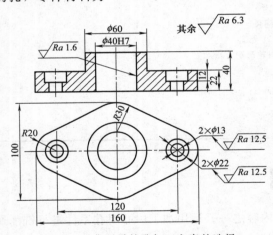

图 6-10　典型零件孔加工方案的选择

**(3) 数控加工孔刀具的选择**

数控加工孔的方法较多，从而使得其刀具种类及选用也变得相对复杂，数控加工孔刀具的选择可参见本书"2.4.3 数控铣削刀具的选择"的相关内容。

**(4) 孔加工路线的确定**

合理的孔加工路线是编制数控加工程序、保证孔加工质量、提高生产效率的基础，数控加工孔的加工路线确定参见本书"2.7.2 数控铣削加工走刀路线的确定"的相关内容。

## 6.3.2　端盖零件的数控铣削加工

如图 6-11（a）所示端盖零件，采用 45 钢制成，该零件要求在加工中心上加工上平面 $B$ 和所有孔，其中孔 $\phi60^{+0.03}_{0}$ 已经加工出了毛坯孔。加工后要求表面表面粗糙度为 $Ra3.2\mu m$，其余未注表面表面粗糙度为 $Ra6.3\mu m$。如图 6-11（b）所示为所用的毛坯图，加工后要求全部表面表面粗糙度为 $Ra6.3\mu m$。

**(1) 工艺分析与工艺设计**

1) 图样分析

如图 6-11（a）所示零件形状较为简单，零件的尺寸精度、表面粗糙度要求均不高。采用加工中心数控铣削很容易满足加工要求。

　　根据如图 6-9 所示孔加工工艺方案，$\phi 60^{+0.03}_{0}$ 孔可选择钻孔→粗镗→半精镗→精镗方案满足加工要求；$\phi 12H8$ 孔可选择钻孔→扩孔→铰孔方案达到加工的要求。

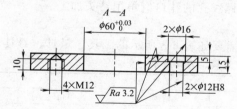

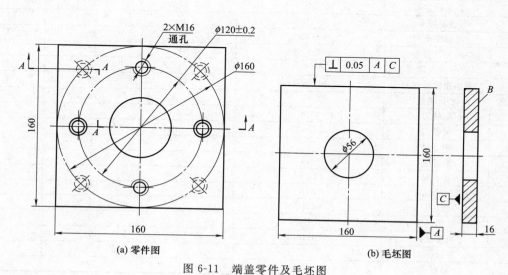

图 6-11　端盖零件及毛坯图

2）工装

加工本零件时，可采用机用虎钳装夹的方法，底部用垫块垫起。

3）加工路线

① 粗、精铣坯料上表面。

② 粗铣 B 面，粗铣余量根据毛坯情况实现程序设定值。留精铣余量 0.5mm，精铣 B 面。

③ 镗 $\phi 60^{+0.03}_{0}$ 孔。

a. 粗镗孔后，留半精镗单边余量为 0.975mm。

b. 半精镗孔后，留精镗余量为 0.05mm。

c. 精镗孔，至要求尺寸。

④ 加工 2 个由 $\phi 12H8$ 和 $\phi 16$ 组成的台阶孔。

a. 用中心钻钻 2 个 $\phi 12H8$ 及 2 个 $\phi 16$ 的中心孔。

b. 钻 2 个 $\phi 12H8$ 孔及 2 个 $\phi 16$ 底孔至 $\phi 10$。

c. 扩 2 个 $\phi 12H8$ 至 $\phi 11.85$。

d. 铰 2 个 $\phi 12H8$ 至要求尺寸。

e. 用键槽刀铣削 2 个 $\phi 16$ 至要求尺寸。

f. 孔口倒角。

⑤ 加工 2 个 M16 螺纹孔。

a. 钻 2 个 M16 孔至 $\phi 14$。

b. 用 M16 机用丝锥攻 2 个 M16 螺纹孔，螺纹孔的孔口倒角用钻头加工。

⑥ 掉头加工 4 个 M12 的螺纹孔。

a. 用中心钻钻 4 个 M12 的中心孔。

b. 钻 4 个 M12 孔至 $\phi10$。

c. 用 $\phi11.7$ 键槽刀加工至 $\phi11.7$。

d. 用 M12 机用丝锥攻 4 个 M12 螺纹孔，螺纹孔的孔口倒角用钻头加工。

4）工具、量具、刀具

根据零件图样要求，完成该工件的铣削，需要如表 6-8 所示的工具、量具、刀具。

表 6-8　工具、量具、刀具清单

| 序号 | 工具、量具、刀具名称与规格 | | | 图号 | 单位 | 数量 |
| --- | --- | --- | --- | --- | --- | --- |
| | 名称 | 规格 | 精度 | | | |
| 1 | Z 轴设定器 | 50 | 0.01 | | 个 | 1 |
| 2 | 带表游标卡尺 | 0～150 | 0.02 | | 把 | 1 |
| 3 | 游标深度尺 | 0～200 | 0.02 | | 把 | 1 |
| 4 | 内径百分表 | 18～35 | 0.01 | | 把 | 1 |
| 5 | 百分表及表座 | 0～10 | 0.01 | | 个 | 1 |
| 6 | 表面粗糙度样板 | N0～N1 | 12 级 | | 副 | 1 |
| 7 | 平行垫铁 | | | | 副 | 若干 |
| 8 | 端铣刀 | $\phi100$ | | | 个 | 1 |
| 9 | 精镗刀 | $\phi55\sim60$ | | | 个 | 3 |
| 10 | 中心钻 | A2 | | | 个 | 1 |
| 11 | 麻花钻 | $\phi10$、$\phi18$ | | | 个 | 各 1 |
| 12 | 扩孔钻 | $\phi11.85$ | | | 个 | 1 |
| 13 | 90°锪钻 | $\phi16$ | | | 个 | 1 |
| 14 | 铰刀 | $\phi12H8$ | | | 个 | 1 |
| 15 | 机用丝锥 | M16 | | | 个 | 1 |
| 16 | 机用虎钳 | QH160 | | | 个 | 1 |
| 17 | 橡胶榔头 | | | | 个 | 1 |
| 18 | 呆扳手 | | | | 把 | 若干 |

**（2）确定切削用量**

确定加工方案和刀具后，选择合适的刀具切削参数见表 6-9、表 6-10。

表 6-9　刀具与合理的切削用量（反面前）

| 刀具号 | 刀具规格 | 工序内容 | $f/(\text{mm/min})$ | $ap/\text{mm}$ | $n/(\text{r/min})$ |
| --- | --- | --- | --- | --- | --- |
| T01 | $\phi100$ 端铣刀 | 粗铣 B 平面，余量 0.5mm | 60 | 0.5 | 100 |
| | | 精铣 B 平面至要求尺寸 | 80 | 0.5 | 150 |
| T02 | 粗镗刀 | 粗镗 $\phi60H7$ 孔至 $\phi58$ | 50 | 1.2 | 300 |
| T03 | 半精镗刀 | 半精镗 $\phi60H7$ 孔至 $\phi59.95$ | 40 | 0.975 | — |
| T04 | 精镗刀 | 精镗 $\phi60H7$ 孔至要求尺寸 | 40 | 0.025 | |
| T05 | A2 中心钻 | 钻 2 个 $\phi12H8$ 及 2 个 M16 的中心孔 | 60 | — | 800 |
| T06 | $\phi10$ 麻花钻 | 钻 2 个 $\phi12H8$ 孔至 $\phi10$ | 60 | 5 | 300 |
| T07 | $\phi11.85$ 扩孔钻 | 扩 2 个 $\phi12H8$ 孔至 $\phi11.85$ | 60 | 0.925 | 250 |
| T08 | $\phi14$ 麻花钻 | 钻削 M16 底孔 | 80 | — | 250 |
| T09 | $\phi16$ 键槽铣刀 | 铣 2 个 $\phi16$ 孔至要求尺寸 | 100 | — | 300 |
| T10 | $\phi12H8$ 铰刀 | 铰 2 个 $\phi12H8$ 孔至要求尺寸 | 80 | 0.075 | 100 |
| T11 | $\phi18$ 麻花钻 | 倒 2 个 M16 底孔端角 | 80 | — | 300 |
| T12 | M16 机用丝锥 | 攻 2 个 M16 螺纹 | 80 | | 100 |

表 6-10　刀具与合理的切削用量（反面后）

| 刀具号 | 刀具规格 | 工序内容 | $f/(\text{mm/min})$ | $ap/\text{mm}$ | $n/(\text{r/min})$ |
| --- | --- | --- | --- | --- | --- |
| T01 | $\phi3$ 中心钻 | 钻 4 个 M12 的中心孔 | 60 | — | 800 |
| T02 | $\phi10$ 麻花钻 | 钻 4 个 M12 孔至 $\phi10$ | 60 | 5 | 300 |
| T03 | $\phi12$ 麻花钻 | 倒 4 个 M12 底孔端角 | 80 | — | 300 |
| T04 | M12 机用丝锥 | 攻 4 个 M12 螺纹 | 80 | | 60 |

（3）操作要点

1）加工准备

在铣削工件之前，应做好以下准备工作。

① 认真分析零件图样，检查毛坯坯料的尺寸。

② 开机，机床回参考点。

③ 输入程序并检查该程序。

④ 安装夹具，夹紧工件。A 面为定位安装面，用平行垫铁垫起毛坯，零件的底面要垫一定厚度的标准块。用机用虎钳装夹工件，伸出钳口 8mm 左右，保证通孔加工时，不碰到工作台台面。定位时要利用百分表调整工件与机床 X 轴的平行度，控制在 0.02mm 之内。

⑤ 准备刀具。本工件加工共使用了 11 把刀具，把不同类型的刀具分别安装到相应的刀柄上，然后按序号依次放置在刀架上，分别检查每把刀具的安装牢固性和正确性。

2）操作过程

① X、Y 向对刀。安装寻边器，确定工件零点为坯料上表面的中心，通过寻边器对刀得到 X，Y 零偏值，并输入到 G54 中。

② Z 向对刀。依次安装 11 把刀具，每把刀都在从参考点 R 运动到工件基准面 A 高度时读数，记录此时 A 基准面的机床坐标系下的 Z 值，并输入到对应的刀具长度补偿号（H01，H02，…）中。另外，把零件的实际高度（本例为 15mm）统一补偿到外置偏置"EXT"的 Z 值中，从而把零件的上表面定义为工件坐标系的 Z=0 面。

③ 程序调试

a. 锁住机床，将加工程序输入数控系统，在"图形模拟"功能下，实现图形轨迹的校验。

b. 把工件坐标系的 Z 值朝正方向平移 50mm，方法是在 G54 参数中输入 50，按下启动键，适当降低进给速度，检查刀具运动是否正确。

④ 工件加工。主轴首先安装第一把刀具（本实例为 $\phi$100 端铣刀），把工件坐标系 G54 参数的 Z 值恢复原值，将进给速度转到低挡，按下启动键。加工时，适当调整主轴转速和进给速度，保证加工正常。

⑤ 尺寸测量。程序执行完毕后，返回到设定高度，机床自动停止。用内径百分表测量内径尺寸，利用游标卡尺测量孔的相对位置是否准确，根据测量结果，调整刀具相应的补偿参数，重新执行程序，加工工件，直到达到加工要求。

⑥ 结束加工。松开夹具，卸下工件，清理机床。

**（4）注意事项**

① 对于工件的装夹，要注意反面在工件前面加工时的毛刺带来的影响，必须找正。

② 同一把刀具在执行不同工序时，一定要核实补偿数据。

**（5）程序编制**

（略）

# 6.4 槽类件的数控铣削

槽类零件是生产中最常见的加工零件之一，利用数控铣床对轮廓零件进行铣削加工，容易获得所要求的尺寸精度及形状位置精度。

## 6.4.1 槽类件的铣削加工方法

槽类件的形状很多，可以是开放的和封闭的，一端或两端为圆弧、直角、一定角度的槽等。常见的有：键槽、直角沟槽、T 形槽等多种形状，针对不同结构形状的槽类件应针对性的采取措施。

**（1）键槽的加工**

安装键的沟槽称为键槽，安装半圆键的槽称为半圆键槽。如图 6-12 所示为带有键槽的传动轴，从图中可知，键槽宽度的极限偏差为 $-0.043^{0}$ mm（N9），对称度公差为 0.060mm（IT9），精度均较高，槽底至轴下素线的偏差为 $-0.020^{0}$ mm，精度较低。在轴上铣键槽时，铣削方法的步骤如下。

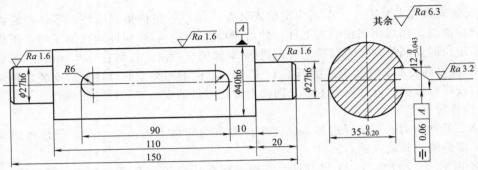

图 6-12  带有键槽的传动轴

1）工件的装夹方法

在轴上铣键槽时，不论用哪一种夹具进行装夹，都必须把工件的轴线找正到与进给方向一致。

① 用机床用平口虎钳装夹。机床用平口虎钳在工作台上校正并固定后，固定钳口的工作面和导轨的上平面与工作台之间的相对位置是不变的。在装夹一批圆柱形工件时，若工件直径有变化，则后一工件与前一工件的轴线位置在固定钳口与导轨面（或平行垫铁）夹角的角平分线上变动，即在 45°角的方向上变动，如图 6-13 所示。因此，在加工时若刀具相对第一个工件的位置已准，即对称度和深度均已调整好，而第二个工件的直径有变化，且工作台的位置不进行重新调整，则第二个工件上的键槽的对称度会产生误差。用机床用平口虎钳装夹工件铣削键槽的优点是装卸简便，适用于单件生产或一批轴径经过精加工且尺寸精度较高的工件。

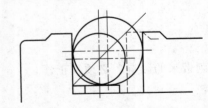

图 6-13  用机床用平口虎钳装夹

② 用 V 形架装夹。圆柱形工件在 V 形架内的装夹情况如图 6-14（a）所示。当工件直径变化时，工件的轴线位置将沿 V 形面的角平分线改变［见图 6-14（b）］。在多件或成批加工时，只要指形铣刀的轴线或盘形铣刀的中分线对准 V 形面的角平分线，则铣出的键槽只会在深度方向变动，但下素线比轴心线的变动要小得多，而对称度不会有变化。由于键槽深度尺寸精度一般要求不高，所以，常用 V 形架装夹工件铣削键槽。然而在卧式铣床上用指形铣刀铣削时，若仍采用 V 形角平分线向上的装夹方法加工［见图 6-14（c）］，那么当一批工件的直径变化时，对键槽对称度的影响将比用平口虎钳装夹更大。

③ 用轴用虎钳装夹。用轴用虎钳装夹如图 6-15（a）所示，这类虎钳对工件起定位作用的是 V 形架，故具有用 V 形架和机床用平口虎钳装夹的优点。轴用虎钳的 V 形架能上下翻身使用，其夹角大小也不同，可适应各种大小的直径。

④ 利用 T 形槽口装夹。对直径在 20～60mm 范围内的细长轴，可利用工作台上的 T 形槽口对工件进行定位装夹，如图 6-15（b）所示。装夹方法和定位性质均与 V 形架相同。

⑤ 用三爪自定心卡盘和后顶尖装夹。装夹情况如图 6-16（a）所示。采用这种装夹方法

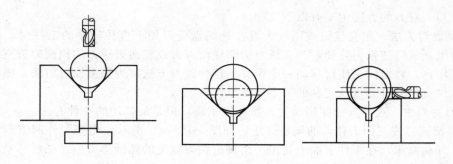

(a) 圆柱形工件在V形架内的装夹　(b) 工件直径变化时的装夹情况　(c) 在卧式铣床上用指形铣刀铣
削时工件轴线的位置变动

图 6-14　利用 V 形架装夹

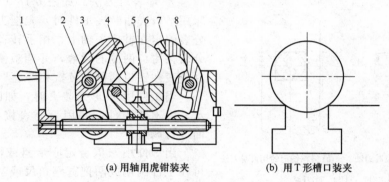

(a) 用轴用虎钳装夹　　　　　　　(b) 用T形槽口装夹

图 6-15　用轴用虎钳和 T 形槽口装夹
1—手柄；2,8—销；3—钳口；4—挡板；5—V形架；6—工件；7—钳口

时，工件的轴线位置在理论上是不变的，与三爪自定心卡盘中心和后顶尖中心的连线同轴，工件轴线的位置不受直径变化的影响，但受三爪自定心卡盘精度的影响。因此，在加工一批工件时工件轴线的位置可能有微量的变化，它对键槽的对称度虽有影响，但一般不会造成对称度超差。在深度方面，当第一件调整好后，以后各件自槽底至工件轴线的尺寸在理论上是不变的，自槽底至下素线之间的尺寸则受轴径公差的影响。三爪自定心卡盘一般都安装在分度头上，因此，更适用于加工对称的和在圆周上成各种夹角的两条或多条键槽。

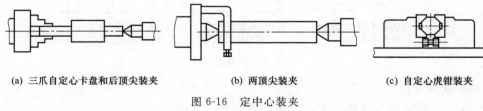

(a) 三爪自定心卡盘和后顶尖装夹　　　(b) 两顶尖装夹　　　　(c) 自定心虎钳装夹

图 6-16　定中心装夹

⑥ 用两顶尖装夹。这种装夹方法一般在分度头上采用，装夹情况如图 6-16（b）所示。用两顶尖装夹对工件的定位作用与用三爪自定心卡盘装夹相同，只是装卸时稍麻烦，稳固性也差些，但工件轴线的位置精度高。

⑦ 用自定心虎钳装夹。这种虎钳的钳口带有 V 形槽，用其装夹圆柱形工件的情况如图 6-16（c）所示。这种装夹方法与用三爪自定心卡盘装夹和两顶尖装夹一样，为定中心装夹，即工件轴线位置是确定不变的，但由于两个钳口都是活动的，其精度比用三爪自定心卡盘略差。

2）对刀方法（对中心）

为了使键槽对称于轴线，必须使键槽铣刀的中心线或盘形铣刀的对称线通过工件的轴线

（俗称对中心）。对刀的方法主要有以下几种。

① 擦侧面对刀法。用立铣刀或用较大直径的圆盘铣刀加工直径较小的工件时，可在工件侧面贴一薄纸，然后使铣刀旋转，当立铣刀的圆柱面刀刃或三面刃铣刀的侧面刀刃刚擦到薄纸时，降低工作台，将横向工作台移动一个距离，这种对刀方法称为擦侧面对刀法。横向移动的距离等于工件直径与铣刀直径之和的一半加纸厚。

② 切痕对刀法。这种方法使用简便，虽精度不高，但是最常用的一种方法。

a. 盘形槽铣刀或三面刃铣刀的调整方法。如图 6-17 （a）所示，先把工件调整到铣刀的对称位置上，开动机床，在工件表面上切出一个接近铣刀宽度的椭圆形刀痕，然后移动横向工作台，使铣刀宽度处于椭圆的中间位置。

b. 键槽铣刀的调整方法。如图 6-17 （b）所示，键槽铣刀的切痕是一个边长等于铣刀直径的短形小平面。调整时，使铣刀两刀刃在旋转时处于小平面的中间位置即可。

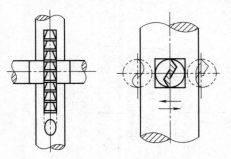

(a) 盘形铣刀的切痕对刀法　　(b) 键槽铣刀的切痕对刀法

图 6-17　切痕对刀法

③ 环表对刀法。如图 6-18 （a）所示，用机床用平口虎钳装夹工件时，先把工件夹紧，把百分表固定在铣床主轴上，用手转动主轴，观察百分表在钳口两侧的读数，并调整横向工作台，使百分表在钳口两侧的读数相等。

当工件用 V 形架装夹时，如图 6-18 （b）所示，先不装工件，并用百分表接触 V 形架的两面进行调整。

当工件用三爪自定心卡盘或两顶尖装夹时，可在工件两侧放两把宽座角尺或三角形角尺，如图 6-18 （c）所示。若无这类角尺，也可用框式水平仪代替角尺。在高度方面，可在角尺下面垫较大的平行垫铁加以调节。调整铣床主轴对准工件轴线位置的方法，与用机床用平口虎钳装夹时的情况相同。

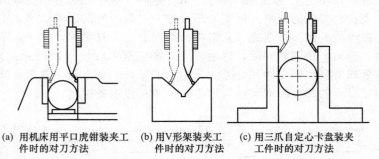

(a) 用机床用平口虎钳装夹工　　(b) 用V形架装夹工　　(c) 用三爪自定心卡盘装夹
件时的对刀方法　　　　件时的对刀方法　　　工件时的对刀方法

图 6-18　环表对刀法

3）槽的铣削方法

以如图 6-12 所示的传动轴为例，简述键槽的加工方法。

① 选择合适的铣刀和切削用量。根据图 6-12 中键槽尺寸，选择 $\phi 12e8$ （$\phi 12^{-0.032}_{-0.059}$ mm）的键槽铣刀加工。铣刀安装到主轴上时，应用百分表检查圆跳动量，百分表在两刀口的差值应不大于 0.030mm，若超过允差，则需重新安装。由于铣刀直径小，故切削用量取较小值。现取：$v_c = 20$m/min；$f_z = 0.03$mm/z；$t(ap) = 5$mm。则 $n = 475$r/min；$v_f = 30$mm/min。

② 铣削方法。铣封闭式键槽的方法有两种。

a. 一次铣准键槽深度的铣削方法。如图 6-19 （a）所示，这种方法的优点是在深度上只做一次调整，进给也只需一次，适用于在通用铣床上加工。缺点是对铣刀的使用较不利，因为当铣刀用钝时，其刀刃上的磨损长度等于键槽的深度。若刃磨圆柱面刀刃，则因铣刀直径变小而不能再用于精加工。因此，以磨去端面一段较合理，但需磨去较长的一段。另外，铣削时铣刀的让刀量大，影响键槽的对称度；在铣刀切入和退出时，键槽的两端宽度被铣大。

b. 分层铣削法。如图 6-19（b）所示，每次铣削层深度只有 0.5mm 左右，以较快的进给速度往复进行铣削，一直切到预定的深度。

这种加工方法的特点是：需要在键槽铣床上加工，铣刀用钝后只需磨端面刃（磨削不到 1mm），铣刀直径不受影响，在铣削时也不会产生让刀现象。但在普通铣床上进行加工，则操作不方便，生产效率低。对直径小的（如 5mm）键槽铣刀，可避免让刀和折断。

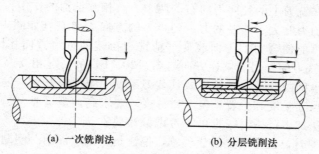

(a) 一次铣削法　　　　　(b) 分层铣削法

图 6-19　铣封闭式键槽

③ 指形铣刀铣削时的偏让。用键槽铣刀和立铣刀等指形铣刀铣削时，由于铣刀受力不均，会向某一方向偏让。在铣削沟槽时，使铣出的沟槽位置偏离对刀的位置。铣键槽时的偏让情况主要有以下方面。

a. 一次铣准宽度和深度时的偏让。用键槽铣刀以一次工作行程铣准键槽的情况，如图 6-20（a）所示。铣削时，铣刀所受的平均切向力 $F_t$ 是向右的，使铣刀产生偏让的力是切向力 $F_t$ 和径向力 $F_r$ 的合力 $F'$。但径向力要比切向力小得多，故合力 $F'$ 的方向以向右为主。在 $F'$ 的作用下，铣刀向右偏让，使铣出的键槽向右偏离工件中心。当工作台和工件停止进给运动时，铣刀受力减小，会逐渐回复到原来位置，并把槽端左侧铣去一些，故槽的两端会被铣宽。

另外，在铣到槽的一端后，若使工件反向进给（退回）再铣削一次，则会因槽的左侧被铣去一层而使键槽宽度增大，增大的量约等于铣刀偏让的让刀量，而槽的位置仍比对刀时的位置略向右偏。

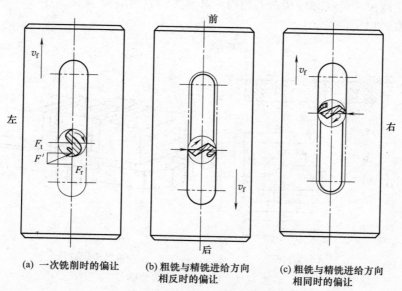

(a) 一次铣削时的偏让　　(b) 粗铣与精铣进给方向　　(c) 粗铣与精铣进给方向
　　　　　　　　　　　相反时的偏让　　　　　　相同时的偏让

图 6-20　指形铣刀铣削时的偏让

让刀量的大小与铣刀和装刀系统的刚度、切削量的大小、工件材料的性质、主轴轴承的间隙，以及铣刀的锋利程度等因素有关，故很不稳定。若铣刀较锋利，铣刀伸出较短和装夹系统的刚度较高，且铣床主轴轴承间隙调整得合适，则让刀量较小，一般不致使键槽的位置精度超过允许的范围。但上述条件较差时，则需加以注意。

b. 分粗、精铣时的偏让。先用直径较小的键槽铣刀粗铣，再用符合键槽尺寸的铣刀精铣，如先用 $\phi 10 \sim 11.5mm$ 的铣刀粗铣，再用 $\phi 12mm$ 的铣刀反向进给进行精铣，如图 6-20（b）所示。精铣时，在槽的右侧为顺铣，作用在铣刀上的径向力向左；在槽的左侧为逆铣，齿刃在开始切入的阶段作用在铣刀上的径向力向右。两个力有相互抵消的作用，故偏让量很小，在精铣余量较小时，向右的力略大于向左的力，则合力的方向为向右（如图中箭头所指方向）。若精铣余量较大，则有可能使合力的方向改变。精铣和粗铣的进给方向相同时的铣削情况如图 6-20（c）所示，此时铣刀的受力和偏让方向与图 6-20（b）的情况相反。在实际工作中，当精铣余量较小、主轴轴承间隙合适，且铣刀及其装刀系统的刚度较好时，偏让现象可不考虑。根据上述情况，在加工尺寸精度和位置精度（对称度）要求高的键槽时，最好分粗铣和精铣。另外，若采用分层铣削法加工键槽时，也可不考虑偏让现象。

在用其他刀具铣削时，也会产生偏让现象，偏让是产生"深啃"问题的主要原因之一。不论用何种方式铣削，凡有偏让现象存在时，若中途停止进给而铣刀仍旧旋转，都将产生"深啃"，所以，在精铣时不能中途停止进给运动。

**（2）直角沟槽的加工**

铣削直角沟槽时，若为直角通槽，则主要用三面刃铣刀来铣削，也可用立铣刀、槽铣刀和合成铣刀来铣削。对封闭的沟槽则都采用立铣刀或键槽铣刀。

键槽铣刀一般都是双刃的，端面刃能直接切入工件，故在铣封闭槽之前可以不必预先钻孔。键槽铣刀直径的尺寸精度较高，其直径的基本偏差有 d8 和 e8 两种。

立铣刀在铣封闭槽时，需预先钻好落刀孔。对宽度大和深的通槽也大多采用立铣刀来铣削。

盘形槽铣刀简称槽铣刀，它的特点是刀齿的两侧一般没有刃口。有的槽铣刀齿背做成铲齿形，这种切削刃在用钝以后，刃磨时只能磨前面而不磨后面，刃磨后的切削刃形状和宽度都不改变，适宜于加工大批相同尺寸的沟槽。其缺点是，这种铣刀制造复杂，切削性能也较差。

槽铣刀的宽度尺寸精度和键槽铣刀相同，其基本偏差为 k8。宽度大于 25mm 的直角通槽，大都采用立铣刀来加工。

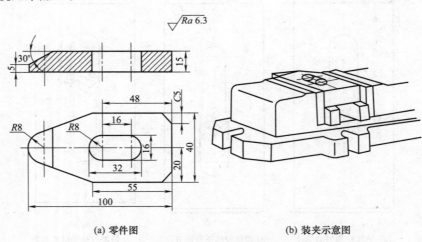

（a）零件图 　　　　　　　　　　　　　　（b）装夹示意图

图 6-21　压板工件及其装夹

如图 6-21（a）所示压板工件的封闭槽，则必须用立铣刀或键槽铣刀来加工。立铣刀的尺寸精度较低，其直径的基本偏差为 js14，现采用直径为 16mm 的立铣刀加工。由于此直角槽底部是穿通的，故装夹时应注意沟槽下面不能有垫铁，以免妨碍立铣刀穿通，故应采用两块较窄的平行垫铁垫在工件下面〔图 6-21 (b)〕。这条封闭槽的长度是 32mm，当用直径为 16mm 的铣刀切入后，工作台实际只需移动 16mm。

**（3）T 形槽的加工**

铣削加工如图 6-22 所示带有 T 形槽的工件，装夹时，使工件侧面与工作台进给方向一致。

1）铣 T 形槽的步骤

① 铣直角槽。在立式铣床上用键槽铣刀（或在卧式铣床上用槽铣刀）铣出一条宽 18H7 深 30mm 的直角槽，如图 6-23 (a) 所示。

② 铣 T 形槽。拆下键槽铣刀，装上直径 32mm，厚 15mm 的 T 形槽铣刀，接着把 T 形槽铣刀的端面调整到与直角槽的槽底相接触，然后开始铣削，如图 6-23 (b) 所示。

③ 槽口倒角。如果 T 形槽在槽口处有倒角，可拆下 T 形槽铣刀，装上倒角铣刀倒角，如图 6-23 (c) 所示。倒角时应注意两边对称。

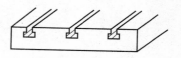
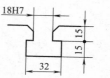

图 6-22　T 形槽工件

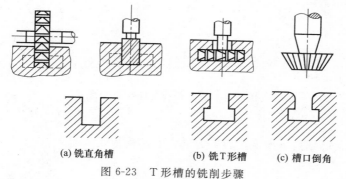

(a) 铣直角槽　　　(b) 铣T形槽　　(c) 槽口倒角

图 6-23　T 形槽的铣削步骤

2）铣 T 形槽应注意的事项

① T 形槽铣刀在切削时切屑排出非常困难，经常把容屑槽填满而使铣刀失去切削能力，以致使铣刀折断，所以应经常清除切屑。

② T 形槽铣刀的颈部直径较小，要注意避免铣刀因受到过大的铣削力和突然的冲击力而折断。

③ 由于排屑不畅，切削时热量不易散失，铣刀容易发热，在铣钢件时，应充分浇注切削液。

④ T 形槽铣刀不能用得太钝，因钝的刀具其切削能力大为减弱，铣削力和切削热会迅速增加，所以用钝的 T 形槽铣刀铣削是铣刀折断的主要原因之一。

⑤ T 形槽铣刀在切削时工作条件较差，所以要采用较小的进给量和较低的切削速度。但铣削速度不能太低，否则会降低铣刀的切削性能和增加每齿的进给量。

⑥ 为了改善切屑的排出条件，以及减少铣刀与槽底面的摩擦，在设计和工艺人员的允许条件下，可把直角槽稍铣深些，这时铣好的 T 形槽形状如图 6-24 所示。这种形状的 T 形槽对实际应用没有多大影响。

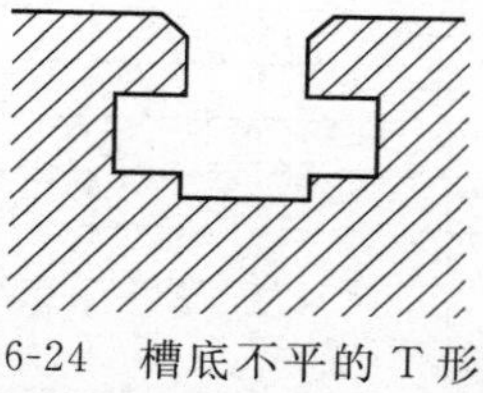

图 6-24　槽底不平的 T 形槽

## 6.4.2　圆弧槽板的数控铣削加工

如图 6-25 (a) 所示圆弧槽板零件，采用 45 钢制成，该零件要求在立式数控铣床上加工其上平面及其上的凹槽，加工后要求表面粗糙度为 $Ra1.6\mu m$，其余未注表面表面粗糙度为 $Ra6.3\mu m$。如图 6-25 (b) 所示为所用的毛坯图，毛坯尺寸为 120mm×120mm×17mm 板料，加工后要求全部表面表面粗糙度为 $Ra6.3\mu m$。

**(1) 工艺分析与工艺设计**

1) 图样分析

如图 6-25 (a) 所示零件形状较为简单，零件的尺寸精度、表面粗糙度要求均不高。采用数控铣削很容易满足加工要求。

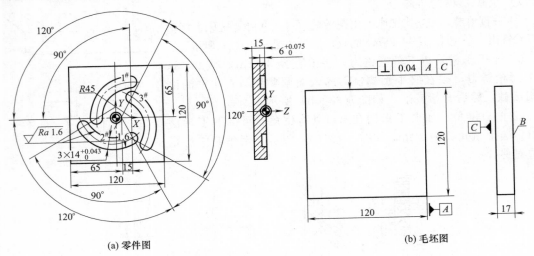

(a) 零件图　　　　　　　　　　　　(b) 毛坯图

图 6-25　圆弧槽板零件及毛坯图

2) 工装

加工本零件时，可采用机用虎钳装夹方法，底部用垫块垫起。

3) 加工路线

① 粗精铣上表面 $B$。

② 粗精铣 3 个凹槽。

a. 粗铣凹槽，留单边余量 1.0mm。

b. 半精铣凹槽，留单边 0.2mm。

c. 精铣凹槽到要求尺寸。

4) 工具、量具、刀具

根据零件图样要求，完成该工件的铣削，需要如表 6-11 所示的工具、量具、刀具。

**表 6-11　工具、量具、刀具清单**

| 工具、量具、刀具名称与规格 | | | 图号 | 单位 | 数量 |
|---|---|---|---|---|---|
| 序号 | 名称 | 规格 | 精度 | | |
| 1 | 寻边器 | $\phi10$ | 0.002 | 个 | 1 |
| 2 | Z 轴设定器 | 50 | 0.01 | 个 | 1 |
| 3 | 游标卡尺 | 0～150 | 0.02 | 把 | 1 |
| 4 | 游标深度尺 | 0～200 | 0.02 | 把 | 1 |
| 5 | R 规 | $R7～R14.5$ | | 套 | 1 |
| 6 | 百分表及表座 | 0～10 | 0.01 | 个 | 1 |
| 7 | 表面粗糙度样板 | N0～N1 | 12 级 | 副 | 1 |
| 8 | 平行垫铁 | | | 副 | 若干 |
| 9 | 端铣刀 | $\phi125$ | | 个 | 1 |
| 10 | 键槽铣刀 | $\phi12$ | | 个 | 1 |
| 11 | 立铣刀 | $\phi10$ | | 个 | 1 |
| 12 | 机用虎钳 | QH160 | | 个 | 1 |
| 13 | 橡皮榔头 | | | 把 | 1 |
| 14 | 呆扳手 | | | 把 | 若干 |

（2）确定切削用量

确定加工方案和刀具后，选择合适的刀具切削参数见表6-12。

表6-12　刀具与合理的切削用量

| 刀具号 | 刀具规格 | 工序内容 | $f$/(mm/min) | $ap$/mm | $n$/(r/min) |
|---|---|---|---|---|---|
| T01 | $\phi$125mm 端铣刀 | 粗铣上表面 $B$，留精铣余量 0.5mm | 60 | 1.5 | 100 |
| | | 精铣上表面 $B$ 至要求尺寸 | 80 | 0.5 | 150 |
| T02 | $\phi$12mm 键槽铣刀 | 粗铣凹槽宽度至 12.0mm | 80 | 6.0 | 530 |
| T03 | $\phi$10mm 立铣刀 | 半精铣凹槽宽度至 13.6mm | 60 | 0.8 | 650 |
| | | 精铣凹槽至要求尺寸 | 60 | 0.2 | 850 |

（3）操作要点

1）加工准备

① 认真分析零件图样，检查毛坯坯料的尺寸。

② 开机，机床回参考点。

③ 输入程序并检查该程序。

④ 安装夹具，夹紧工件。利用工件的底面和一个侧面在机用虎钳上定位并夹紧。零件的底面要垫一定厚度的标准块，保证加工时上表面露出钳口 8～10mm，以免对刀有误或操作失误时损坏刀具或台钳，并用百分表检查工件的上表面是否上翘，保证工件的轴线水平。

⑤ 准备刀具。工件加工共使用了 3 把刀具，把不同的刀具分别安装到对应的刀柄上，然后按序号依次放置在刀架上。分别检查每把刀具安装的牢固性和正确性。

2）操作过程

① $X$、$Y$ 向对刀。安装寻边器，确定工件零点为坯料上表面的中心，通过寻边器对刀操作得到 $X$，$Y$ 零偏值，并输入到 G54 中。

② $Z$ 向对刀。依次安装 3 把刀具，每把刀都在从参考点 $R$ 运动到工件基准面高度时读数，记录此时基准面的机床坐标系下的 $Z$ 值，输入到对应的刀具长度补偿号中，从而把零件的上表面定义为工件坐标系的 $Z=0$ 面。

③ 输入刀具半径补偿值。使用同一把刀（T03）进行半精加工、精加工。半精加工时刀具半径补偿值为刀具的半径值与精铣余量之和（如 D03 为 5.2mm），根据半精加工后的实测尺寸来输入精加工时的刀具半径补偿值（理论值为 5.0mm）。

④ 程序调试

a. 锁住机床，将加工程序输入数控系统，在"图形模拟"功能下，实现图形轨迹的校验。

b. 把工件坐标系的 $Z$ 值朝正方向平移 50mm，方法是在外置偏置"EXT"的 $Z$ 值中输入 50，按下启动键，适当降低进给速度，检查刀具运动是否正确。

⑤ 工件加工。主轴首先安装第一把刀具，把外置偏置"EXT"的 $Z$ 值恢复原值，将进给速度调到低挡，按下启动键。加工时，适当调整主轴转速和进给速度，保证加工正常进行。

⑥ 尺寸测量。程序执行完毕后，返回到设定高度，机床自动停止。用游标卡尺测量键槽宽度，利用游标深度尺检查键槽的深度尺寸是否准确。根据测量结果，调整刀具补偿值，重新执行程序加工工件，达到加工要求。

⑦ 结束加工。松开夹具，卸下工件，清理机床。

（4）注意事项

① 装夹工件、刀具时一定要夹牢，不留安全隐患。

② 本工件的加工程序中要正确使用坐标系旋转指令。

（5）程序编制

编制该零件的数控铣削程序时，选择工件中心为 $X$、$Y$ 坐标系原点，选择工件的上表面为工件坐标系的 $Z=0$ 面，机床坐标系设在 G54 上。粗、精铣上表面程序此处从略。编制的铣凹槽程序如表 6-13 所示。

表 6-13　铣凹槽数控铣削程序

| 程序 | 程序说明 |
|---|---|
| O6004； | 主程序程序号 |
| N10 G90 G54 G69 G40； | |
| N12 M98 P6005； | 粗铣 1♯凹槽，手动换粗铣刀 T02 |
| N14 G68 X0 Y0 R120.0； | 逆时针旋转 120° |
| N16 M98 P6005； | 粗铣 2♯凹槽 |
| N18 G69； | 取消旋转功能 |
| N20 G00 Z100 M05； | |
| N22 G68 R240.0； | 逆时针旋转 240° |
| N24 M98 P6005； | 粗铣 3♯凹槽 |
| N26 G69； | 取消旋转功能 |
| N28 M00； | 程序暂停后，转成手动方式，手动换 T03 刀具 |
| N30 G90 G54 G69 G40； | |
| N32 M98 P6006； | 半精铣 1♯凹槽 |
| N34 M00； | 程序停止，测量实际精铣尺寸 |
| N36 M98 P6007； | 精铣 1♯凹槽 |
| N38 M00； | |
| N40 G68 R120.0； | 逆时针旋转 120° |
| N42 M98 P6006； | 半精铣 2♯凹槽 |
| N44 M00； | 程序停止，测量实际精铣尺寸 |
| N46 M98 P6007； | 精铣 2♯凹槽 |
| N48 G69； | 取消旋转功能 |
| N50 M00； | |
| N52 G68 R240.0； | 逆时针旋转 240° |
| N54 M98 P6006； | 半精铣 3♯凹槽 |
| N56 M00； | 程序停止，测量实际精铣尺寸 |
| N58 M98 P6007； | 精铣 3♯凹槽 |
| N60 G69； | 取消旋转功能 |
| N62 M30； | 主程序结束 |
| O6005； | 粗铣凹槽子程序 |
| N10 G90 G00 X0 Y0； | |
| N12 Z100.0 M03 S530； | 主轴快速移动到 Z100，主轴正转 |
| N14 G43 Z3.0 H02 M08； | 刀具快速接近工件上表面 |
| N16 G00 X−30.0 Y0； | |
| N18 G01 Z−6.0 F80； | 下刀 |
| N20 G02 X15.0 Y45.0 R45.0； | 粗铣 |
| NZ2 G00 Z5.0 M09； | 抬刀 |
| N24 X0 Y0； | |
| N26 M99； | 子程序结束 |
| O6006； | 半精铣凹槽子程序 |
| N10 G43 G00 Z100.0 H03 M03 S650； | |
| N12 X15.0 Y45.0 M08； | |
| N14 Z3.0； | 快速接近工件上表面 |
| N16 G01 Z−6.0 F60； | 下刀 |
| N18 G41 G01 Y52.0 D03； | 建立刀具半径左补偿，直线方式切入 |
| N20 G03 X−37.0 Y0 R52.0； | |
| N22 X−23.0 R7.0； | |
| N24 G02 X15.0 Y38.0 R38.0； | |
| N26 G03 Y52.0 R7.0； | |
| N28 G40 G01 Y45.0； | 取消刀具半径左补偿，直线方式切出 |
| N30 G00 Z100.0 M09； | 抬刀 |
| N32 X0 Y0 M05； | |
| N34 M99； | 子程序结束 |
| O6007； | 精铣凹槽子程序 |
| N10 G43 G00 Z100 H04 M03 S650； | |
| N12 X15.0 Y45 M08； | |
| N14 Z3.0； | |
| N16 G01 Z−6.0 F60； | |
| N18 G41 G01 Y52.0 D04； | |
| N20 G03 X−37.0 Y0 R52.0； | |
| N22 X−23.0 R7； | |
| N24 G02 X15.0 Y38.0 R38.0； | |
| N26 G03 Y52.0 R7.0； | |
| N28 G40 G01 Y45.0； | |
| N30 G00 Z100.0 M09； | |
| N32 X0 Y0 M05； | |
| N34 M99； | |

# 6.5 典型零件的数控铣削工艺及编程

尽管在不同规模企业的生产加工过程中，零件的加工工艺及数控加工程序的编制可能是由不同部门的不同人员完成的，也有可能是由同一部门同一个人完成的，但不管哪种形式，都要求相关人员具有工艺编制及程序编制的能力，既要熟悉、了解所有的切削加工方法，如钻削、车削、镗削等的工艺运用，具有较好的工艺编制能力，还应具有较好的数控编程能力，同时还应有相当的实际加工经验，能充分利用现有的加工设备，正确使用数控机床的刀具、夹具、量具等工具，又具有解决实际生产加工难题的能力。

以下通过几个典型零件简述其数控铣削工艺及编程。

## 6.5.1 简单轮廓的数控铣削加工及编程

如图 6-26 所示简单轮廓，采用直径 $\phi 20mm$ 的立铣刀数控铣削。

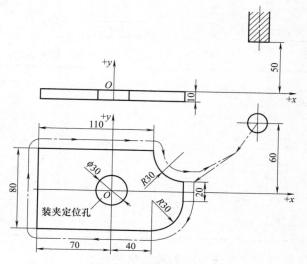

图 6-26 简单轮廓加工

### (1) 切削条件选择

切削条件选择是编程人员必须考虑的重要问题之一。影响切削条件的因素有：工艺系统的刚性，工件的尺寸精度、形位精度及表面质量，刀具寿命及工件生产纲领，切削液，切削用量等，见表 6-14～表 6-16。

表 6-14 铣刀的切削速度

m/min

| 工件材料 | 铣刀材料 | | | | | |
|---|---|---|---|---|---|---|
| | 碳素钢 | 高速钢 | 超高速钢 | Stellite | YT | YG |
| 青铜(硬) | 10～20 | 20～40 | | 30～50 | | 60～130 |
| 青铜(最硬) | | 10～15 | 15～20 | | | 40～60 |
| 铸铁(软) | 10～12 | 15～25 | 18～35 | 28～40 | | 75～100 |
| 铸铁(硬) | | 10～15 | 10～20 | 18～28 | | 45～60 |
| 铸铁(冷硬) | | | 10～15 | 12～18 | | 30～60 |
| 可锻铸铁 | 10～15 | 20～30 | 25～40 | 35～45 | | 75～110 |
| 铜(软) | 10～14 | 18～28 | 20～30 | | 45～75 | |
| 铜(中) | 10～15 | 15～25 | 18～28 | | 40～60 | |
| 钢(硬) | | 10～15 | 12～20 | | 30～45 | |

注：1. Stellite—钴基硬质合金。

2. YT—钨钛钴类硬质合金。

3. YG—钨钴类硬质合金。

表 6-15 铣刀进给量

mm/齿

| 工件材料 | 圆柱铣刀 | 面铣刀 | 立铣刀 | 杆铣刀 | 成形铣刀 | 高速钢镶齿铣刀 | 硬质合金镶齿铣刀 |
|---|---|---|---|---|---|---|---|
| 铸铁 | 0.2 | 0.2 | 0.07 | 0.05 | 0.04 | 0.3 | 0.1 |
| 软(中硬)钢 | 0.2 | 0.2 | 0.07 | 0.05 | 0.04 | 0.3 | 0.09 |
| 硬钢 | 0.15 | 0.15 | 0.06 | 0.04 | 0.03 | 0.2 | 0.08 |
| 镍铬钢 | 0.1 | 0.1 | 0.05 | 0.02 | 0.02 | 0.15 | 0.06 |

| 工件材料 | 圆柱铣刀 | 面铣刀 | 立铣刀 | 杆铣刀 | 成形铣刀 | 高速钢镶齿铣刀 | 硬质合金镶齿铣刀 |
|---|---|---|---|---|---|---|---|
| 高镍铬钢 | 0.1 | 0.1 | 0.04 | 0.02 | 0.02 | 0.1 | 0.05 |
| 可锻铸铁 | 0.2 | 0.15 | 0.07 | 0.05 | 0.04 | 0.3 | 0.09 |
| 铸铁 | 0.15 | 0.1 | 0.07 | 0.05 | 0.04 | 0.2 | 0.08 |
| 青铜 | 0.15 | 0.15 | 0.07 | 0.05 | 0.04 | | 0.1 |
| 黄铜 | 0.2 | 0.2 | 0.07 | 0.05 | 0.04 | | 0.21 |
| 铝 | 0.1 | 0.1 | 0.07 | 0.05 | 0.04 | | 0.1 |
| Al-Si 合金 | 0.1 | 0.1 | 0.07 | 0.05 | 0.04 | 0.18 | 0.08 |
| Mg-Al-Zn 合金 | 0.1 | 0.1 | 0.07 | 0.04 | 0.03 | 0.15 | 0.08 |
| Al-Cu-Mg 合金 Al-Cu-Si | 0.15 | 0.1 | 0.07 | 0.05 | 0.04 | 0.2 | 0.1 |

表 6-16　高速钢钻头的切削用量

| 工件材料 | $\sigma_b$/MPa | 钻头直径/mm | | | | | | | | | |
|---|---|---|---|---|---|---|---|---|---|---|---|
| | | 2～5 | | 6～11 | | 12～18 | | 19～25 | | 26～50 | |
| | | $v$ | $f$ | $v$ | $f$ | $v$ | $f$ | $v$ | $f$ | $v$ | $f$ |
| 钢 | 490 以下 | 20～25 | 0.1 | 20～25 | 0.2 | 30～35 | 0.2 | 30～35 | 0.3 | 25～30 | 0.4 |
| | 490～686 | 20～25 | 0.1 | 20～25 | 0.2 | 20～25 | 0.2 | 25～30 | 0.2 | 25 | 0.2 |
| | 686～882 | 15～18 | 0.05 | 15～18 | 0.1 | 15～18 | 0.2 | 18～22 | 0.3 | 15～20 | 0.35 |
| | 686～1078 | 10～14 | 0.05 | 10～14 | 0.1 | 12～18 | 0.15 | 16～20 | 0.2 | 14～16 | 0.3 |
| 铸铁 | 118～176 | 25～30 | 0.1 | 30～40 | 0.2 | 25～30 | 0.35 | 20 | 0.6 | 20 | 1.0 |
| | 176～294 | 15～18 | 0.1 | 14～18 | 0.15 | 16～20 | 0.2 | 16 | 0.3 | 16～18 | 0.4 |
| 黄铜 | 软 | <50 | 0.05 | <50 | 0.05 | <50 | 0.3 | <50 | 0.45 | <50 | — |
| 青铜 | 软 | <35 | 0.05 | <35 | 0.1 | <35 | 0.2 | <35 | 0.35 | <35 | — |

**(2) 工艺分析与刀具切削路径**

工艺分析是决定工艺路线的重要根据。良好的工艺分析会简化工艺路线，节省切削时间。分析零件图，确定的程序零点及走刀路线如图 6-26 所示。

**(3) 加工程序**

编制的加工程序如表 6-17。

表 6-17　加工程序

| 程序 | 程序说明 |
|---|---|
| O0001 | 程序代号 |
| N01 G00 G90 X120. Y60. Z50. ; | 绝对值输入，快速进给到 X120. Y60. Z50. |
| N02 X100. Y40. M13 S500; | 快速进给到 X100. Y40. 切削液开，主轴正转，转速 500r/min |
| N03　Z-11. ; | 快速向下并绘到 Z=-11. |
| N04 G01 G41 X70. Y10. H012 F100; | 直线插补到 X70. Y10. ，刀具半径左补偿 H012=10，进给速度 100mm/s |
| N05 Y-10. ; | 直线插补到 X70. Y-10. |
| N06 G02 X40. Y-40. R30. ; | 顺圆插补到 X40. Y-40. ，半径为 30mm |
| N07 G01 X-70. ; | 直线插补到 X-70. Y-40. |
| N08 Y40. ; | 直线插补到 X-70. Y40. |
| N09 X40. ; | 直线插补到 X40. Y40. |
| N10 G03 X70. Y10. R30. ; | 逆圆插补到 X70. Y10. ，半径为 30mm |
| N11 G01 X85. ; | 直线插补到 X85. Y10. |
| N12 G00 G40 X100. Y40. ; | 快速进给到 X100. Y40. ，取消刀具半径补偿 |
| N13 X120. Y60. Z50. ; | 快速进给到 X120. Y60. Z50. |
| N14 M30; | 程序结束，系统复位 |

## 6.5.2　连杆的数控铣削加工及编程

如图 6-27 所示为连杆零件图，要求在数控机床上对该连杆的轮廓进行精铣数控加工。

**（1）编程说明**

根据零件结构，在确定的程序零点及走刀路线等工艺分析后，在程序编制时还需考虑以下问题。

① 选择 $\phi16$mm 的立铣刀进行加工。

② 设安全平面高度为 30mm。

③ 进刀/退刀方式：圆弧切向进刀/退刀，考虑刀具半径补偿。

④ 编程计算。连杆轮廓的特征点计算结果如下。

位置1：$x=-82$，$y=0$；

位置2：$x=0$，$y=0$；

位置3：$x=-94$，$y=0$；

位置4：$x=-83.165$，$y=-11.943$；

位置5：$x=-1.951$，$y=19.905$；

位置6：$x=-1.951$，$y=19.905$；

位置7：$x=-83.165$，$y=11.943$；

位置8：$x=20$，$y=0$。

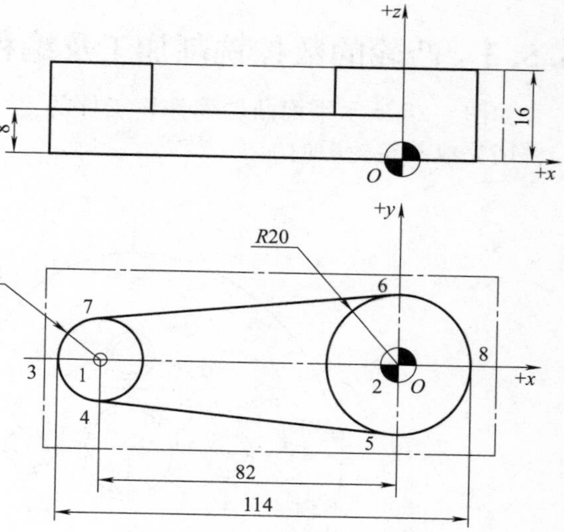

**（2）程序编制**

编制的连杆轮廓数控加工程序如表 6-18 所示。

图 6-27　连杆零件图

表 6-18　连杆轮廓数控加工程序

| 程序 | 程序说明 |
| --- | --- |
| O0009； | 程序代号 |
| Nl0 G54 G90 G00 X0. Y0. ； | 第 O009 号程序,铣削连杆 |
| N15 Z30. ； | 设置程序原点 |
| N20 X36. YO. S1000 M03； | 进刀至安全面高度 |
| N30 M08； | 将刀具移出工件右端面一个刀具直径,启动主轴 |
| N40 G01 Z8. F20； | 打开切削液 |
| N50 G42 D1 G02 X20.1－8. J0. F100； | 进刀至 8mm 高度处,铣第一个圆 |
| N60 G03 X－26. Y0.1－20. J0. ； | 刀具半径右补偿,圆弧引入切向进刀点8 |
| N70 G03 X20. Y0.120. J0. ； | 圆弧插补铣半圆 |
| N80 G40 G02 X36.18. J0. ； | 圆弧插补铣半圆 |
| N90 G00 Z30. ； | 圆弧引出切向退刀 |
| N100 X－110. Y0. ； | 抬刀至安全面高度 |
| Nll0 G01 Z8. F20. ； | 将刀具移出工件左端面一个刀具直径 |
| N120 G42 D1 G02 X－94. Y0. I8. J0. F100； | 进刀至 8mm 高度处,铣第二个面 |
| N130 G03 X－70. I12. J0. ； | 刀具半径右补偿,圆弧引入切向进刀点3 |
| N140 G03 X－94.1－12. J0. ； | 圆弧插补铣平面 |
| N150 G40 G02 X－110.1－8. J0. ； | 圆弧插补铣半圆 |
| N160 G00 Z30. ； | 圆弧引出切向退刀 |
| N170 X36. Y0. ； | 抬刀至安全面高度 |
| N180 G01 Z－1. F20； | 将刀具移出工件右端面一个刀具直径 |
| N190 G42 D1 G02 X20.1－8. J0. F100； | 进刀至工件底面下的－1mm 处,铣整个轮廓 |
| N200 G03 X－1.951 Y19.905 1－10. J0. ； | 刀具半径右补偿,圆弧引入切向进力点8 |
| N210 G01 X－83.165 Y11.943； | 圆弧插补至点6 |
| N220 G03 Y－11.943 I1.165 J－11.943； | 直线搐补至点7 |
| N230 G01 X－1.951 Y－19.905； | 圆弧插补至点4 |
| N240 G03 X20. Y0. I1.951 J19.905； | 直线插补至点5 |
| N250 G40 G02 X36.18. J0. ； | 圆弧插补至点8 |
| N260 G00 Z30. ； | 圆弧引出切向退刀 |
| N270 M30； | 抬刀至安全面高度 |
| | 程序结束 |

### 6.5.3 凸轮的数控铣削加工及编程

如图 6-28 所示平面凸轮零件，工件的上、下底面及内孔、端面均已完成加工。现要求数控铣削完成凸轮轮廓的加工。

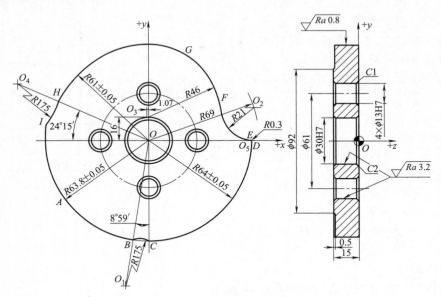

图 6-28 平面凸轮零件图

**(1) 工艺分析**

从图 6-28 的要求可以看出，凸轮曲线分别由几段圆弧组成，内孔为设计基准，其余表面包括 $4 \times \phi 13H7$ 孔均已加工。故取内孔和一个端面为主要定位面，在连接孔 $\phi 13$ 的一个孔内增加削边销，在端面上用螺母垫圈压紧。因为孔是设计和定位的基准，所以对刀点选在孔中心线与端面的交点上，这样很容易确定刀具中心与零件的相对位置。

**(2) 加工调整**

零件加工坐标系 $x$、$y$ 位于工作台中间，在 G53 坐标系中取 $x = -400$，$y = -100$。$z$ 坐标可以按刀具长度和夹具、零件高度决定，如选用 $\phi 20mm$ 的立铣刀，零件上端面为 $z$ 向坐标零点，该点在 G53 坐标系中的位置为 $z = -80$ 处。将上述三个数值设置到 G54 加工坐标系中。铣凸轮轮廓加工工序卡见表 6-19。

表 6-19 铣凸轮轮廓加工工序卡

| 材料 | 45 钢 | 零件号 | | 812 | | 程序号 | 8121 |
|---|---|---|---|---|---|---|---|
| 操作序号 | 内容 | 主轴转速 /(r/min) | 进给速度 /(m/min) | 刀具 | | | |
| | | | | 号数 | 类型 | | 直径/mm |
| 1 | 铣凸轮轮廓 | 2000 | 80、200 | 1 | $\phi 20mm$ 立铣刀 | | 20 |

**(3) 数学处理**

该凸轮加工的轮廓均为圆弧组成，因而只有计算出基点坐标，才可编制程序。在加工坐标系中，各点的计算坐标如下。

$BC$ 弧的中心 $O_1$ 点：

$x = -(175 + 63.8) \quad \sin 8°59' = -37.28$

$y = -(175 + 63.8) \quad \cos 8°59' = -235.86$

EF 弧的中心 $O_2$ 点：

$x^2+y^2=69^2$

$(x-64)^2+y^2=21^2$

解之得 $x=65.75$，$y=20.93$

$HI$ 弧的中心 $O_4$ 点：

$x=-(175+61)\cos24°15'=-215.18$

$y=(175+61)\sin24°15'=96.93$

$DE$ 弧的中心 $O_5$ 点：

$x^2+y^2=63.7^2$

$(x-65.75)^2+(y-20.93)^2=21.30^2$

解之得 $x=63.70$，$y=-0.27$

$B$ 点：

$x=-63.8\sin8°59'=-9.96$

$y=-63.8\cos8°59'=-63.02$

$C$ 点：

$x^2+y^2=64^2$

$(x+37.28)^2+(y+235.86)^2=175^2$

解之得 $x=-5.57$，$y=-63.76$

$D$ 点：

$(x-63.70)^2+(y+0.27)^2=0.3^2$

$x^2+y^2=64^2$

解之得 $x=63.99$，$y=-0.28$

$E$ 点：

$(x-63.7)^2+(y+0.27)^2=0.3^2$

$(x-65.75)^2+(y-20.93)^2=21^2$

解之得 $x=63.72$，$y=-0.03$

$F$ 点：

$(x+1.07)^2+(y-16)^2=46^2$

$(x-65.75)^2+(y-20.93)^2=21^2$

解之得 $x=44.79$，$y=19.6$

$G$ 点：

$(x+1.07)^2+(y-16)^2=46^2$

$x^2+y^2=61^2$

解之得 $x=14.79$，$y=59.18$

$H$ 点：

$x=-61\cos24°15'=-55.62$

$y=61\sin24°15'=25.05$

$I$ 点：

$x^2+y^2=63.80^2$

$(x+215.18)^2+(y-96.93)^2=175^2$

解之得 $x=-63.02$，$y=9.97$

根据上面的数值计算，可画出凸轮加工走刀路线图，如图 6-29 所示。

**(4) 程序编制**

根据上述计算，可确定编制程序的参数：H01＝10；G54，$x=-400$，$y=-100$，$z=-80$。

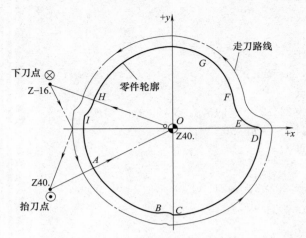

图 6-29　凸轮加工走刀路线图

编制的凸轮数控加工的程序如表 6-20 所示。

表 6-20　凸轮数控加工程序

| 程序 | 程序说明 |
|---|---|
| O0002 | 程序代号 |
| N10 G54 X0. Y0. Z40. ; | 进入加工坐标系 |
| N20 G90 G00 G17 X－73.8 Y20. ; | 由起刀点到加工开始点 |
| N30 M03 S1000 ; | 起动主轴,主轴正转(顺铣) |
| N40 G00 Z0. ; | 下刀至零件上表面 |
| N50 G01 Z－16. F200 ; | 下刀切入工件,深度为工件厚度＋1mm |
| N60 G42 G01 X－63.8 Yl0. F80 H01 ; | 刀具半径右补偿 |
| N70 G01 X－63.8　Y0. ; | 切入零件至 A 点 |
| N80 G03　X－9.96 Y－63.02 R63.8 ; | 切削 AB |
| N90 G02 X－5.57 Y－63.76 R175. ; | 切削 BC |
| N100 G03 X63.99 Y－0.28 R64. ; | 切削 CD |
| N110 G03 X63.72 Y0.03 R0.3 ; | 切削 DE |
| N120 G02 X44.79 Y19.6 R21. ; | 切削 EF |
| N130 G03 X14.79 Y59.18 R46. ; | 切削 FG |
| N140 G03 X－55.26 Y25.05 R61. ; | 切削 GH |
| N150 G02 X－63.02 Y9.97 R175. ; | 切削 HI |
| N160 G03 X－63.80 Y0. R63.8 ; | 切削 IA |
| N170 G01 X－63.80 Y－10. ; | 切削零件 |
| N180 G01 G40 X－73.8 Y－20. ; | 取消刀具补偿 |
| N190 G00 Z40. ; | Z 向抬刀 |
| N200 G00 X0. Y0. M05 ; | 返回加工坐标系原点,并停主轴 |
| N210 M30 ; | 程序结束 |

第**7**章

# 自动编程

## 7.1 自动编程概述

使用计算机（或编程机）进行数控机床程序编制工作，即由计算机（或编程机）自动地进行数值计算，编写零件加工程序单，自动地打印输出加工程序单，并将程序记录到介质上。数控机床的程序编制工作的大部分或全部由计算机（或编程机）完成的过程，即为自动程序编制。

### 7.1.1 自动编程的工作过程及主要特点

自动编程是通过数控自动程序编制系统实现的。自动编程系统（图 7-1）有硬件及软件两部分。硬件主要有计算机、绘图机、打印机、程序传输设备及其他一些外围设备；软件即计算机编程系统，又称编译软件。

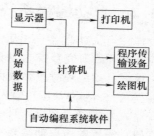

图 7-1 数控自动编程系统的组成

**(1) 自动编程的工作过程**

自动编程的工作过程如图 7-2 所示。

图 7-2 自动编程的工作过程

① 准备原始数据。原始数据描述了被加工零件的所有信息，包括零件的形状、尺寸和几何要素之间的相互关系，刀具运动轨迹和工艺参数等。原始数据的表现形式随着自动编程技术的发展越来越多样化了，它可以是用数控语言编写的零件源程序，也可以是零件的图样信息，还可以是操作者发出的指令声音等。这些原始数据是由人工准备的，当然它比直接编制数控程序要简单、方便得多。

② 输入翻译。原始数据以某种方式输入计算机后，计算机并不能立即识别和处理，必须通过一套预先存放在计算机中的编程系统软件，将它翻译成计算机能够识别和处理的形式。由于它的翻译功能，故又称编译软件。计算机编程系统品种繁多，原始数据的输入方式不同，程编系统就不一样，即使是同一种输入，也有很多种不同的程编系统。

③ 数学处理。主要是根据已经翻译的原始数据，计算出刀具相对于工件的运动轨迹。编译和计算合称为前置处理。

④ 后置处理。后置处理就是编程系统将前置处理的结果，处理成具体的数控机床所需要的输入信息，即形成了零件加工的数控程序。

⑤ 信息的输出。将后置处理得到的程序信息，制成控制介质，用于数控机床的输入；也可利用计算机和数控机床的通信接口，直接把程序信息输入数控机床，控制数控机床的加工，或边输入边加工；还可利用打印机打印输出制成程序单。

(2) 自动编程的主要特点

① 数学处理能力强。对轮廓形状不是由简单的直线、圆弧组成的复杂零件，特别是空间随面零件，以及几何要素虽不复杂，但程序量很大的零件，计算则相当繁琐，采用手工程序编制是难以完成的。而自动编程借助于系统软件强大的数学处理能力，人们只需给计算机输入该曲线的描述语句或零件图样，计算机就能自动计算出加工该随线的刀具轨迹，快速而又准确。

② 能快速、自动生成数控程序。自动编程在完成计算刀具运动轨迹之后，后置处理程序能在极短的时间内自动生成数控程序，且该数控程序不会出现语法错误。当然自动生成程序的速度还取决于计算机硬件的档次，档次越高，速度越快。

③ 后置处理程序灵活多变。自动生成适用于不同数控机床的数控程序，它灵活多变，可以适应不同的数控机床。

④ 程序自检、纠错能力强。自动编程能够借助于计算机在屏幕上对数控程序进行动态模拟，连续、逼真地显示刀具加工轨迹和零件加工轮廓，发现问题并及时修改，快速又方便。

⑤ 便于实现与数控系统的通信。自动编程可以把自动生成的数控程序经通信接口直接输入数控系统，控制数控机床加工。可以做到边输入边加工，不必忧虑数控系统内存不够大，免除了将数控程序分段的麻烦。

## 7.1.2 自动编程系统的分类

1952 年，美国生产出第一台数控铣床。1953 年，美国麻省理工学院（M.I.T）伺服机构实验室就开始研究数控自动编程。1959 年，第一代自动编程系统，即 APT 系统开始用于生产。根据自动编程时原始数据输入方式的不同，自动编程可以分为语言输入方式（语言数控自动编程）、会话（WOP）输入方式（会话型自动编程）、图形输入方式（图形交互自动编程）、语音输入方式（语音提示自动编程）和实物模型输入方式（数字代仪自动编程）五种。

(1) 语言数控自动编程

语言数控自动编程是指零件加工的几何尺寸、工艺参数、切削用量及辅助要求等原始信息用数控语言编写成源程序后输入到计算机中，再由计算机通过语言自动编程系统进一步处理后得到零件加工程序单及控制介质。自动编程技术的研究是从语言自动编程系统开始的。它品种多，功能强，使用范围最广，其中以美国的 APT 系统最具代表性。现在基本上已经不用了。

(2) 会话型自动编程

会话型自动编程系统就是在数控语言自动编程的基础上，增加了"会话"功能。编程员通过与计算机对话的方式，用会话型自动编程系统专用的会话命令，回答计算机显示屏的提问，输入必要的数据和指令，完成对零件源程序的编辑、修改。会话型自动编程系统的特点是：编程员可随时修改零件源程序；随时停止或开始处理过程；随时打印零件加工程序单或某一中间结果；随时给出数控机床的脉冲当量等后置处理参数；可用菜单方式输入零件源程序及操作过程。日本的 FAPT、荷兰的 MITURN、美国的 NCPTS、我国的 SAPT 等都是会话型自动编程系统。

(3) 图形交互自动编程

图形交互自动编程是计算机配备了图形终端和必要的软件后进行编程的一种方法。图形终端由鼠标器、显示屏和键盘组成，它既是输入设备，又是输出设备。利用它能实现人与计算机的"实时对话"，发现错误能及时修改。编程时，可在终端屏幕上显示出所要加工的零件图形，用户可利用键盘和鼠标器交互确定进给路径和切削用量，计算机便可按预先存储的图形自动编程系统计算刀具轨迹，自动编制出零件的加工程序，并输出程序单和制成控制介质。现代自动编程系统可以自动确定最佳的加工工艺参数，只要给出加工零件的最终加工尺寸、精度和材料，计算机就能自动地确定加工过程需要的全部信息。这种编程方式往往与计算机辅助设计集成在一起，称为 CAD/CAM 编程。

图形交互自动编程方法简化了编程过程，减少编程差错，缩短编程时间，降低编程费用，是一种很有发展前途的自动编程方法，也是现在应用最多的自动编程方式。

**（4）语音提示自动编程**

语音数控自动编程是利用人的声音作为输入信息，并与计算机和显示器直接对话，令计算机编出加工程序的一种方法。语音编程系统的构成见图 7-3。编程时，程编员只需对着话筒讲出所需的指令即可。编程前应使系统"熟悉"编程员的"声音"，即首次使用该系统时，编程员必须对着话筒讲该系统约定的各种词汇和数字，让系统记录下来并转换成计算机可以接受的数字指令。用语音自动编程的主要优点是：便于操作，未经训练的人员也可使用语音编程系统；可免除打字错误，编程速度快，编程效率高。

**（5）数字化仪自动编程**

数字化仪自动编程适用于有模型或实物而无尺寸的零件加工程序编制，因此也称为实物编程。这种编程方法应具有一台坐标测量机或装有探针具有相应扫描软件的数控机床，对模型或实物进行扫描。由计算机将所测数据进行处理，最后控制输出设备，输出零件加工程序单或制成控制介质。

图 7-4 是计算机控制的坐标测量机数字化系统，这种系统可编制两坐标或三坐标数控铣床加工复杂曲面的程序。

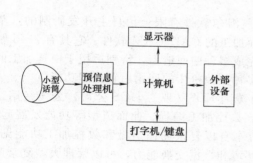

图 7-3 语音编程系统的构成

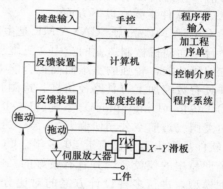

图 7-4 计算机控制的坐标测量机数字化系统

# 7.2 CAD/CAM 集成数控编程概述

CAD/CAM 集成数控编程是图形交互式自动编程软件和相应的 CAD 软件是有机地连在一起的一体化软件系统，既可用来进行计算机辅助设计，又可以直接调用设计好的零件图进行交互编程。该数控编程系统通常有两种类型的结构，一种是 CAM 系统中内嵌三维造型功能；另一种是独立的 CAD 系统与独立的 CAM 系统集成方式构成数控编程系统。

**（1）CAD/CAM 集成数控编程的应用**

① 熟悉系统的功能与使用方法。在使用一个 CAD/CAM 集成数控编程系统进行零件数控加工编程之前，应对该系统的功能及使用方法有一个比较全面的了解。了解系统的功能框架；了解系统的数控加工编程能力；熟悉系统的界面和使用方法；了解系统的文件管理方式。

② 分析加工零件。当拿到待加工零件的零件图或工艺图（特别是复杂曲面零件和模具图样）时，首先应当对零件图进行仔细的分析，内容包括：分析待加工表面；确定加工方法；确定编程原点及编程坐标系。

③ 对待加工表面及其约束面进行几何造型。对于 CAD/CAM 集成数控编程系统来说，一

般可根据几何元素的定义方式，在前面零件分析的基础上，对加工表面及其约束面进行几何造型。

④ 确定工艺步骤并选择合适的刀具。一般来说，可根据加工方法和加工表面及其约束面的几何形态选择合适的刀具类型及刀具尺寸。但对于某些复杂曲面零件，则需要对加工表面及其约束面的几何形状进行数值计算，根据计算结果才能确定刀具类型和刀具尺寸。

⑤ 刀具轨迹生成及刀具轨迹编辑。对于 CAD/CAM 集成数控编程来说，一般可在所定义加工表面及其约束面（或加工单元）上确定其外法向矢量方向，并选择一种进给方式，根据所选择的刀具（或定义的刀具）和加工参数，系统将自动生成所需的刀具轨迹。刀具轨迹生成以后，如果系统具备刀具轨迹显示及交互编辑功能，则可以将刀具轨迹显示出来，如果有不太合适的地方，可以在人工交互方式下对刀具轨迹进行适当的编辑与修改。

⑥ 刀具轨迹验证。如果系统具有刀具轨迹验证功能，对可能过切、干涉与碰撞的刀位点，采用系统提供的刀具轨迹验证手段进行检验。

⑦ 后置处理。根据所选用的数控系统，调用其机床数据文件，运行数控编程系统提供的后置处理程序，将刀位原文件转换成数控加工程序。

**(2) 常用 CAD/CAM 软件及功能**

CAD/CAM 系统软件是实现图形交互式数控编程必不可少的应用软件，随着 CAD/CAM 技术的飞跃发展和推广应用，国内外不少公司与研究单位先后推出了各种 CAD/CAM 支撑软件。目前，在国内市场上销售比较成熟的 CAD/CAM 支撑软件有十几种，应用比较普遍的 CAD/CAM 软件主要有以下方面。

① CAXA-ME 系统。CAXA-ME 是由我国北航海尔软件有限公司自主开发研制的，基于微机平台，面向机械制造业的全中文三维复杂型面加工的 CAD/CAM 软件。它具有 2～5 轴数控加工编程功能，较强的三维曲面拟合能力，可完成多种曲面造型，特别适用于模具加工的需要，并具有数控加工刀具路径仿真、检测和适合多种数控机床的通用后置处理功能。

② UGⅡ（Unigraphics）系统。UGⅡ系统由美国 EDS（现为 UGS 公司）公司经销。它最早由美国麦道航空公司研制开发，从二维绘图、数控加工编程、曲面造型等功能发展起来。UGⅡ软件从推出至今已有近 20 多年。UGⅡ系统本身以复杂曲面造型和数控加工功能见长。是同类产品中的佼佼者，并具有较好的二次开发环境和数据交换能力，可以管理大型复杂产品的装配模型，进行多种设计方案的对比分析、优化，为企业提供产品设计、分析、加工、装配、检验、过程管理、虚拟运作的全数字化支持，形成多极化的全线产品开发能力。该软件在国际上有庞大的用户群，其工作环境主要为工作站。另外，UG 公司还推出了在微机平台上的 UGⅡ及 Solid Edge 软件，由此形成了一个从低端到高端，并有 UNIX 工作站和 Windows NT 微机版的较完整的 CAD/CAE/CAM/PDM 集成系统。

③ CATIA（NC MILL）系统。CATIA 是 IBM 公司推出的产品，可以管理大型复杂产品的装配模型，进行多种设计的全数字化支持，形成多极化的全线产品开发能力。该系统具有菜单接口和刀具轨迹验证能力，其主要编程功能与 APT-IV/SS 相同，除了不能对曲面交线区域编程外，在很多方面突破了 APT-IV/SS 的限制。

④ Solid Work 系统。Solid Work 是美国 Solid Work 公司推出的微机版参数化特征造型软件，具有运行环境大众化的实体造型实用功能，并集成了结构分析、数控加工、运动分析、注塑模分析、逆向工程、动态模拟装配、产品数据管理等各种专业功能。

⑤ CIMATRON 系统。CIMATRON 是以色列 Cimatron 公司提供的 CAD/CAM/PDM 软件，是较早在微机平台上实现三维 CAD/CAM 全功能的系统，并且也拥有应用于包括 SUN、DEC、SGI、HP、IBM 等各种工作站的版本。目前，运行于 Windows NT 系统的 CIMATRON V10.0 版本已在中国推出，并且北京宇航计算机软件公司（BACS）对系统进行了全面汉化，具有比较灵活的用户界面、优良的三维造型、工程绘图、全面的数控加工、各种

通用和专用数据接口以及集成化的产品数据管理（PDM）。

⑥ MasterCAM 系统。MasterCAM 是美国 CNC Software INC 开发的基于 PC 平台的 CAD/CAM 软件，是最经济、最有效的全方位加工系统。MasterCAM 总共分成四大模块：铣削、车削、线切割、实体设计。Mastercam 从诞生至今，以其强大的功能、稳定的性能成为欧美主要发达国家在工业、教育界的首选软件。实体是 MasterCAM 从 V7 版后新增的一个模块，它的核心是 Pastersolid。

# 7.3 CAXA 数控铣自动编程简介

## 7.3.1 CAXA 生成数控加工程序的步骤

CAXA 制造工程师 2004 是我国自主研发的计算机辅助编程软件，目前，已广泛应用于塑模、锻模、汽车覆盖件拉伸模、压铸模等复杂模具的生产以及汽车、电子、兵器、航空航天等行业的精密零件加工。与 CAXA 数控车 2004 相同，CAXA 制造工程师 2004 的操作界面秉承了流行的 Windows 原创软件风格，全中文菜单，简便易学。该软件具有完善的外部数据接口，通过 DXF、IGES 等数据接口与其他系统进行数据交换，是面向数控铣床、加工中心，具有卓越工艺性能的铣/钻削加工数控编程软件，其数控铣操作界面见图 7-5。

CAXA 制造工程师（数控铣）软件生成数控加工程序要经过加工造型（建模）、轨迹生成（加工）、后置处理和加工代码三个主要步骤。

图 7-5　CAXA 制造工程师
（数控铣）操作界面

**(1) 加工造型**

与 CAD 软件零件造型不同，加工造型是对加工表面及其约束面进行的几何特征的描述。加工造型的基本方法有：线架造型、曲面造型、实体造型（特征生成）等。一个复杂零件的加工造型往往是多种造型方法的组合。

① 线架造型。线架造型实际就是先绘制曲线，再对曲线进行编辑和修改及空间几何变换，从而完成加工造型。

曲线绘制包括绘制直线、圆弧、圆、椭圆、样条线、点、解析曲线、文字、多边形、二次曲线、等距线、草图、曲线投影和相关线等。除草图、曲线投影和相关线外，其他曲线的绘制方法与 CAXA 二维电子图板大致相同。对曲线进行编辑则包括曲线裁剪、曲线拉伸、曲线组合、曲线打断和曲线过渡五种功能，其用法也与 CAXA 二维电子图板基本相同。

简单平面、轮廓类零件用线架造型常能满足其加工需要，复杂曲面及零件加工造型曲线绘制常作为其他造型方法的基础。用线架进行零件加工造型的实例见图 7-6。

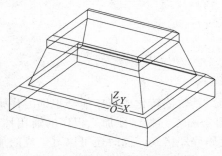

图 7-6　零件加工线架造型实例

② 曲面造型。曲面造型是在构造完决定曲面形状的关键线框后，选用各种曲面的生成和编辑方法，在线框上构造所需定义的曲面来描述零件加工造型的外表面。

曲面形状的关键线框主要取决于曲面特征线，曲面特征线是指曲面的边界线和曲面的截面线（也称剖面线，为曲面与各种平面的交线）。根据曲面特征线不同的组合方式，可以组织不同的曲面生成方式。曲面生成方式共有直纹面、旋转面、扫描面、边界面、放样面、网格面、导动面、等距面、平面和实体表面十种。如图 7-7 所示为运用曲面生成进行造型的实例。

③ 实体造型。实体造型又称特征造型，是零件及加工造型的重要手段。通常的特征包括

孔、槽、点、凸台、圆柱体、块、锥体、球体、管子等。

实体造型一般先要在一个平面上绘制二维图形（草图，草图是在草图状态下在选定的草图平面上为特征生成而绘制的一个平面封闭图形，也称轮廓），然后运用增料或减料等各种方式生成三维实体。如图 7-8 所示为实体造型实例。

图 7-7　曲面生成造型实例

图 7-8　实体造型实例

**（2）刀具轨迹生成**

零件加工造型完成后，就可以根据加工工艺的要求，选择加工方式，填写加工参数表，生成刀具轨迹。刀具轨迹生成常用的加工方式有：平面轮廓加工、区域加工、导动加工、参数线加工、限制线加工、等高线加工、钻孔等。

在各种轨迹生成方式中，需要设置一些通用的选项，如刀具参数、进退刀参数、下刀方式、清角参数等。

刀具轨迹生成后还可以利用各种轨迹编辑手段对加工轨迹进行修改等操作。

加工参数表的填写见图 7-9，生成的刀具轨迹见图 7-10。

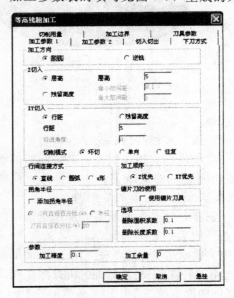

图 7-9　加工参数表的填写

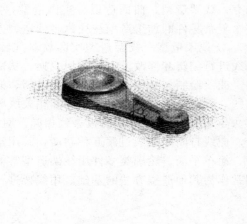

图 7-10　刀具轨迹

**（3）后置处理与生成 G 代码**

后置处理就是结合特定机床把系统生成的二轴或三轴刀具轨迹转化成机床能够识别的代码指令，生成的 G 代码可以直接输入数控铣床或加工中心用于加工。为保证加工程序的通用性，针对不同的机床可以设置不同的机床参数和特定的数控代码程序格式，同时还可以对生成的加工程序的正确性进行校核。

后置处理模块包括后置设置、生成 G 代码，校核 G 代码和生成工序卡片功能。

① 后置设置。后置设置功能包括两个方面的功能：增加机床和后置处理设置，其选项卡

分别如图 7-11 和图 7-12 所示。

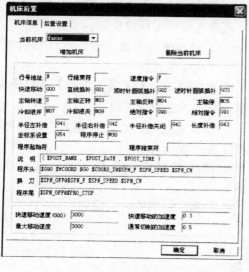

图 7-11 增加机床选项卡

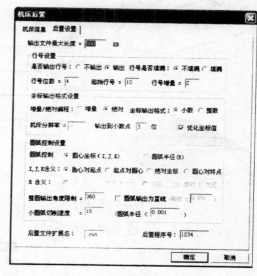

图 7-12 后置处理设置选项卡

后置设置就是针对特定的机床，结合已经设置好的机床配置，对后置输出的数控程序的格式，如程序段号、程序大小、数据格式、编程方式、圆弧控制方式等进行设置。

② 生成 G 代码。生成代码就是按照当前机床类型的配置要求，把已经生成的刀具轨迹转化为代码数据文件，即数控程序。后置生成的数控加工程序是三维造型的最终结果，有了数控程序就可以直接输入机床进行数控加工。

## 7.3.2 CAXA 自动编程示例

如图 7-13 所示为鼠标的零件图，要求利用 CAXA-制造工程师 2004（数控铣）完成其造型和加工轨迹并生成代码（FANUC-0）。该零件的造型与加工可按以下步骤和方法进行。

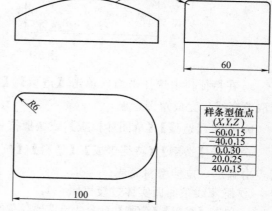

**(1) 鼠标的实体造型**

① 绘制底面轮廓线（图 7-14）

a. 单击【造型】【曲线生成】【矩形】按钮，或者直接单击快捷工具按钮 ▭。

b. 选取画矩形方式，根据状态栏提示，完成操作。

c. 在立即菜单中单击【圆弧过渡】，输入半径，选择是否裁剪曲线 1 和曲线 2。

d. 拾取第一条曲线，第二条曲线，圆弧过渡完成。

| 样条型值点 (X,Y,Z) |
| --- |
| −60,0,15 |
| −40,0,15 |
| 0,0,30 |
| 20,0,25 |
| 40,0,15 |

图 7-13 鼠标

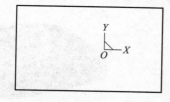

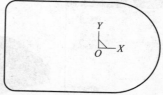

图 7-14 轮廓线及裁剪

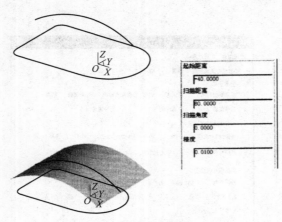

图 7-15　样条线生成扫描面

② 绘制样条线形成扫描面（图 7-15）

a. 单击【造型】【曲线生成】【样条】按钮，或者直接单击快捷按钮 ～。

b. 选择样条线生成方式，按状态栏提示操作，生成样条线。

c. 单击【造型】【曲面生成】【扫描面】按钮，或者单击快捷按钮 🔲。

d. 填入起始距离、扫描距离、扫描角度和精度等参数。

e. 按空格键弹出矢量工具，选择扫描方向。

f. 拾取空间曲线，扫描面生成。

③ 绘制草图并生成实体（图 7-16）

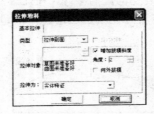

图 7-16　草图生成实体

a. 在特征树中选择平面，单击【造型】【草图绘制】或快捷按钮 🔲，单击曲线投影 ◢，拾取轮廓线，完成草图绘制。

b. 单击【造型】【草图环检查】或快捷按钮 凵，检查草图环是否封闭。

c. 单击【造型】【特征生成】【增料】【拉伸】或快捷按钮 🔳，拾取轮廓线，填写对话框后点击确定，拉伸增料完成。

④ 隐藏线条曲面实体过渡（图 7-17）

a. 单击【编辑】【隐藏】命令，拾取要隐藏的线条和曲面（框选）后，线条及曲面被隐藏。

b. 单击【造型】【特征生成】【过渡】命令，填入过渡数据后拾取要过渡棱边，点击确定，过渡完成。鼠标最终造型见图 7-18。

图 7-17　实体过渡

图 7-18　完成的实体造型

**（2）生成加工轨迹**

鼠标采用的是实体造型，现准备采用等高线粗加工和等等高线精加工的方式进行加工，精加工余量 0.5mm，加工精度 0.1mm。

① 生成等高线粗加工轨迹（图 7-19）

a. 单击【加工】【粗加工】【等高线粗加工】命令，在弹出的【等高线粗加工参数表】中选择选项卡，填入相应加工参数。

b. 拾取鼠标造型，右击，拾取边界线（如有必要需提前作出，如图 7-19 所示的矩形框）后，等高线粗加工轨迹生成。

② 生成等高线精加工轨迹（图 7-20）

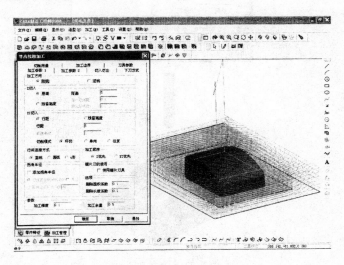

图 7-19　等高线粗加工

a. 单击【加工】【精加工】【等高线精加工】命令，在弹出的【等高线精加工参数表】中选择选项卡，填入相应加工参数。

b. 拾取鼠标造型后，等高线精加工轨迹生成。

③ 刀具轨迹仿真加工

a. 单击【加工】【轨迹仿真】命令，在立即菜单中选定选项，按系统提示拾取等高粗加工轨迹和等高精加工轨迹，系统将进行仿真加工，结果如图 7-21 所示。

b. 观察仿真进给路线，检验判断刀具路线是否正确、合理（又无过切等错误）。如需修改，选择【加工】【轨迹编辑】命令，按提示拾取相应加工轨迹或相应轨迹点进行局部轨迹修改。

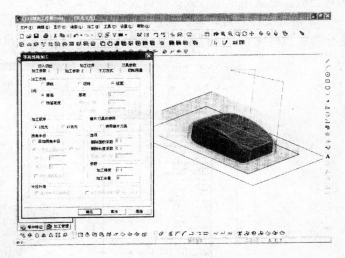

图 7-20　等高线精加工

c. 仿真检验无误后，可保存加工轨迹。

**（3）后置处理生成 G 代码**

后置处理生成 G 代码操作步骤如下（图 7-22）。

① 输入数控加工程序文件名。单击【后置处理】【生成 G 代码】命令，则弹出输入文件名

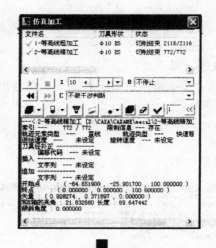

图 7-21　仿真加工

的对话框。要求用户填写或选择后置程序的文件名。

　　② 输入文件名后，单击保存，系统提示拾取刀具轨迹。当拾取到刀具轨迹后，该刀具轨迹变为红色的虚线。可以拾取多个刀具轨迹，右击结束拾取，系统立即生成数控加工程序。

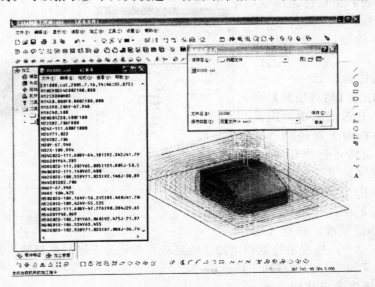

图 7-22　G 代码生成

# 参 考 文 献

[1]　韩鸿鸾主编. 数控铣工加工中心操作工（中级）[M]. 北京：机械工业出版社，2006.
[2]　彭效润主编. 数控铣工（中级）[M]. 北京：中国劳动社会保障出版社，2007.
[3]　《职业技能培训 NES 系列教材》编委会　铣工技能 [M]. 第 3 版. 北京：航空工业出版社，2008.
[4]　康志威主编. 铣工操作技法与实例 [M]. 上海：上海科学技术出版社，2009.
[5]　徐峰主编. 数控加工操作技法与实例 [M]. 上海：上海科学技术出版社，2009.
[6]　王爱玲主编. 数控编程技术 [M]. 北京：机械工业出版社，2006.
[7]　陈江进，雷黎明. 数控加工工艺 [M]. 北京：中国铁道出版社，2013.
[8]　彭效润主编. 加工中心操作工（中级）[M]. 北京：中国劳动社会保障出版社，2008.
[9]　蔡兰，王霄. 数控加工工艺学 [M]. 北京：化学工业出版社，2005.
[10]　周虹. 数控加工工艺与编程 [M]. 北京：人民邮电出版社，2004.
[11]　陈洪涛. 数控加工工艺与编程 [M]. 北京：高等教育出版社，2003.
[12]　夏丽英，等. 数控加工技术 [M]. 北京：电子工业出版社，2002.
[13]　霍亮生，等. 数控机床编程方法技巧与实例 [M]. 北京：机械工业出版社，2006.
[14]　王彪，张兰. 数控加工技术 [M]. 北京：中国林业出版社，2006.
[15]　高德文. 加工中心 [M]. 北京：化学工业出版社，2003.
[16]　徐宏梅，等. 数控铣床 [M]. 北京：化学工业出版社，2003.
[17]　胡育辉. 数控加工中心 [M]. 北京：化学工业出版社，2005.
[18]　王经涛，等. 数控铣工/加工中心操作技术要领图解 [M]. 济南：山东科学技术出版社，2010.
[19]　刘杰主编. 数控铣 [M]. 北京：机械工业出版社，2012.
[20]　李兴贵编著. 数控铣工（加工中心操作工）入门与提高 [M]. 北京：化学工业出版社，2011.
[21]　卢玲主编. 数控铣工（加工中心操作工）工作手册 [M]. 北京：化学工业出版社，2013.
[22]　施晓芳主编. 数控铣工与加工中心操作工快速提高 [M]. 北京：北京理工大学出版社，2010.